可编程控制器应用技术

（项目化教程）

第三版

祝红芳　熊　媛　朱丽娜　主　编
姚　宇　陈昌涛　郑伟丽　副主编

化学工业出版社

·北京·

内 容 简 介

本书为"十四五"和"十三五"职业教育国家规划教材。

本书依据高职高专教学要求和办学特点，采用便于一体化教学的项目导向、任务驱动模式编写，突出PLC的实际应用，结合工程实际案例，主要介绍了西门子S7-200系列和三菱FX_{2N}系列PLC应用技术。全书包括七个项目：初识PLC、PLC基本逻辑指令应用、PLC顺序控制指令应用、PLC功能指令应用、PLC特殊功能模块应用、PLC综合设计、三菱FX_{2N}系列PLC的基本应用。书中每个项目包含若干个任务，按照任务驱动、实践主导、能力拓展、教学做一体的思路进行介绍。

本书还配备有精品课程资源共享和网络教学课程等教学资源，同时在教材中通过扫描二维码也可以获得相关的数字资源。本书深入贯彻二十大精神和理念，落实立德树人根本任务，将传统文化、理想信念、职业道德等思政元素融入项目，以期达到润物无声的育人效果。

本书可作为各类职业院校机电一体化技术、电气自动化技术及相关专业的教材，也可作为相关工程技术人员的参考书。

图书在版编目(CIP)数据

可编程控制器应用技术：项目化教程 / 祝红芳，熊媛，朱丽娜主编. —3版. —北京：化学工业出版社，2022.1（2024.11重印）

"十三五"职业教育国家规划教材

ISBN 978-7-122-40705-4

Ⅰ.①可… Ⅱ.①祝… ②熊… ③朱… Ⅲ.①可编程序控制器—高等职业教育—教材 Ⅳ.①TM571.61

中国版本图书馆CIP数据核字（2022）第022947号

责任编辑：葛瑞祎　王听讲
责任校对：边　涛　　　　　　　　　装帧设计：刘丽华

出版发行：化学工业出版社（北京市东城区青年湖南街13号　邮政编码100011）
印　　装：三河市双峰印刷装订有限公司
787mm×1092mm　1/16　印张16　字数396千字　2024年11月北京第3版第6次印刷

购书咨询：010-64518888　　　　　　售后服务：010-64518899
网　　址：http://www.cip.com.cn
凡购买本书，如有缺损质量问题，本社销售中心负责调换。

定　　价：48.00元　　　　　　　　　　　　　　　　　版权所有　违者必究

第三版 前言

本书根据高职高专人才培养方案,结合高职高专的教学改革和课程改革,并在充分听取众多使用过本书师生的意见和建议基础上,再次联合相关专业老师共同编写了本教材。该书第二版被评为"十三五"职业教育国家规划教材,经过三年的使用,获得了充分肯定。这次再版,主要做了以下几个方面的工作。

(1) 在书中加入了大量的数字资源(通过扫描二维码获得),以便更好地满足教学需要。

(2) 把传统文化、理想信念、职业道德等思想政治教育核心元素融入本教材的每个项目中,深入贯彻落实二十大精神和理念,通过课堂教学"主渠道"将立德树人贯彻教学始终,达到润物无声的育人效果。

(3) 在书中加入了西门子 S7-200 系列 PLC 的升级产品 S7-200 SMART 的介绍。

(4) 对书中部分内容做了调整、补充及完善。

(5) 在书中部分任务最后设置功能区——"学习笔记",供老师和学生记录要点。

本书共有 7 个项目,主要内容包括:初识 PLC、PLC 基本逻辑指令应用、PLC 顺序控制指令应用、PLC 功能指令应用、PLC 特殊功能模块应用、PLC 综合设计及三菱 FX_{2N} 系列 PLC 的基本应用。本书从实际工业控制的具体案例中提炼出 23 个工作任务,从项目二开始的每个任务都包含任务导入和分析、相关知识、任务实施、知识拓展、习题与训练,在任务实施中有 I/O 设备的选择、I/O 接线图、程序设计及调试等,力求使"教、学、做、练"紧密结合。本书在内容上注重精选、结合实际、突出应用、融入思政,力求简明扼要、通俗易懂,便于教学和自学。

本书非常适合作为高职高专院校电类、机电类各专业的教材,也可作为工程技术人员学习 PLC 的参考书。

我们将为使用本书的教师免费提供立体化的教学资源,需要者可以到化学工业出版社教学资源网站 http://www.cipedu.com.cn 免费下载使用。本书还配有丰富的课程数字网站,学习者可以登录省级精品在线开放课程平台(网址:http://mooc1.chaoxing.com/course/201885034.html);或进入"学习通",在示范教学包中查找"可编程控制器技术";也可以进入"学银在线",搜索"可编程控制器技术"——"祝红芳"。

本书由江西工业职业技术学院祝红芳和熊媛、锡林郭勒职业学院朱丽娜担任主编,锡林郭勒职业学院姚宇、泸州职业技术学院陈昌涛、郑州城市职业学院郑伟丽担任副主编,江西工业职业技术学院余静、沈阳黎明技师学院张博舒、锡林郭勒职业学院张宏明也参与了编写。项目一由张博舒、陈昌涛编写，项目二由祝红芳、朱丽娜编写，项目三由熊媛编写，项目四由张宏明、朱丽娜编写，项目五由余静、姚宇编写，项目六及附录A由郑伟丽编写，项目七及附录B～附录D由祝红芳编写。

本书由工业与信息化职教教育指导委员会委员、电子信息专业指导委员会委员、全国高校计算机专业委员会常务理事、江西信息应用职业技术学院廖芳教授担任主审。全书由祝红芳组织统稿。

由于编者的水平和经验有限，书中难免有不妥之处，敬请广大读者予以批评指正。

编者

目录

项目一 初识 PLC / 001

任务一 认识 PLC …………………… 001
一、可编程控制器的产生和发展 ……… 001
二、PLC 的特点和应用 ………………… 003
三、PLC 的分类及技术性能指标 ……… 005
四、习题与训练 ………………………… 006

任务二 了解 PLC 的编程语言 ……… 008
一、梯形图 ……………………………… 008
二、指令表 ……………………………… 009
三、功能块图 …………………………… 009
四、顺序功能图 ………………………… 009
五、结构化文本 ………………………… 009
六、习题与训练 ………………………… 009

任务三 认识 PLC 系统的组成及原理 …… 010
一、PLC 的系统组成 …………………… 010
二、PLC 的工作原理 …………………… 013
三、习题与训练 ………………………… 014

任务四 认识 S7-200 系列 PLC ……… 015
一、S7-200 PLC 的构成 ………………… 015
二、S7-200 CPU 的主要性能指标 ……… 016
三、扩展模块 …………………………… 017
四、最大 I/O 配置 ……………………… 018
五、S7-200 PLC 的编程元件及寻址方式 …………………………………… 019
六、S7-200 SMART 主要技术规范 …… 025
七、习题与训练 ………………………… 026

本项目小结 …………………………… 027

项目二 PLC 基本逻辑指令应用 / 028

任务一 三相电动机的直接启停控制 … 028
一、任务导入和分析 …………………… 029
二、相关知识 输入/输出、串/并联指令 ………………………………… 029
三、任务实施 …………………………… 031
四、知识拓展 置位 S/复位 R 指令 …… 033
五、习题与训练 ………………………… 034

任务二 三相电动机的正反转控制 …… 035
一、任务导入和分析 …………………… 035
二、相关知识 电路块连接指令 ……… 035
三、任务实施 …………………………… 036
四、知识拓展 逻辑堆栈指令 ………… 038
五、习题与训练 ………………………… 039

任务三 三相电动机的 Y-△ 换接启动控制 …………………………………… 041
一、任务导入和分析 …………………… 041
二、相关知识 定时器 TON …………… 042
三、任务实施 …………………………… 043
四、知识拓展 定时器 TONR 与 TOF … 045
五、习题与训练 ………………………… 047

任务四 货物数量统计的控制 ………… 048
一、任务导入和分析 …………………… 048

二、相关知识　计数器 CTU ………… 048
三、任务实施 ……………………………… 049
四、知识拓展　减计数器、可逆计数器和
　　梯形图设计规则及优化 …………… 051
五、习题与训练 …………………………… 054
任务五　水塔水位的控制 ………………… 055
一、任务导入和分析 ……………………… 055

二、相关知识　边沿触发 EU/ED
　　指令 ……………………………………… 055
三、任务实施 ……………………………… 056
四、知识拓展　立即指令 ………………… 058
五、习题与训练 …………………………… 058
本项目小结 ………………………………… 060

项目三　PLC 顺序控制指令应用／061

任务一　多种液体混合装置控制 ………… 061
一、任务导入和分析 ……………………… 061
二、相关知识　顺序控制指令及单一
　　流向的顺控程序设计方法 ………… 062
三、任务实施 ……………………………… 064
四、知识拓展　跳转和循环控制 ………… 065
五、习题与训练 …………………………… 069

任务二　按钮式人行横道交通灯控制 …… 070
一、任务导入和分析 ……………………… 070
二、相关知识　多流程顺序控制 ………… 070
三、任务实施 ……………………………… 072
四、知识拓展　程序控制类指令 ………… 077
五、习题与训练 …………………………… 079
本项目小结 ………………………………… 081

项目四　PLC 功能指令应用／082

任务一　除尘室的控制 …………………… 082
一、任务导入和分析 ……………………… 082
二、相关知识　比较、传送及加 1
　　指令 ……………………………………… 083
三、任务实施 ……………………………… 086
四、知识拓展　算术运算指令 …………… 089
五、习题与训练 …………………………… 091
任务二　装配流水线控制 ………………… 092
一、任务导入和分析 ……………………… 092
二、相关知识　移位、循环移位指令 …… 093

三、任务实施 ……………………………… 094
四、知识拓展　移位寄存器指令 ………… 097
五、习题与训练 …………………………… 097
任务三　喷泉彩灯控制 …………………… 099
一、任务导入和分析 ……………………… 099
二、相关知识　子程序 …………………… 099
三、任务实施 ……………………………… 102
四、知识拓展　中断指令 ………………… 105
五、习题与训练 …………………………… 108
本项目小结 ………………………………… 109

项目五　PLC 特殊功能模块应用／110

任务一　两台电动机的异地控制 ………… 110
一、任务导入和分析 ……………………… 110
二、相关知识　S7-200 PLC 的通信

概述 ………………………………………… 111
三、任务实施 ……………………………… 118
四、知识拓展　工业触摸屏应用简介 …… 121

五、习题与训练 ·············· 125
任务二　窑温模糊控制设计 ········· 127
一、任务导入和分析 ············ 127
二、相关知识　模拟量 ············ 128
三、任务实施 ················ 129
四、知识拓展　转换指令 ·········· 137
五、习题与训练 ·············· 138
任务三　温度 PID 控制 ············ 139
一、任务导入和分析 ············ 139
二、相关知识　PID 指令 ·········· 140

三、任务实施 ················ 143
四、知识拓展　PLC 的日常维护 ······ 147
五、习题与训练 ·············· 148
任务四　步进电机的定位控制 ········ 149
一、任务导入和分析 ············ 149
二、相关知识　高速计数器 ········· 150
三、任务实施 ················ 154
四、知识拓展　高速脉冲输出 ······· 162
五、习题与训练 ·············· 170
本项目小结 ················· 171

项目六　PLC 综合设计／172

任务一　电动运输车呼车控制 ······· 172
一、任务导入和分析 ············ 172
二、相关知识　PLC 控制系统的设计
　　步骤 ················· 173
三、任务实施 ················ 175
四、知识拓展　可编程控制器的安装 ··· 178
五、习题与训练 ·············· 181
任务二　自动洗衣机的控制 ········ 182

一、任务导入和分析 ············ 182
二、相关知识　PLC 中各类继电器的驱动
　　方式 ················· 183
三、任务实施 ················ 183
四、知识拓展　PLC 的故障诊断与
　　排除 ················· 190
五、习题与训练 ·············· 193
本项目小结 ················· 195

项目七　三菱 FX_{2N} 系列 PLC 的基本应用／196

任务一　密码锁的控制 ············ 196
一、任务导入和分析 ············ 196
二、相关知识　FX_{2N} 系列 PLC 基本指令 ··· 197
三、任务实施 ················ 201
四、知识拓展　FX_{2N} 系列 PLC 基本指令
　　汇总 ················· 203
五、习题与训练 ·············· 203
任务二　天塔之光的控制 ·········· 205
一、任务导入和分析 ············ 205
二、相关知识　位左移和区间复位指令 ··· 205
三、任务实施 ················ 207

四、知识拓展　FX_{2N} 系列 PLC 的功能
　　指令 ················· 210
五、习题与训练 ·············· 217
任务三　组合机床动力头运动控制 ··· 218
一、任务导入和分析 ············ 218
二、相关知识　步进梯形指令 ······· 218
三、任务实施 ················ 220
四、知识拓展　步进梯形指令应用注意
　　事项 ················· 223
五、习题与训练 ·············· 223
本项目小结 ················· 225

附录 / 226

附录 A　STEP 7-Micro/WIN 编程软件 … 226

附录 B　S7-200 的 SIMATIC 指令集
　　　　简表 …………………………… 236

附录 C　S7-200 的出错代码 ……………… 240

附录 D　GX-Developer 软件使用入门 …… 243

参考文献 / 248

项目一

初识PLC

可编程控制器（PLC）是一种工业控制计算机，它是集计算机技术、自动控制技术和通信技术为一体的新型自动控制装置。由于其性能优越，已被广泛地应用于工业控制的各个领域。本项目主要介绍可编程控制器的产生与发展过程、特点和分类，介绍可编程控制器的系统组成和工作原理，最后介绍了西门子 S7-200 系列 PLC 的基础知识。鉴于技术的快速发展及产品的更新迭代，在本项目的最后设有对 S7-200 系列 PLC 的升级产品 S7-200 SMART 的介绍，以方便学生了解新技术、新知识，并提升自身职业岗位的适应能力。

【思政及职业素养目标】

- 培养学生的爱国主义精神，树立以知识报国的高尚情操；
- 培养积极的人生观，使学生对人生目的、意义、价值、信念有正确认识；
- 培养学生的集体主义价值观，弘扬中华传统美德，使学生将个人价值和社会价值有机结合起来。

任务一　认识 PLC

【知识、能力目标】

- 了解 PLC 的基本概念；
- 了解 PLC 的特点和应用；
- 熟悉 PLC 的分类和主要性能指标；
- 能简述继电接触器控制与 PLC 控制的主要区别。

课程导读

一、可编程控制器的产生和发展

1. 可编程控制器的产生

在可编程控制器被广泛应用之前，工业生产自动控制领域中继电接触器控制系统占据着主导地位。继电接触器控制系统具有结构简单、易于掌握、价格便宜等优点，但是，这类控制装置的体积大、动作速度较慢、功能少，尤其是由于它靠硬件接线构成系统，接线繁杂，当生产工艺或控制对象改变时，原有的接线和控制柜就必须进行相应的改变或更换，而且这种变动工作量大、工期长、费用高。可见，继电接触器系统的通用性和灵活性差，只适用于工作模式固定、控制要求较简单的场合。

随着工业生产的迅速发展，市场竞争越来越激烈，工业产品更新换代的周期日趋缩短，新产品不断涌现，传统的继电接触器控制系统，难以满足现代社会小批量、多品种、低成本、高质量生产方式的生产控制要求，因此，迫切需要一种更可靠、通用，以及依靠用户程序实现逻辑控制的新型自动控制装置，来取代继电接触器控制系统。

1968 年，美国最大的汽车制造商——通用汽车公司（GM）为了适应汽车型号不断翻新的要求，提出了这样的设想：将计算机的功能完善、通用灵活等优点，与继电接触器控制简单易懂、操作方便、价格低廉等优点结合起来，将继电接触器控制的硬接线逻辑转变为计算机的软件逻辑编程，制造一种新型的通用控制装置，取代生产线上的继电接触器控制系统。为此，GM 提出了 10 条要求，向制造商公开招标。新型的控制装置要达到以下 10 项指标：

① 编程简单，可在现场修改程序；
② 维修方便，最好是插件式结构；
③ 可靠性高于继电器控制装置；
④ 体积小于继电器控制装置；
⑤ 数据可直接送入管理计算机；
⑥ 成本可与继电器控制装置竞争；
⑦ 输入可为市电；
⑧ 输出可为市电，负载电流要求 2A 以上，能直接驱动电磁阀、接触器等负载元件；
⑨ 通用灵活，易于扩展，扩展时原系统只需很小变更；
⑩ 用户程序存储器容量至少能扩展到 4K。

1969 年，美国数字设备公司（DEC）根据以上设想和要求研制出世界上第一台可编程序控制器，型号为 PDP-14，并在通用汽车公司的自动装配线上试用成功。随后，日本、联邦德国、法国等国家相继开发出各自的 PLC。我国从 1974 年开始研制可编程控制器，1977 年开始工业应用。限于当时的元器件条件及计算机发展水平，早期的 PLC 主要由分立元件和中小规模集成电路组成，可以完成简单的逻辑控制及定时、计数功能，此时的控制装置为微机技术和继电器常规控制概念相结合的产物，所以将该控制装置称之为可编程逻辑控制器（Programmable Logic Controller），简称 PLC。

随着微电子技术和大规模集成电路的发展，20 世纪 70 年代后期，微处理器被应用到 PLC 中，从而极大扩展了其功能，不仅能进行开关量逻辑控制，还具有模拟量控制、数据处理、网络通信等多种功能，并且体积大大缩小，PLC 成了真正具有计算机特征的工业控制装置，并步入了实用化发展阶段。这种采用了微处理器技术的 PLC，于 1980 年由美国电气制造商协会正式将其命名为可编程控制器（Programmable Controller），简称 PC。国际电工委员会（IEC）对可编程控制器的定义做了多次修改，于 1987 年 2 月颁布了第三稿并将其定义为：可编程控制器是一种数字运算操作的电子系统，专为在工业环境下应用而设计。它采用可编程序的存储器，用来在其内部存储执行逻辑运算、顺序控制、定时、计数和算术运算等操作的指令，并通过数字式、模拟式的输入和输出，控制各种类型的机械或生产过程。可编程控制器及其有关设备，都应按易于与工业控制器系统连成一个整体、易于扩充其功能的原则设计。

由于可编程控制器的缩写 PC 容易与个人计算机（Personal Computer）的简称 PC 相混

淆，故人们通常仍把可编程控制器简称为 PLC。

2. 可编程控制器的发展

PLC 问世以来，其发展极为迅速。由最初的 1 位机发展为 8 位机，现在的大型 PLC 已采用了 32 位微处理器，可同时进行多任务操作，其技术已经相当成熟。

目前，世界上有 PLC 生产厂 200 多家，比较著名的有：美国的 A-B 公司、通用电气公司，日本的三菱、松下、欧姆龙，德国的西门子，法国的施耐德等。生产的可编程控制器品种繁多，产品的更新换代也极快。PLC 的结构不断改进，功能日益增强，性价比越来越高。展望未来，PLC 在规模和功能上正朝着两个方向发展。大型 PLC 不断向大容量、高速度、多功能的方向发展，使之能取代工业控制微机对大规模复杂系统进行综合性的自动控制；另一方面，小型 PLC 向超小型、简易、廉价方向发展，使之能真正完全取代最小的继电接触器系统，适应单机、数控机床和工业机器人等领域的控制要求。另外，不断增强 PLC 的联网通信功能，便于分散控制与集中管理的实现；大力开发智能 I/O 模块，极大地增强 PLC 的过程控制能力，提高它的适应性和可靠性；不断使 PLC 的编程语言与编程工具向标准化和高级化发展。

二、PLC 的特点和应用

1. PLC 的主要特点

（1）可靠性高

这是用户选择控制装置的首要条件。由于 PLC 是专门为工业控制设计的，在设计和制造过程中采取了诸如屏蔽、隔离、滤波、联锁等安全保护措施，有效地抑制了外部干扰、防止误动作。另外，PLC 是以集成电路为基本元件的电子设备，内部处理过程不依赖于机械触点，故障率大大降低。此外，PLC 自带硬件故障检测功能，出现故障可及时发出报警信息。在应用软件方面，应用者可以编入外围器件的故障自诊断程序，使系统中除 PLC 以外的电路及设备也获得故障自诊断保护。这样，整个 PLC 系统具有极高的可靠性。

（2）使用方便，通用性强

PLC 控制系统的构成简单方便。PLC 的输入和输出设备与继电接触器控制系统类似，但它们可以直接连接在 PLC 的 I/O 端。如只需将产生输入信号的设备（按钮、开关等）与 PLC 的输入端子连接；将接收输出信号的被控设备（接触器、电磁阀等）与 PLC 的输出端子连接，仅用螺钉旋具就可完成全部的接线工作。

PLC 的通用性好。PLC 用程序代替了继电接触器控制中的硬接线，其控制功能是通过软件来完成的。当控制要求改变时，一般可主要通过修改软件程序来满足新的要求，而不必改变或少量改变 PLC 的硬件设备。可见，PLC 具有极好的通用性。

（3）功能完善，组合方便

现代的 PLC 几乎能满足所有工业控制领域的需要。由于 PLC 的产品已经标准化、系列化和模块化，不仅具有逻辑运算、定时、计数、步进等功能，而且还能完成 A/D、D/A 转换，数字运算和数据处理，通信联网，生产过程控制等。PLC 产品具有各种扩展单元，它能根据实际需要，方便地适应各种工业控制中不同输入、输出点数及不同输入、输出方式的系统；既可用于开关量控制，又可用于模拟量控制；既可控制单机、一条生产线，又可控制一个机群、多条生产线；既可用于现场控制，又可用于远程控制。

（4）编程简单，维护方便

目前 PLC 的编程语言以梯形图应用最广。梯形图编程沿用了继电接触器控制线路中的一些图形符号和定义，十分直观清晰，对于熟悉继电接触器控制系统的人员来说极易掌握。

PLC 具有完善的故障检测、自诊断等功能。一旦发生故障，能及时地查出自身故障，并通过 PLC 上各种发光二极管报警显示，使操作人员能迅速地检查、判断、排除故障。PLC 还具有较强的在线编程能力，使用维护非常方便。

（5）体积小、重量轻、功耗低

由于 PLC 采用了大规模集成电路，因此整个产品结构紧凑、体积小、重量轻、功耗低，可以很方便地将其装入机械设备内部，是一种实现机电一体化较理想的控制设备。

PLC实际应用展示

2. PLC 的应用

自世界上第一台 PLC 诞生至今，PLC 技术得到了迅猛发展，获得了极其广泛的应用。早期的 PLC 仅仅是取代继电接触器控制，而现在可以说，凡有控制系统存在的地方就有 PLC。它的应用几乎覆盖了机械、冶金、矿山、石油化工、轻工、电力、建筑、交通运输等各行各业，成为工业自动化领域中最重要、应用最多的控制设备，并已跃居现代工业自动化三大支柱（PLC、机器人、CAD/CAM）的首位。

按 PLC 的控制类型，其应用可分为以下几个方面。

（1）开关量控制

开关量控制是 PLC 最基本、最广泛的应用方面，用 PLC 取代继电器控制和顺序控制器控制。在单机控制、群机控制和自动生产线控制方面都有很多成功的应用实例。例如：机床电气控制，纺织机械、注塑机、包装机械、食品机械的控制，汽车、轧钢自动生产线的控制，家用电器（电视机、电冰箱等）自动装配线的控制，电梯、皮带运输机的控制等。

（2）模拟量控制

PLC 通过模拟量 I/O 模块，可以实现模拟量和数字量之间的转换，并对温度、压力、速度、流量等连续变化的模拟量进行控制。具有 PID 闭环控制功能的 PLC，可用于闭环系统的过程控制、位置控制和速度控制等，如典型的闭环过程控制有锅炉运行控制、连轧机的速度和位置控制等。

（3）运动控制

PLC 可以用于圆周运动或直线运动的控制。从控制机构配置来说，早期直接用于开关量 I/O 模块连接位置传感器和执行机构，现在一般使用专用的运动控制模块，如可驱动步进电机或伺服电机的单轴或多轴位置控制模块。在机械加工行业，PLC 与计算机数控（CNC）紧密结合，实现对机床的运动控制，最典型的应用是数控机床。世界上各主要 PLC 厂家的产品几乎都有运动控制功能，广泛用于各种机械、机床、机器人、电梯等场合。

（4）数据处理

现代 PLC 具有数学运算（含矩阵运算、函数运算、逻辑运算）、数据传送、数据转换、排序、查表、位操作等功能，可以完成数据的采集、分析及处理。这些数据可以与存储在存储器中的参考值比较，完成一定的控制操作，也可以利用通信功能传送到别的智能装置，或将它们打印制表。数据处理一般用于大型控制系统，如无人控制的柔性制造系统；也可用于过程控制系统，如造纸、冶金、食品工业中的一些大型控制系统。

(5) 通信和联网

多功能的 PLC 具有较强的通信联网功能，可实现 PLC 与 PLC 之间、PLC 与上位计算机或其他智能设备间的通信，从而可形成多层分布式控制系统或工厂自动化网络。通常采用多台 PLC 分散控制，由上位计算机集中管理。

三、PLC 的分类及技术性能指标

PLC 外形

1. PLC 的分类

PLC 的产品繁多，各厂家生产的型号、规格和性能也各不相同，通常可按以下几种情况分类。

(1) 按产地分类

按产地分类，PLC 可分为日系、欧美、中国等。其中日系具有代表性的为三菱、欧姆龙、松下等；欧美系列具有代表性的为西门子、A-B、通用电气等；中国系列具有代表性的为和利时、浙江中控等。

(2) 按 I/O 点数分类

按 I/O 点数分类，PLC 可分为大型机、中型机及小型机等。大型机一般 I/O 点数>2048 点，具有多 CPU，16 位/32 位处理器，用户存储器容量一般为 8~16K，具有代表性的为西门子 S7-400 系列、通用公司的 GE-Ⅳ系列等；中型机一般 I/O 点数为 256~2048 点，单/双 CPU，用户存储器容量一般为 4~8K，如西门子 S7-300 系列、三菱 Q 系列等；小型机一般 I/O 点数<256 点，单 CPU，8 位或 16 位处理器，用户存储器容量一般为 4K 以下，如西门子 S7-200 系列、三菱 FX 系列等。

(3) 按结构分类

按结构分类，PLC 主要可分为整体式和模块式。

① 整体式 PLC。将组成 PLC 的各个部分（CPU、存储器、I/O 部件等）集中于一体，安装在少数几块印刷电路板上，并连同电源一起装配在一个机壳内形成一个整体，这个整体通常称为主机或基本单元。这种结构具有简单紧凑、体积小、重量轻、价格低等优点，易于安装在工业设备的内部，适合于单机控制。一般小型和超小型 PLC 采用整体式结构。

② 模块式 PLC。将 PLC 划分为相对独立的几部分制成标准尺寸的插件式模块，主要有 CPU 模块、输入模块、输出模块、电源模块等，然后用搭积木的方式将其组装在一个电源机架内。PLC 厂家备有不同槽数的机架供用户选用。用户可根据需要方便、灵活地进行组合，构成不同功能的 PLC 控制系统。这种结构的 PLC 配置灵活、装配和维修方便、功能易于扩展，缺点是结构复杂、价格较高。一般大、中型 PLC 采用模块式结构。

还有一些 PLC 将整体式和模块式的特点结合起来，构成所谓叠装式 PLC。

(4) 按功能分类

按功能分类，PLC 可分为低档、中档、高档三类。低档 PLC 具有逻辑运算、定时、计数、移位，以及自诊断、监控等基本功能，还可有少量模拟量输入/输出、算术运算、数据传送和比较、通信等功能，主要用于逻辑控制、顺序控制或少量模拟量控制的单机控制系统。中档 PLC 除具有低档 PLC 的功能外，还具有较强的模拟量输入/输出、算术运算、数据传送和比较、数制转换、远程 I/O、子程序、通信联网等功能，有些还可增设中断控制、PID 控制等功能，适用于复杂控制系统。高档 PLC 除具有中档机的功能外，还增加了带符

号算术运算、矩阵运算、位逻辑运算、平方根运算,以及其他特殊功能函数的运算、制表及表格传送功能等,高档 PLC 具有更强的通信联网功能,可用于大规模过程控制或构成分布式网络控制系统,实现工厂自动化。

2. PLC 的技术性能指标

技术性能指标是用户选择使用 PLC 产品的重要依据。PLC 的制造厂家为了反映其产品详细的技术指标,一般都会列出其所生产的 PLC 的系统规格,它包括硬件指标(一般规格)和软件指标(性能规格)。为了综合表达 PLC 的性能,通常用下列指标加以表述。

(1) I/O 点数

I/O 点数是 PLC 的外部输入、输出端子数量,它表明了 PLC 可接收的输入信号和输出信号的数量。PLC 的输入、输出信号分开关量和模拟量。对于开关量,其 I/O 总点数用最大 I/O 点数表示;对于模拟量,I/O 总点数用最大 I/O 通道数表示。

(2) 程序存储容量

程序存储容量是衡量 PLC 存储用户程序的一项指标,通常以字为单位计算。约定每 16 位相邻的二进制数为一个字,1024 个字为 1K 字。一般中小型的 PLC 用户程序存储容量为 8K 以下,大型机有的可达数兆。

在编程时,每一条指令所占内存为若干个字,如一般逻辑操作指令每条占 1 个字。有的 PLC 用户程序存储器容量是用步数来表示的,一条指令包含若干步,一步占用一个地址单元,一个地址单元为两个字节。如某 PLC 的内存容量为 4000 步,则可推知其内存为 8K 字节。

(3) 指令总数

指令总数用以表示 PLC 软件功能强弱的主要指标。PLC 的指令条数越多,表明其软件功能越强。

(4) 扫描速度

扫描速度反映 PLC 执行用户程序的快慢。可以用执行 1000 步指令所需时间来表示(ms/千步),也可以用执行一条指令的时间来表示(μs/步)。

(5) 内部寄存器

内部寄存器的配置及数量是衡量 PLC 硬件功能的重要指标。PLC 内部有许多寄存器用以存放变量状态、中间结果、定时计数等数据,其数量的多少、容量的大小,直接关系到用户编程时是否方便、灵活。

(6) 特殊功能模块

PLC 特殊功能模块的多少及功能的强弱是衡量其技术水平高低的一个重要的指标。PLC 除了基本功能模块外,还配有各种特殊功能模块。基本功能模块实现基本控制功能,特殊功能模块实现某一种特殊的功能。PLC 的特殊功能越多,其系统配置、软件开发就越灵活、方便,适应性也就越强。目前已开发出的常用特殊功能模块有:模/数(A/D)转换模块、数/模(D/A)转换模块、高速计数模块、位置控制模块、速度控制模块、温度控制模块、轴定位模块、远程通信模块及高级语言编程模块等。

四、习题与训练

1.1.1 什么是 PLC?它有哪些特点?

1.1.2 PLC 是如何分类的?

1.1.3 选择题。
(1) 下列不是 PLC 的特点的是（　　）。
A. 抗干扰能力强　　　B. 编程方便　　　C. 安装调试方便　　D. 功能单一
(2) 可编程控制器在硬件设计方面采用了一系列措施，如对干扰的（　　）。
A. 屏蔽、隔离和滤波　　B. 屏蔽和滤波　　C. 屏蔽和隔离　　D. 隔离和滤波
(3) 可编程控制器在输入端使用了（　　），来提高系统的抗干扰能力。
A. 继电器　　　　　　B. 晶闸管　　　　C. 晶体管　　　　D. 光电耦合器
1.1.4 按 PLC 的控制类型，其应用主要分为哪几方面？
1.1.5 PLC 主要技术性能指标有哪些？

学习笔记

任务二　了解 PLC 的编程语言

【知识、能力目标】

- 了解 PLC 的编程语言的作用；
- 了解梯形图 LAD 语言的特点和编写规则；
- 了解语句表 STL 语言的特点；
- 掌握 PLC 的梯形图与继电接触器控制电路的异同；
- 能简述梯形图 LAD 语言和语句表 STL 语言的各自优点。

PLC 的控制功能是通过执行程序来实现的，因此，用户要根据实际控制系统的需要编写出相应的控制程序。由于 PLC 的软件与硬件体系结构是封闭的，绝大多数 PLC 是利用专用总线、专用通信网络及协议的，虽然编程都可以采用梯形图，但不同公司的 PLC 产品在寻址、语法结构等方面不一致，使各种 PLC 互不兼容。IEC 在 1992 年颁布了可编程控制器的编程软件标准 IEC 1131-3，为各 PLC 厂家编程的标准化铺平了道路。目前，虽然各厂家的 PLC 控制程序表达方式有所差异，但一般都有多种编程语言供用户选用，常用的有下面几种。

一、梯形图

梯形图（Ladder Diagram，LAD）是一种图形语言，它非常接近继电接触控制系统中的电气控制原理图。在梯形图中沿用了继电器、线圈、常开触点、常闭触点、串联、并联等继电器线路中的术语。梯形图直观、易学，是目前应用最多的一种语言，图 1-1(a) 是一个简单的 PLC 梯形图程序。在分析梯形图程序时假想存在"能流"，它的方向只能是自左向右、自上而下，如分析网络 1 时常说："常开触点 I0.0 闭合，则 M0.0 线圈得电"。

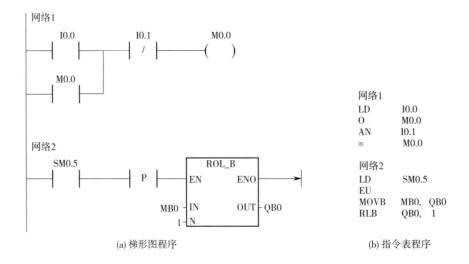

(a) 梯形图程序　　　　　　　　　　　(b) 指令表程序

图 1-1　梯形图与语句表程序举例

梯形图的编程规则如下。
① 梯形图按照从上到下、从左到右的顺序绘制。
② 每一个逻辑行必须从左母线画起。
③ 线圈和功能指令不能直接接在左母线上；线圈的右边也不能再有触点。
④ 几个串联线路并联时，应将串联触点多的线路画在上方；几个并联线路串联时，应将并联触点多的线路画在左方。
⑤ 梯形图必须按照计算机执行程序时的顺序依次画出。

二、指令表

指令表（Instruction List，IL）又叫语句表（Statements List，STL），它类似于计算机汇编语言。它是用指令助记符来编程的，属于面向机器硬件的语言。由若干条指令组成的程序叫语句表程序（或指令表程序），其优点是：语句表程序生成的源程序机器代码最短、执行速度最快；语句表可以编写出用梯形图无法实现的程序。图1-1(b)是一个简单的PLC指令表程序。

三、功能块图

功能块图（Function Block Diagram，FBD）是一种图形编程语言，用规定的与、或、非等逻辑图符号连接而成。功能图块中模块之间的连接方式与电路的连接方式大致相同。有数字电路基础的人很容易掌握。

四、顺序功能图

顺序功能图（Sequential Function Chart，SFC）又叫流程图，是用来描述控制系统的控制过程、功能和特性的一种图形。流程图用约定的几何图形、有向线和简单的文字说明来描述PLC的处理过程和程序的执行步骤。其特点是：描述控制过程详尽具体，包括每框前的输入信号，框内的工作内容，框后的输出状态，框与框之间的转换条件等，是设计PLC顺序控制程序的一种很好的工具。

五、结构化文本

结构化文本ST（Structured Text，ST）是为IEC 61131-3标准而创建的一种PLC专用高级语言。与梯形图相比，它易于实现复杂的数学运算，编写出来的程序非常简洁和紧凑。

西门子公司的PLC使用的STEP 7中的S7 SCL属于结构化控制语言，其程序结构与C语言、Pascal语言相似，特别适合习惯使用高级语言进行程序设计的技术人员使用。

另外，各厂家自行开发的高级编程语言（或称编程软件）使用简单方便，应用日益广泛，如西门子公司专为SIMATIC S7-200系列PLC开发的STEP 7-Micro/WIN 32编程软件。

六、习题与训练

1.2.1 梯形图程序与语句表程序各有什么特点？
1.2.2 简述PLC的梯形图与继电接触器控制电路的异同。

任务三　认识 PLC 系统的组成及原理

【知识、能力目标】

- 掌握 PLC 的硬件系统组成及各部件的作用；
- 掌握 PLC 的软件系统组成；
- 掌握 PLC 的工作原理；
- 能分析、归纳 PLC 控制系统与继电接触器控制系统的区别。

一、PLC 的系统组成

PLC 实质上是一台工业控制用的专用计算机，因此，它的组成与微型计算机基本相同，也是由硬件系统和软件系统两大部分组成的。

1. PLC 的硬件系统

图 1-2 为一般小型 PLC 的硬件系统简化框图。PLC 的基本单元主要由微处理器（CPU）、存储器、输入和输出模块、电源模块、I/O 扩展接口、外设 I/O 接口，以及编程器等部分组成。

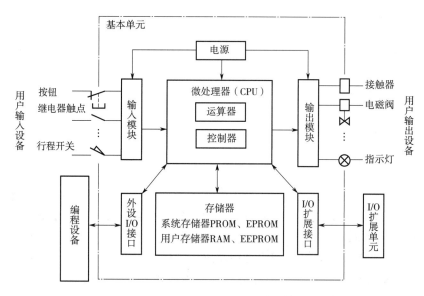

图 1-2　PLC 硬件系统简化框图

（1）微处理器（CPU）

CPU 是整个 PLC 控制的核心，它指挥、协调整个 PLC 的工作。它主要由控制器、运算器、寄存器等组成，其中控制器控制 CPU 的工作，由它读取指令、解释指令及执行指令；运算器用于进行数字或逻辑运算，在控制器指挥下工作；寄存器参与运算，并存储运算的中间结果，它也在控制器指挥下工作。CPU 完成的主要功能如下。

① 接收并存储从编程器输入的用户程序和数据；

② 用循环扫描的方式采集由现场输入设备送来的状态信号或数据，并存入规定的寄存器中；

③ 诊断电源和 PLC 内部电路的工作状态和编程过程中的语法错误等；

④ PLC 进入运行后，从用户程序存储器中逐条读取指令，经分析后再按指令规定的任务产生相应的控制信号，去指挥有关的控制电路。

⑤ 响应各种外围设备（如编程器、打印机等）的请求。

（2）存储器

存储器是 PLC 记忆或暂存数据的部件，用来存放系统程序、用户程序、逻辑变量及其他一些信息。常用的存储器类型有：CMOS RAM（随机读写存储器）、ROM（只读存储器）、PROM（用户可编程只读存储器）、EPROM（紫外线可擦除、可编程只读存储器）、EEPROM（电可擦除、可编程只读存储器）。PLC 的存储器分为系统存储器和用户存储器。

系统存储器用来存放系统程序，一般采用 PROM 或 EPROM。系统程序由 PLC 生产厂家编写，并固化在只读存储器内，它使 PLC 具有基本的智能，它主要由系统管理（负责系统的运行管理、存储空间管理、系统自诊断管理等）、指令解释、标准程序及系统调用等程序组成。

用户存储器用来存放用户编制的控制程序和数据，采用 RAM 或 EEPROM。为了使断电后 RAM 存放的用户程序和数据信息不丢失，可以用锂电池作为备用电源，用于断电时保持 RAM 中的内容。现在大部分的 PLC 已经不用锂电池，而改用大电容来完成临时的断电保护功能。对于重要的用户程序和数据，则存储到 EEPROM 中。

用户存储器又分为用户程序存储器（一般用于存放用户程序）和用户数据存储器（用于存放 CPU 采样的数据，以及执行程序时的中间结果和内部编程元件的状态）。

（3）输入/输出（I/O）模块

I/O 模块（I/O 接口）是 PLC 与现场用户输入、输出设备之间联系的桥梁。

PLC 的输入模块用以接收和采集外部设备各类输入信号（如按钮、各种开关、继电器触点等送来的开关量；或电位器、测速发电机、传感器等送来的模拟量），并将其转换成 PLC 能接收和处理的数据。

PLC 的输出模块则是将 PLC 内部的标准信号，转换成外部设备所需要的控制信号，用于驱动控制元件（如接触器、指示灯、电磁阀、调节阀、调速装置等）。

PLC 提供多种用途和功能的 I/O 模块，供用户根据具体情况来选择，如开关量 I/O、模拟量 I/O、I/O 电平转换、电气隔离、A/D 或 D/A 变换、串/并行变换、数据传送、高速计数器、远程 I/O 控制等模块。其中开关量 I/O 模块是 PLC 中最基本、最常用的接口模块，在图 1-2 中绘出的就是这种 I/O 模块。

为了提高 PLC 的抗干扰能力，一般的 I/O 模块都有光电隔离装置。在数字量输入模块中，广泛采用滤波电路，以及由发光二极管和光电三极管组成的光电耦合器；在数字量输出模块中，广泛采用电气隔离技术；在模拟量 I/O 模块，通常采用隔离放大器。

（4）电源模块

电源是整机的能源供给中心。PLC 系统的电源分为内部电源和外部电源。PLC 内部配有开关式稳压电源模块，它为 PLC 的微处理器、存储器等电路提供 5V、±12V、24V 等直流电源。内部电源具有很高的抗干扰能力，性能稳定、安全可靠。小型 PLC 的内部电源往往和 CPU 单元合为一体，大中型 PLC 都有专用的电源模块。

PLC 的外部工作电源一般使用 220V 交流电源或 24V 直流电源。另外，用于传送现场信号或驱动现场负载的电源通常由用户另备，叫用户电源。

(5) 编程器

编程器是对用户程序进行编辑、输入、调试，通过其键盘去调用和显示 PLC 内部的一些状态和系统参数，从而实现监控功能的设备。它是 PLC 最重要的外围设备，是 PLC 不可缺少的一部分。它通过接口与 CPU 联系，完成人机对话。一般只是在要输入用户程序和检修时使用编程器，所以一台编程器可供多台 PLC 共同享用。

编程器一般分为简易型和智能型两类，简易型编程器需要联机工作，且只能输入和编辑语句表程序，但它由 PLC 提供电源，体积小，价格低。智能型编程器，既可联机编程，又可脱机编程；既可用语句表编程，又可用梯形图编程，使用起来方便直观，但价格较高。

目前，许多 PLC 都用微型计算机作为编程工具，只要配上相应的硬件接口和软件包，就可以使用梯形图、语句表等多种编程语言进行编程。由于计算机功能强、显示屏幕大，使程序输入和调试，以及系统状态的监控更加方便和直观。

(6) 外部设备 I/O 接口

PLC 的外部设备主要有编程器、EPROM 写入器（用于将用户程序写入到 EPROM 中）、打印机、外存储器（磁带或磁盘）等。外部设备 I/O 接口的作用就是将这些外部设备与 PLC 相连。某些 PLC 可以通过通信接口与其他 PLC 或上位计算机连接，以实现通信网络功能。

(7) I/O 扩展接口

当用户的输入、输出设备所需的 I/O 点数超过了主机（基本单元）的 I/O 点数，或者 PLC 控制系统需要进行特殊功能控制时，就需要用 I/O 扩展接口进行扩展。I/O 扩展接口就是用于将 I/O 点扩展单元，以及特殊功能模块与基本单元之间相连，它使得 PLC 的配置更加灵活，以满足不同控制系统的需求。

2. PLC 的软件系统

PLC 的软件是指 PLC 工作所使用的各种程序的集合，它包括系统软件和应用软件两大部分。系统软件决定了 PLC 的基本智能，应用软件则规定了 PLC 的具体工作。

(1) 系统软件

系统软件又叫系统程序，是由 PLC 生产厂家编制的用来管理、协调 PLC 的各部分工作，充分发挥 PLC 的硬件功能，方便用户使用的通用程序。系统软件通常被固化在 EPROM 中与机器的其他硬件一起提供给用户。有了系统程序才给 PLC 赋予了各种各样的功能，包括 PLC 的自身管理及执行用户程序，完成各种工作任务。通常系统程序有以下功能。

① 系统配置登记和初始化：不同的控制对象、不同的控制过程，其 PLC 控制系统的配置各不相同。系统程序在 PLC 通电或复位时，首先对各模块进行登记、分配地址，做初始化，为系统管理及运行工作做好准备。

② 系统自诊断：对 CPU、存储器、电源、输入模块、输出模块进行故障诊断测试，若发现异常，则停止执行用户程序，显示故障代码，等待处理。

③ 命令识别与处理：操作人员通过键盘操作，对 PLC 发出各种工作指令，系统程序不断地监视、接收每一个操作指令并加以解释，然后按指令去完成相应操作，并显示结果。

④ 编译程序：用户编写的工作程序送入 PLC 后，首先要由系统编译程序对其进行翻译，变成 CPU 可以识别执行的指令码程序后，才被存入用户程序存储器。同时还要对用户输入的程序进行语法检查，发现错误及时提示。

⑤ 标准程序模块及系统调用：厂家为方便用户，经常提供一些各自能完成不同功能的独立程序模块，如输入、输出、运算等，PLC 的各种具体工作都是由这部分程序来完成的，这部分程序的多少，决定了 PLC 性能的强弱。用户需要时只需按调用条件进行调用即可。

（2）应用软件

应用软件又叫用户程序，是用户根据实际系统控制需要用 PLC 的编程语言编写的。同一厂家生产的同一型号 PLC，其系统软件是相同的，但不同用户，用于不同的控制对象，解决不同的问题所编写的用户程序则是不同的。

硬件系统和软件系统组成了一个完整的 PLC 系统，它们相辅相成，缺一不可。没有软件支持的 PLC 只是一台裸机，不起任何作用；反之，没有硬件支持，软件也就无立足之地，程序根本无法执行。

二、PLC 的工作原理

1. PLC 的工作方式

PLC 是靠执行用户程序来实现控制要求的。PLC 对用户程序的执行采用循环扫描的工作方式。用户根据控制要求，编制好输入程序，并存于 PLC 的用户程序存储器中。用户程序由若干条指令组成，指令在存储器中按步序号顺序排列。PLC 开始运行时，CPU 对用户程序做周期性循环扫描，在无跳转指令或中断的情况下，CPU 从第一条指令开始顺序逐条地执行用户程序，直到用户程序结束，然后又返回第一条指令开始新一轮的扫描，并周而复始地重复。在每次扫描过程中，还要完成对输入信号的采集和对输出状态的刷新等工作。

什么是PLC？

PLC 采用循环扫描的工作方式，这是有别于微型计算机、继电接触器控制的重要特点。微机一般采用等待命令的工作方式。如常见的键盘扫描方式或 I/O 扫描方式，若有键按下或 I/O 动作，则转入相应的子程序，无键按下则继续扫描。继电接触器控制系统将继电器、接触器、按钮等分立电器用导线连接在一起，形成满足控制对象动作要求的控制程序，它采用硬逻辑"并行"运行的方式，在执行过程中，如果一个继电器的线圈得电，那么该继电器的所有常开和常闭的触点，无论接在控制线路的什么位置，都会立即动作：常闭触点断开，常开触点闭合；如果某些继电器的线圈得电，那么这些继电器所对应的触点都会立即动作。而 PLC 采用循环扫描的工作方式，在工作过程中，如果某个软继电器的线圈接通，该线圈的所有常开和常闭触点并不一定会立即动作，只有 CPU 扫描到该接点时才会动作：其常闭触点断开，常开触点闭合。也就是说，PLC 在任一时刻只能执行一条指令，是以"串行"方式工作，这样便避免了继电接触器控制的触点竞争和时序失配问题。

2. PLC 的工作过程及 I/O 处理规则

（1）PLC 的工作过程

PLC 的循环扫描工作方式是在系统软件控制下，顺序扫描各输入点的状态，按用户程序进行运算处理，然后向输出点顺序发出相应的控制信号。整个工作过程包含五个阶段：自诊断、通信处理、输入采样、执行用户程序、输出结果，如图 1-3 所示。

图 1-3　PLC 工作过程

PLC 刚通电时会对系统进行一次初始化，包括对硬件初始化、I/O 模块配置检查、停电保护范围设定、系统通信参数配置及其他初始化处理。通电处理完成后即进入循环扫描阶段。

对于不同的 PLC 产品，其扫描过程中五个阶段的顺序可能不同，这取决于 PLC 内部的系统程序。

① 自诊断：执行故障自诊断程序，自检 CPU、存储器、I/O 组件等，发现异常便停机显示出错。若自诊断正常，则继续向下扫描。

② 通信处理：这个阶段，CPU 处理从通信端口接收到的任何信息。

③ 读入现场信号：PLC 中的 CPU 对各个输入端进行扫描，将所有输入端的输入信号状态读入到输入映像寄存器区。这个阶段叫输入采样，或称输入刷新。在输入采样结束后，即使输入信号状态发生了改变，输入映像寄存器区中的状态也不会发生改变。输入信号变化了的状态只能在下一个扫描周期的输入采样阶段被读入。所以说，为了避免输入信号的丢失，要求输入信号的宽度要大于一个扫描周期。

④ 执行用户程序：CPU 按先左后右、自上而下的顺序对用户程序顺序扫描并执行。在扫描每一条指令时，对所需的输入状态可从输入映像寄存器中读入，从输出映像寄存器读入当前的输出状态，然后按程序进行相应的运算，运算结果再存入输出寄存映像器中。随着程序的执行，输出映像寄存器的内容会不断变化。

如果在程序中使用了中断，与中断事件相关的中断程序就作为程序的一部分存储下来。中断程序并不作为正常扫描周期的一部分来执行，而是当中断事件发生时才执行（中断事件可能发生在扫描周期的任意点上）。

⑤ 输出结果：当所有指令执行完毕，输出映像寄存器的状态转存到输出锁存器中，并通过 PLC 的输出模块转成被控设备所能接收的信号，驱动外部负载，这是 PLC 的实际输出。这个阶段叫输出刷新。

（2）PLC 对 I/O 的处理规则

① 输入映像寄存器的状态取决于各输入端子在上一个刷新期间的状态；

② 程序执行阶段所需的输入、输出状态，由输入映像寄存器和输出映像寄存器读出；

③ 输出映像寄存器的内容由程序中输出指令的执行结果决定；

④ 输出锁存器中的内容由上一次输出刷新时输出映像寄存器的状态决定；

⑤ 各输出端子的通断状态由输出锁存器的内容来决定。

三、习题与训练

1.3.1　PLC 的硬件系统主要由哪几部分构成？其功能是什么？

1.3.2　简述 PLC 的系统软件的功能。

1.3.3　PLC 采用什么工作方式？该工作方式与继电接触器控制系统有什么不同？

1.3.4　PLC 的工作过程分为几个阶段？各阶段的作用是什么？

任务四　认识 S7-200 系列 PLC

【知识、能力目标】

- 了解 S7-200 PLC 的基本结构及各部件的功能；
- 了解 S7-200 PLC 的主要性能指标；
- **掌握** S7-200 PLC 的编程元件及寻址方式。

德国西门子（Siemens）公司生产的 PLC 具有世界领先水平，从 1975 年至今，先后推出了 S3、S5、S7 等系列 PLC，其中 1996 年推出的 SIMATIC S7 系列 PLC 继承了上一代 S5 系列稳定、可靠和故障率低的精髓，将先进控制思想、现代通信技术和 IT 技术的最新发展集于一身，在 CPU 运算速度、程序执行效率、故障自诊断、联网通信等方面取得了业界公认的成就。

SIMATIC S7 系列包括小型 PLC S7-200、中型 PLC S7-300、大型 PLC S7-400，它们是自动控制领域不可或缺的设备之一。除此之外，近些年市场上还大量使用西门子公司推出的新一代 PLC 设备：S7-200 SMART、S7-1200、S7-1500。本书对新型小款 PLC S7-200 SMART 的新知识、新技术和新规范进行了介绍，S7-1200 的基础知识可以扫描右侧二维码进行学习。关于 S7-200 SMART、S7-1200 的更多内容，读者可以查阅本书配套的精品在线开放课程平台上的资源。

一、S7-200 PLC 的构成

S7-200 系列 PLC，将一个微处理器、一个集成电源和数字量 I/O 模块等部件，集成在一个紧凑的封装中，从而形成了一个功能强大的、整体式结构的微型 PLC。S7-200 系列 PLC 主要有 CPU221、CPU222、CPU224、CPU226 四种主机 CPU 型号。该系列 PLC 的硬件系统主要包含：基本单元（或称主机、CPU 模块）、扩展模块、编程器等外设。

拓展学习引导

基本单元由 CPU、存储器、基本输入/输出（I/O）模块及电源等组成。它是 PLC 系统中必不可少的部分。它实际上已是一个能独立实现一定控制任务的完整的控制系统。S7-200 主机外形如图 1-4 所示。

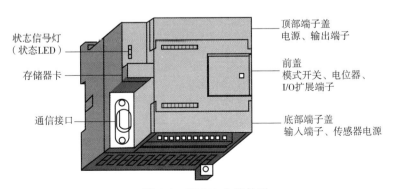

S7-200与S7-200
SMART主机外形

图 1-4　S7-200 主机外形

扩展模块包括用来增加 I/O 点数及用来增加 PLC 控制功能的两类部件。用户可根据实际需要，灵活地改变系统的输入/输出点数，或将高速计数器模块、PID 模块等与主机连接，完成相应的特殊控制功能。不同型号的 PLC 所能连接的扩展模块数量有所不同，其中 CPU 221 无扩展模块。

二、S7-200 CPU 的主要性能指标

S7-200 CPU 通用规范见表 1-1。表 1-2 列出了 S7-200 CPU 主要性能指标。

对于每个型号，西门子提供 DC（24V）和 AC（120～220V）两种供电的 CPU 类型。四种 CPU 均有晶体管输出和继电器输出两种类型。如 CPU224 DC/DC/DC 和 CPU224 AC/DC/Relay 的含义如下。

表 1-1 S7-200 CPU 通用规范

模块名称和 I/O 点数	尺寸 /(mm×mm×mm)	质量/g	功耗/W	供电能力/mA	
				+5V(DC)	+24V(DC)
CPU221 DC/DC/DC 6 输入/4 晶体管输出	90×80×62	270	3	0	180
CPU221 AC/DC/Relay 6 输入/4 继电器输出	90×80×62	310	6	0	180
CPU222 DC/DC/DC 8 输入/6 晶体管输出	90×80×62	270	5	340	180
CPU222 AC/DC/Relay 8 输入/6 继电器输出	90×80×62	310	7	340	180
CPU224 DC/DC/DC 14 输入/10 晶体管输出	120.5×80×62	360	7	660	280
CPU224 AC/DC/Relay 14 输入/10 继电器输出	120.5×80×62	410	10	660	280
CPU226 DC/DC/DC 24 输入/16 晶体管输出	196×80×62	550	11	1000	400
CPU226 AC/DC/Relay 24 输入/16 继电器输出	196×80×62	660	17	1000	400

表 1-2 S7-200 CPU 主要性能指标

CPU 类型	CPU221	CPU222	CPU224	CPU226
主机数字量输入/输出点数	6 输入/4 输出	8 输入/6 输出	14 输入/10 出	24 输入/16 输出
可连接的扩展模块数量	不可扩展	2 个	7 个	7 个
最大可扩展的数字量	不可扩展	78 点	168 点	248 点

续表

CPU 类型	CPU221	CPU222	CPU224	CPU226
最大可扩展的模拟量	不可扩展	10 点	35 点	35 点
用户程序存储区	4KB	4KB	8KB	8KB
用户数据存储区	2KB	2KB	5KB	5KB
数据后备时间(超级电容)	50h	50h	190h	190h
用户存储器类型	EEPROM	EEPROM	EEPROM	EEPROM
数字量 I/O 映像区大小	256(128/128)	256(128/128)	256(128/128)	256(128/128)
模拟量 I/O 映像区大小	无	16 入/16 出	32 入/32 出	32 入/32 出
编程软件	Step 7-Micro/WIN	Step 7-Micro/WIN	Step 7-Micro/WIN	Step 7-Micro/WIN
每条二进制语句执行时间	$0.37\mu s$	$0.37\mu s$	$0.37\mu s$	$0.37\mu s$
标志寄存器/计数器/定时器	256/256/256	256/256/256	256/256/256	256/256/256
高速计数器	4 个 30kHz	4 个 30kHz	6 个 30kHz	6 个 30kHz
高速脉冲输出	2 个 20kHz	2 个 20kHz	2 个 20kHz	2 个 20kHz
通信接口	1(RS-485)	1(RS-485)	1(RS-485)	2(RS-485)
外部硬件中断	4	4	4	4
支持的通信协议	PPI,MPI,自由口	PPI,MPI,自由口,Profibus DP	PPI,MPI,自由口,Profibus DP	PPI,MPI,自由口,Profibus DP
模拟量调节电位器	1 个	1 个	2 个	2 个
实时时钟	外置时钟卡(选件)	外置时钟卡(选件)	内置时钟卡	内置时钟卡
外形尺寸$(W \times H \times D)$/mm×mm×mm	90×80×62	90×80×62	120.5×80×62	196×80×62

需要说明的是，S7-200 PLC 提供了下面几种方法，确保用户程序、数据和 CPU 的组态数据不丢失。

① CPU 提供了一个 EEPROM，永久保存用户程序、选择的数据区和 CPU 的组态数据。

② CPU 提供了一个超级电容器，在 CPU 断电时保存完整的 RAM 存储器。根据 CPU 模块类型，超级电容器可保存 RAM 存储器达数天之久。

③ CPU 提供了一个可选的电池卡，当 CPU 断电后，可延长 RAM 存储器保持的时间。电池卡只有在超级电容器耗尽后才提供电源。

另外，所有 S7 200 CPU 都有 个内部电源，为 CPU 自身、扩展模块和其他用电设备提供 5V、24V 直流电源。扩展模块需要通过与 CPU 连接的电缆获得 5V 直流工作电源。24V 的直流电源可为 CPU 和扩展模块上的 I/O 点供电，也可为一些特殊或智能模块提供电源。

三、扩展模块

S7-200 CPU 为了扩展 I/O 点数或执行特殊的功能，可以连接扩展模块（CPU221 除外）。扩展模块主要有：数字量 I/O 模块、模拟量 I/O 模块、通信模块和特殊功能模块。如 EM 221 DI 8X24V（DC）[8 点 24V（DC）数字量输入扩展模块]、EM 222 DO 8X24V

(DC)[8点24V(DC)数字量晶体管输出扩展模块]、CP 243-1(工业以太网通信模块)。常用扩展模块所消耗5V(DC)电流详见表1-3。

表1-3 常用扩展模块所消耗5V(DC)电流

扩展模块型号及描述		消耗电流/mA
数字量输入扩展模块	EM 221 DI8 X24V(DC)	30
数字量(晶体管)输出扩展模块	EM 222 DO8 X24V(DC)	50
数字量(继电器)输出扩展模块	EM 222 DO8 X 继电器	40
数字量 输入/输出扩展模块	EM 223 DI4/DO4 X24V(DC)	40
数字量 输入/输出扩展模块	EM 223 DI4/DO4 X24V(DC)/继电器	40
数字量 输入/输出扩展模块	EM 223 DI8/DO8 X24V(DC)	80
数字量 输入/输出扩展模块	EM 223 DI8/DO8 X24V(DC)/继电器	80
数字量 输入/输出扩展模块	EM 223 DI16/DO16 X24V(DC)	160
数字量 输入/输出扩展模块	EM 223 DI16/DO16 X24V(DC)/继电器	150
模拟量输入扩展模块	EM 231 AI4 X 12 位	20
模拟量热电偶输入扩展模块	EM 231 AI4 X 热电偶	60
模拟量热电阻输入扩展模块	EM 231 AI4 X RTD	60
模拟量输出扩展模块	EM 231 AQ4 X 12 位	20
模拟量 输入/输出扩展模块	EM 231 AI4/AQ1 X 12 位	30
从站通信模块	EM 277 PROFIBUS-DP	150

由表1-1可知,不同规格的CPU提供5V(DC)和24V(DC)电源的容量不同。每个实际的PLC控制系统都要就电源容量进行规划计算。如每个扩展模块都需要5V(DC)电源,应当检查所有扩展模块的5V(DC)电源需求是否超出CPU的供电能力,一旦超出,就必须减少或改变模块配置。同理,需要24V(DC)电源的设备,也要根据CPU的供电能力进行计算,如果所需电源超出电源的容量,则需要增加外接24V(DC)电源。S7-200 CPU模块上提供的电源不能和外接电源并联,但它们必须共地。

四、最大I/O配置

S7-200 CPU虽然具有相同大小的I/O映像区,但不同CPU的最大I/O还受下面几种情况的限制。

① 模块数量:CPU221不能扩展;CPU222最多扩展2个模块;CPU224及226最多扩展7个模块(其中最多2个智能模块,如EM 277 PROFIBUS-DP)。

② 数字量映像寄存器大小:每个CPU允许的数字量I/O的逻辑空间为128个输入和128个输出。由于该逻辑空间按8点模块分配,因此有些物理点无法被寻址。一个特殊模块可能不能全部寻址8个点。如CPU224有10个输出点,但它占用逻辑输出区的16个点地址;又如一个4输入/4输出模块,占用逻辑空间的8个输入点和8个输出点。

③ 模拟量映像寄存器大小:模拟量I/O允许的逻辑空间是CPU222为16输入/16输出;CPU224及226为32输入/32输出。

④ CPU 内部电源所能提供的 5V（DC）电源容量和每种扩展模块所消耗的电流都不同。如 CPU222 控制系统的最大数字量 I/O 配置是 78 点，因 CPU222 最多可扩展 2 个模块，选 EM 223 DI16/DO16X24V（DC）或者 EM 223 DI16/DO16X24V（DC）/继电器扩展模块，扩展输入点 2×16、扩展输出点 2×16，CPU222 模块本身有输入点 8 点、输出点 6 点，所以共 78 点。

S7-200 系列 PLC 组成的控制系统中，每种类型 CPU 模块提供的主机 I/O 点，都具有固定的 I/O 地址；每个扩展模块的地址，都必须由 I/O 类型及模块在 I/O 链中的位置决定。I/O 扩展模块必须依次接到 PLC 右边。

S7-200 PLC 共有 4 类 I/O：数字量输入（DI）、数字量输出（DO）、模拟量输入（AI）、模拟量输出（AQ）。其 I/O 地址分配规则如下。

① 每一类 I/O 分别排列地址，从 PLC 主机开始算起，I/O 点从左到右按由小到大的规律排列，扩展模块的类型和位置一旦确定，则它的 I/O 点地址也随之确定。

② CPU 给数字量扩展模块的输入输出映像寄存器的单位长度为 8 位（1 个字节），某模块实际位不足 8 位的，没有使用的高位也不能分配给 I/O 链的后续模块。

③ CPU 给模拟量扩展模块是以 2 字节递增方式来分配空间的。

例如，某 PLC 控制系统需要的输入输出点数为：数字量输入 25 点、数字量输出 21 点、模拟量输入 5 点、模拟量输出 2 点。能够满足此要求的配置有多种，表 1-4 列出了其中的一种，该种配置共有数字量输入 26 点、数字量输出 22 点、模拟量输入 8 点、模拟量输出 2 点，可满足控制系统的需要。

表 1-4 I/O 地址分配举例

主机 I/O CPU 224（数字量：14 入/10 出）	模块 0 I/O EM 221 DI8 X24V(DC)（数字量：8 输入）	模块 1 I/O EM 222 DO8 X24V(DC)（数字量：8 输出）	模块 2 I/O EM 235 AI4/AQ1 X12 位（模拟量：4 入/1 出）	模块 3 I/O EM 223 DI4/DO4 X24V（DC）/继电器（数字量：4 入/4 出）	模块 4 I/O EM 235 AI4/AQ1 X12 位（模拟量：4 入/1 出）
I0.0 Q0.0	I2.0	Q2.0	AIW0	I3.0 Q3.0	AIW8
I0.1 Q0.1	I2.1	Q2.1	AQW0	I3.1 Q3.1	AQW2
I0.2 Q0.2	I2.2	Q2.2	AIW2	I3.2 Q3.2	AIW10
I0.3 Q0.3	I2.3	Q2.3	AIW4	I3.3 Q3.3	AIW12
I0.4 Q0.4	I2.4	Q2.4	AIW6		AIW14
I0.5 Q0.5	I2.5	Q2.5			
I0.6 Q0.6	I2.6	Q2.6			
I0.7 Q0.7	I2.7	Q2.7			
I1.0 Q1.0					
I1.1 Q1.1					
I1.2					
I1.3					
I1.4					
I1.5					

五、S7-200 PLC 的编程元件及寻址方式

1. PLC 的数据类型及表示方法

SIMATIC S7-200 系列 PLC 的数据类型有：逻辑型、整型和实型（或浮点型）。实数采

用 32 位单精度来表示。存储器的常用单位有位（bit）、字节（Byte）、字（Word）、双字（Double Word）。一位二进制数称为 1 个位（bit），位是最小的存储单元。这几种常用单位的换算关系是：1DW＝2W＝4B＝32bit。表 1-5 列出了不同的数据长度所表示的数值范围。

表 1-5 数据长度和数值范围

数据长度	字节/B(8 位)	字/W(16 位)	双字/D(32 位)
无符号整数	0～255（十进制） 0～FF（十六进制）	0～65535（十进制） 0～FFFF（十六进制）	0～4294967295（十进制） 0～FFFF FFFF（十六进制）
有符号整数	－128～＋127（十进制） 80～7F（十六进制）	－32768～＋32767 （十进制） 8000～7FFF （十六进制）	－2147488648～ ＋2147488647（十进制） 8000 0000～7FFF FFFF （十六进制）
实数（单精度） ANSI/IEEE 32 位浮点数			＋1.175495×10^{-38}～ ＋3.402 823×10^{38}（正数,十进制） －1.175495×10^{-38}～ －3.402 823×10^{38}（负数,十进制）

在许多 S7-200 指令中经常会使用到常数。常数值可为字节、字和双字。CPU 以二进制方式存储所有常数，也可用十进制、十六进制、ASCII 码或浮点数形式来表示，表 1-6 列出了常数的各种表示方式。

表 1-6 常数的表示方式

进　制	格　　式	举　　例
十进制	十进制数值	22966
十六进制	16#十六进制数值	16#5E6F
二进制	2#二进制数值	2#1010_0101_1100_0011
ASCII 码	'ASCII 码文本'	'very good！'
实数（浮点数）	ANSI/IEEE 754—1985 标准	＋1.333666×10^{-15}（正数） －1.030405×10^{17}（负数）

2. S7-200 PLC 的编程元件及直接寻址

S7-200 将信息存于不同的存储器单元，每个单元都有唯一的地址，只要明确指出要存取的存储地址，用户程序就可以直接存取其中的信息。S7-200 CPU 使用数据地址访问所有的数据，称为寻址，寻址方式又分为直接寻址和间接寻址两种。

① 直接寻址方式：按给定地址所找到的存储单元中的内容就是操作数。

② 间接寻址方式：使用指针来存取存储器中的数据。在存储单元中放置一个地址指针，按照这一地址找到的存储器中的数据才是所要取的操作数。

编程元件是 PLC 内部的具有一定功能的各种存储器单元电路，它们由寄存器与存储器单元等组成，是支持该机型编程语言的软元件，按习惯叫法分别称为继电器、定时器、计数器等，由于它们与物理元件有很大的差别，一般称它们为"软继电器"，也就是说软继电器是 PLC 内部的编程元件。每一个编程元件与 PLC 的元件映像寄存器的一个存储单元相对应。软继电器的工作线圈没有工作电压等级、功耗大小和电磁惯性等问题；触点没有数量限制、没有机械磨损和电蚀等问题。它们在不同的指令操作下，其工作状态可以无记忆，也可以有记忆，还可以作脉冲数字元件使用。

PLC 中的各种编程元件的功能是相互独立的，它们均用一定的字母来命名。不同的名称实质上代表了不同的存储器区域。对于同名元件又按一定的规则进行编号，这就是元件的地址，其实质是在存储器区域内的编号。使用这些元件编程时必须用元件名称（即区域号）和元件地址（即区内编号）来加以识别。图 1-5 和图 1-6 分别是位寻址的格式和字节寻址的格式举例。

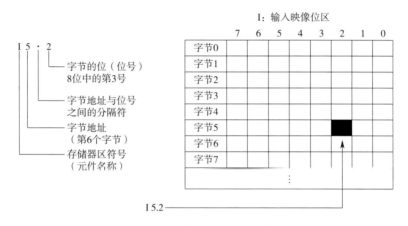

图 1-5　位寻址的格式举例

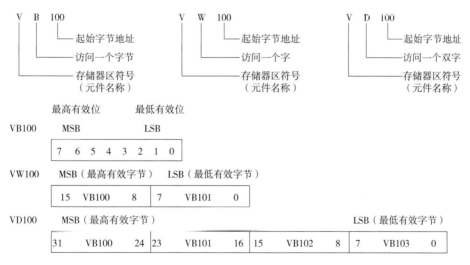

图 1-6　字节寻址的格式举例

注意，当涉及多字节组合寻址时，S7-200 遵循"高地址、低字节"规律。如果将 16♯6C 送入 VB200，16♯9A 送入 VB201，那么，VW200 的值将是 16♯6C9A，即 VB201 作为高地址字节，保存的则是数据的低字节部分。

下面介绍 S7-200 PLC 的编程元件的直接寻址方式。

编程元件I与Q

（1）输入映像寄存器（I）寻址

在每个扫描周期的开始，CPU 对输入点进行采样，并将采样值存入输入映像寄存器中。输入映像寄存器是以字节为单位的寄存器，它的每一位对应一个外部数字量输入端子。可以按位、字节、字及双字来存取输入映像寄存器中的数据。

① 位寻址：I 字节地址. 位地址，如 I0.1；

② 字节、字、双字寻址：I 长度 起始字节地址，如 IB0，IW1，ID3。

（2）输出映像寄存器（Q）寻址

在每次扫描周期的结尾，CPU 将输出映像寄存器中的数据复制到物理输出端点上。输出映像寄存器也是以字节为单位的寄存器，它的每一位对应一个外部数字量输出端子。可以按位、字节、字及双字来存取输出映像寄存器中的数据。

① 位寻址：Q 字节地址. 位地址，如 Q1.2；

② 字节、字、双字寻址：Q 长度 起始字节地址，如 QB0，QW1，QD3。

（3）变量存储器（V）寻址

变量存储器用于存储程序执行过程中控制逻辑操作的中间结果，也可以用来保存与工序或任务相关的其他数据。可以按位、字节、字及双字来存取变量存储器。

① 位寻址：V 字节地址. 位地址，如 V10.2；

② 字节、字、双字寻址：V 长度 起始字节地址，如 VB20，VW6，VD11。

（4）位存储器（M）寻址

可以用位存储器作为通用辅助继电器来存储中间操作状态和控制信息。同样可以按位、字节、字及双字来存取位存储器区中的数据。

① 位寻址：M 字节地址. 位地址，如 M0.2；

② 字节、字、双字寻址：M 长度 起始字节地址，如 MB1，MW6，MD10。

（5）顺序控制继电器（S）存储器区寻址

顺序控制继电器（S）用于组织机器操作或进入等效程序段的步进控制。SCR 指令提供控制程序的逻辑分段。可以按位、字节、字及双字来存取顺序控制继电器中的数据。

① 位寻址：S 字节地址. 位地址，如 S0.1；

② 字节、字、双字寻址：S 长度 起始字节地址，如 SB1，SW6，SD21。

（6）特殊标志存储器（SM）

特殊标志存储器的位提供了 CPU 和用户程序之间传递信息的方法。可以使用这些位控制 S7-200 CPU 的一些特殊功能。如：SM0.1 位第一次扫描为 ON，SM0.0 位始终为 ON；SM0.5 为时钟脉冲（0.5s 闭合/0.5s 断开）；关于 SM 的详细信息，请参阅有关的编程手册。可以按位、字节、字及双字来存取特殊标志存储器中的数据。

编程元件SM

① 位寻址：SM 字节地址. 位地址，如 SM0.0；

② 字节、字、双字寻址：SM 长度 起始字节地址，如 SMB35，SMW6，SMD52。

（7）局部变量存储器（L）区寻址

局部变量存储器用来存放局部变量。可以按位、字节、字及双字来存取局部存储器中的数据。

① 位寻址：L 字节地址. 位地址，如 L1.2；

② 字节、字、双字寻址：L 长度起始字节地址，如 LB0，LW1，LD6。

(8) 定时器 (T) 存储器区寻址

定时器是累计时间增量的器件，用来进行延时控制，它相当于继电接触器控制系统中的时间继电器。定时器寻址有两种形式，两种寻址格式相同，均用定时器地址（T+定时器号）来存取定时器的定时器当前值或定时器位。如：T37 不仅是定时器的地址，T37 还包含了以下两方面的变量信息。

① 定时器当前值：它用 16 位有符号整数表示，存储定时器当前所累计的时间。

② 定时器位：表示定时器是否发生动作的状态。按照定时器的当前值和预置值的比较结果置位或复位，带位操作数的指令存取定时器位，而带字操作数的指令存取定时器当前值。详见项目二。

(9) 计数器 (C) 存储器区寻址

计数器用于累计输入端脉冲电平的次数。计数器也有两种寻址形式，其格式相同，均用计时器地址（C+计时器号）来存取计数器的当前值或计数器位。如：C10 不仅是计数器的地址，C10 还包含了以下两方面的变量信息。

① 计数器当前值：是一个 16 位有符号整数，存储计数器当前所累计的输入脉冲个数；

② 计数器位：表示计数器是否发生动作的状态。按照计数器当前值和预置值的比较结果来置位或复位，带位操作数的指令存取计数器位，而带字操作数的指令存取当前值。详见项目二。

(10) 高速计数器 (HC) 寻址

高速计数器用来累计比 CPU 扫描速度更快的脉冲。CPU221 及 CPU222 均有四个高速计数器，CPU224 及 CPU226 均有六个。高速计数器的当前值为 32 位有符号整数，且为只读数据，可作为双字（32 位）来寻址，其寻址格式为 HC+高速计数器号，如：HC2。

(11) 累加器 (AC) 寻址

累加器是与存储器相仿的存取数据的读/写器件。例如，可用来向子程序传递参数、从子程序返回参数、存储计算的中间值。CPU 只提供四个 32 位累加器（AC0、AC1、AC2、AC3），可以按字节、字及双字来存取累加器中的数据，若按字节或字来存取累加器只能使用其 8 位或 16 位，按双字存取累加器可以使用全部 32 位。存取数据的长度由所用指令来决定。其寻址格式为 AC+累加器号，如：AC3。

(12) 模拟量输入映像寄存器 (AI) 寻址

S7-200 PLC 将实际系统中的模拟量输入值（如温度、速度、流量等）转换成 1 个字长（16 位）的数字量。其寻址格式如图 1-7 所示。

图 1-7　存取模拟量输入值寻址格式

(13) 模拟量输出映像寄存器 (AQ) 寻址

S7-200 PLC 把一个字长（16 位）数值按比例转换为电流或电压。因为模拟输出量为一个字长，且从偶数字节（如：0，2，4）开始，必须使用偶数字节地址（如：AQ0，AQ2）

来设置这些值,所以用户程序无法读取这个模拟输出值。其寻址格式如图 1-8 所示。

图 1-8 存取模拟量输出值寻址格式

S7-200 PLC 的编程元件及寻址范围见表 1-7,其中输入映像寄存器和输出映像寄存器采用八进制编号,其他元件用十进制编号。

表 1-7 S7-200 PLC 编程元件及寻址范围

描 述	范 围			
	CPU221	CPU222	CPU224	CPU226
输入映像寄存器(I)	I0.0~I15.7	I0.0~I15.7	I0.0~I15.7	I0.0~I15.7
输出映像寄存器(Q)	Q0.0~Q15.7	Q0.0~Q15.7	Q0.0~Q15.7	Q0.0~Q15.7
模拟输入映像寄存器(AI)		AIW0~AIW30	AIW0~AIW30	AIW0~AIW30
模拟输出映像寄存器(AQ)		AQW0~AQW30	AQW0~AQW30	AQW0~AQW30
变量存储器(V)	VB0.0~VB2047.7	VB0.0~VB2047.7	VB0.0~VB5119.7	VB0.0~VB5119.7
局部存储器(L)	LB0.0~LB63.7	LB0.0~LB63.7	LB0.0~LB63.7	LB0.0~LB63.7
位存储器(M)	M0.0~M31.7	M0.0~M31.7	M0.0~M31.7	M0.0~M31.7
特殊存储器(SM)	SM0.0~SM179.7 SM0.0~SM29.7	SM0.0~SM179.7 SM0.0~SM29.7	SM0.0~SM179.7 SM0.0~SM29.7	SM0.0~SM179.7 SM0.0~SM29.7
定时器(T): 保持接通延时(1ms) 保持接通延时(10ms) 保持接通延时(100ms) 接通/断开延时(1ms) 接通/断开延时(10ms) 接通/断开延时(100ms)	256(T0~T255) T0,T64 T1~T4,T65~T68 T5~T31,T69~T95 T32,T96 T33~T36,T97~T100 T37~T63,T101~T255	256(T0~T255) T0,T64 T1~T4,T65~T68 T5~T31,T69~T95 T32,T96 T33~T36,T97~T100 T37~T63,T101~T255	256(T0~T255) T0,T64 T1~T4,T65~T68 T5~T31,T69~T95 T32,T96 T33~T36,T97~T100 T37~T63,T101~T255	256(T0~T255) T0,T64 T1~T4,T65~T68 T5~T31,T69~T95 T32,T96 T33~T36,T97~T100 T37~T63,T101~T255
计数器(C)	C0~C255	C0~C255	C0~C255	C0~C255
高速计数器(HC)	HC0,HC3, HC4,HC5	HC0,HC3, HC4,HC5	HC0~HC5	HC0~HC5
顺序控制继电器(S)	S0.0~S31.7	S0.0~S31.7	S0.0~S31.7	S0.0~S31.7
累加器(AC)	AC0~AC3	AC0~AC3	AC0~AC3	AC0~AC3

3. 存储器区域的 SIMATIC 间接寻址

前面介绍的对各存储器区域访问都是使用直接寻址方式,即按照给定地址所找到的存储单元中的内容就是操作数。间接寻址方式则使用指针来存取存储器中的数据。S7-200 CPU 允许使用指针对指定存储器区域进行间接寻址:I、Q、V、M、S、T(仅当前值)、C(仅当前值），但不可以对独立的位（BIT）或模拟量进行间接寻址。使用间接寻址方式访问存储器区域的步骤如下。

(1) 建立指针

为了对存储器区域的某一地址进行间接寻址，需要先为该地址建立指针。指针为双字值，是需要被访问的存储器的物理地址。只能使用变量存储器（V）、局部变量存储器（L）和累加器（AC）作为指针。为了生成指针，必须使用双字传送指令（MOVD），将所要访问的存储器区地址移入，用来作为指针的存储器或寄存器。

例：MOVD &VB200，AC0
　　MOVD &MB10，VD100
　　MOVD &C50，LD10

"&"是取地址符号，&VB200 表示 VB200 单元的 32 位物理地址，而 VB200 本身是一个直接地址编号，注意区别。第一条指令是将 VB200 单元的 32 位物理地址装入 AC0 中。指令中的第二个操作数是用来存放物理地址的，它必须是双字长，如上面的 AC、VD、LD。

(2) 间接存取

操作数前面加有"*"，则表示该操作数为一个指针。

例：MOVD &VW0，AC1
　　MOVW *AC1，AC2

第一条指令将 VW0 的地址移入 AC1 中，即建立地址指针；第二条指令中的 *AC1 表示 AC1 为 MOVW 指令确定的一个字长的存储单元的指针。执行结果是将以 AC1 中内容为起始地址的内存单元的 16 位数据送到累加器 AC2 中，即 AC1 指针所指的一个字长的数据（VB0，VB1）送到累加器 AC2 中。

另外，根据控制程序的要求，有时需要修改指针的值。因为指针是 32 位的值，所以用双字指令来修改指针大小。简单的数学运算指令，如加法、减法、自增和自减等指令可用来修改指针。

例：INCD AC1
　　INCD AC1
　　MOVW *AC1，AC2

执行情况：前两条指令使 AC1 中的内容增加了两个单位，变成了下一个数据的地址（VW2 的起始字节地址）；第三条指令将指针所指的一个字长的数据（VB2、VB3 中内容）送到累加器 AC2 中。

注意，调整指针大小要根据所存取的数据长度进行。存取字节时，指针调整单位为 1；存取一个字、定时器或计数器的当前值时，指针调整单位为 2；存取双字时，指针调整单位为 4。

六、S7-200 SMART 主要技术规范

S7-200 SMART 系列 PLC 是西门子公司经过大量调研，为中国企业自动化控制系统量身打造的一款小型 PLC，是 S7-200 的升级产品，它性能优异，扩展性能好，通信功能强。它结合西门子触摸屏 SMART 系列和西门子变频器 SINAMICS 系列，可以为用户提供小型自动化控制系统的解决方案。

下面对产品亮点及主要技术规范进行简单介绍。

1. S7-200 SMART 产品亮点

①机型丰富，更多选择；②选件扩展，精确定制；③高速芯片，性能卓越；④以太互联，经济便捷；⑤三轴脉冲，运动自如；⑥通用 SD 卡，方便下载；⑦软件友好，编程高效；⑧完美整合，无缝集成。更多详情可扫描右侧二维码进行查看。

S7-200 SMART
产品亮点
与CPU模块

2. S7-200 SMART 的 CPU 模块

S7-200 SMART CPU 的不同型号提供了各种各样的特征和功能，这些特征和功能可帮助用户针对不同的应用创建有效的解决方案。具体内容可以扫描右侧二维码进行查看。

3. S7-200 SMART 的扩展模块

为更好地满足应用需求，S7-200 SMART 系列包括诸多扩展模块、信号板和通信模块。用户可将这些扩展模块与标准 CPU 型号（SR20、ST20、SR30、ST30、SR40、ST40、SR60 或 ST60）搭配使用，为 CPU 增加附加功能。更多详情可扫描右侧二维码进行查看。

S7-200 SMART
的扩展模块

七、习题与训练

1.4.1　简述 S7-200 系列 PLC 的系统基本构成。

1.4.2　PLC 中的软继电器有什么特点？

1.4.3　PLC 数字量的输出有几种类型？如果要驱动交流负载，应该选择哪种输出类型？

1.4.4　简述输入映像寄存器和输出映像寄存器的作用。

1.4.5　特殊标志存储器 SM0.0、SM0.1、SM0.5 位分别具有什么特点？

1.4.6　S7-200 进行多字节组合寻址时，遵循"高地址、低字节"规律。如果将 16#C6 送入 VB100，16#A9 送入 VB101，那 VW100 的值是什么？

1.4.7　S7-200 系列 PLC 主机中有哪些编程元件？各编程元件如何直接寻址？

📝 学习笔记

本项目小结

可编程控制器是当今工业控制领域占主导地位的一种新型自动控制装置，微电子技术和计算机技术的发展是 PLC 出现的技术基础和物质基础，GM10 是促使其问世的直接原因。目前，PLC 正向着标准化、小型化、大容量、高速度、多功能等方面发展。

PLC 专门为工业环境而设计，具有抗干扰能力强、可靠性高、通用性好、功能强、编程简单、使用维护方便等特点，主要应用于开关量控制、模拟量控制、运动控制及通信联网等领域。

PLC 按结构形式分为整体式和模块式两类；按功能和 I/O 点数可分为低档机（小型、超小型）、中档机（中型）、高档机（大型、超大型）三类。衡量 PLC 性能的指标主要有：I/O 总点数、用户程序存储容量、指令总数、扫描速度、内部寄存器配置及特殊功能模块等。

PLC 常用的编程语言有梯形图、语句表、流程图及高级语言等，其中梯形图、语句表最常用。

PLC 主要由 CPU、存储器、I/O 模块、电源模块、I/O 扩展模块、外设接口及编程器等部分组成，软件部分包括系统软件和用户软件两大部分。

PLC 的工作方式是采用循环扫描工作方式，每一循环包含了自诊断、与编程器等的通信、输入采样、执行用户程序、输出刷新五个阶段。小型 PLC 使用集中输入、集中输出工作方式，这大大提高了 PLC 工作的可靠性和抗干扰能力。

扫描周期的大小与扫描速度、用户程序长短、I/O 点数及其刷新速度、连接外设的多少等因素有关。

继电接触器控制采用硬逻辑"并行"运行的方式，而可编程控制器采用循环扫描的工作方式，其逻辑关系是用程序而不是实际电路来实现。

S7-200 系列 PLC 有 CPU221、CPU222、CPU224、CPU226 四种主机 CPU 型号，全部是整体式结构，而且体积小、可靠性高、运行速度快，它是规模不太大的控制领域中较为理想的控制设备。

使用输入/输出扩展模块可以增加实际应用的 I/O 总点数。在选用输入/输出扩展模块或其他特殊功能模块时，都必须服从相关限制。

PLC 内部的编程元件一般称为软继电器。每种元件实质上代表了相应的存储器区域。使用这些元件编程时，必须用元件名称（即区域号）和元件地址（即区内编号）来加以识别。

项目二

PLC基本逻辑指令应用

  S7-200 的指令系统包括基本指令和功能指令。所谓基本指令,最初是指为取代传统的继电器控制系统所需要的那些指令。由于 PLC 的功能越来越强,涉及的指令越来越多,对基本指令所包含的内容也在不断扩充。

  S7-200 的指令系统非常丰富,主要包括以下几类。

① 位操作指令,包括逻辑控制指令、定时器指令、计数指令和比较指令;
② 运算指令,包括四则运算、逻辑运算、数学函数指令;
③ 数据处理指令,包括传送、位移、字节交换和填充指令;
④ 表功能指令,包括对表的存取和查找指令;
⑤ 转换指令,包括数据类型转换、编码和译码、七段码指令和字符串转换指令。

【思政及职业素养目标】

- 教导学生要有忠于职守的事业精神,热爱工作,敬重职业;
- 培养学生精益求精、一丝不苟的工匠精神;
- 培养学生强烈的责任感,使其具有迎难而上、不畏艰苦的品格。

任务一 三相电动机的直接启停控制

【知识、能力目标】

- 掌握 S7-200 PLC 基本位逻辑指令(LD/LDN、=、A/AN、O/ON、S/R);
- 掌握程序运行过程;
- 会进行 I/O 地址的分配;
- 会正确进行 PLC 外围硬件的接线;
- 能应用 S/R 指令编写控制程序;
- 知道将继电接触器控制系统改造为 PLC 控制系统的步骤;
- 能安装 S7-200 PLC 的编程软件;
- 会使用编程软件编写电动机直接启动程序,并进行程序调试。

一、任务导入和分析

小型三相交流异步电动机通常采用直接启停控制，图 2-1 所示为其继电接触器控制的原理图。按下启动按钮 SB2，交流接触器 KM 的线圈得电，其三对常开主触点闭合，接通主电路，电动机 M 通电全压启动，KM 的常开辅助触点闭合，实现自锁；按下停止按钮 SB1，接触器 KM 失电，所有触点复位，电动机断电停止运行。所谓自锁控制又叫自保控制，就是利用接触器自身常开辅助触点而使线圈保持通电的控制，常将实现该控制作用的常开辅助触点称为自锁触点。下面介绍如何用 PLC 对电动机进行控制。

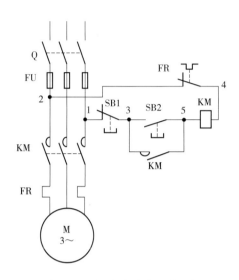

图 2-1 三相交流异步电动机的直接启停控制电路

用 PLC 进行控制时，只需要改变图 2-1 中的控制电路。PLC 控制系统中的控制任务由 PLC 完成。设计 PLC 控制系统通常包含：选择 PLC 及输入/输出设备、硬件电路设计、编制 PLC 程序、程序调试等步骤。

输入设备是发布控制信号的按钮、开关、传感器、热继电器触点等设备。一般情况下，一个输入设备可输入一个控制信号。

输出设备是执行控制任务的执行元件，如接触器、电磁阀、信号灯等。

根据继电接触器控制原理，完成本控制任务需要有启动按钮 SB2 和停止按钮 SB1，作为输入设备输入控制信号；有执行元件接触器 KM 作为输出设备，控制电动机主电路的通断，从而控制电动机的启停。

接下来要进行 PLC 硬件电路设计和编制程序，在此需要先学习 PLC 的基本位逻辑指令。

二、相关知识　输入/输出、串/并联指令

LD、LDN和=
指令

1. 输入/输出指令

输入/输出指令格式，包括梯形图及语句表格式，如图 2-2 所示。

(a) 初始装载指令　(b) 初始装载非指令　(c) 输出指令

图 2-2 输入/输出指令格式

初始装载指令 LD (LoaD)：常开触点与左母线连接，语句表中将位 bit 值装入栈顶。

初始装载非指令 LDN (LoaD Not)：常闭触点与左母线连接，将 bit 值取反后装入栈顶。

其中操作数 "bit" 是存储器中指定的地址位。当存储器地址位 (bit) 为逻辑 0 时，梯

形图中对应的常开触点为断开状态，而对应的常闭触点为闭合状态；当存储器地址位（bit）为逻辑 1 时，梯形图中对应的常开触点为闭合状态，而对应的常闭触点为断开状态。

输出指令＝：执行输出（也叫线圈驱动）指令时，栈顶值复制到指定地址位 bit。

LD/LDN 和＝指令的简单用法如图 2-3 所示。

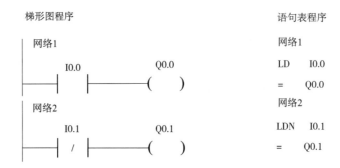

图 2-3　LD/LDN 和＝指令的简单用法

I0.0 为"1"时，其常开触点闭合，"能流"到达 Q0.0，线圈 Q0.0 得电；I0.1 为"1"时，其常闭触点断开，线圈 Q0.1 失电。

【指令使用说明】

① LD/LDN 指令的操作数为 I、Q、M、SM、T、C、V、S、L；输出指令的操作数为 Q、M、V、S。

② LD/LDN 指令还能用于分支电路块的开始（详见电路块的连接指令）。

③ 在同一个程序中，同一编程元件的触点可以任意次数重复使用，但同一个元件的线圈只能使用一次，否则容易引发系统出现意外事故。

④ 输出指令不可串联使用，但并联的输出指令可以连续使用多次。

2. 触点串联指令和触点并联指令

触点串联指令和并联指令的语句表指令格式如图 2-4 所示。

图 2-4　触点串联指令和并联指令的语句表指令格式

与指令 A（And）：串联连接单个常开触点，将位 bit 值和栈顶值相与，结果存于栈顶。

与非指令 AN（And Not）：串联连接单个常闭触点，它将 bit 值的非和栈顶值相与，结果存于栈顶。

或指令 O（Or）：并联连接单个常开触点，将位 bit 值和栈顶值相或，结果存于栈顶。

或非指令 ON（Or Not）：并联连接单个常闭触点，它将 bit 值的非和栈顶值相或，结果存于栈顶。

A/AN 和 O/ON 指令的用法如图 2-5 所示。

【指令使用说明】

① A、AN、O、ON 指令的操作数为 I、Q、M、SM、T、C、V、S、L。

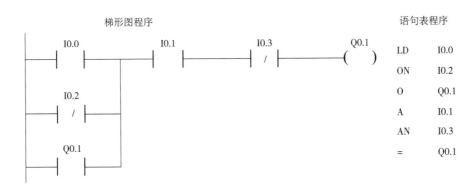

图 2-5 A/AN 和 O/ON 指令的用法

② A、AN、O、ON 指令可连续多次使用，使用次数仅受编程软件的限制。

三、任务实施

1. 分配 I/O 地址，绘制 PLC 输入/输出接线图

三相电动机直接启停控制任务的 I/O 地址分配如表 2-1 所示。

表 2-1 三相电动机直接启停控制任务的 I/O 地址分配

输入		输出	
启动按钮 SB2	I0.0	接触器线圈 KM	Q0.0
停止按钮 SB1	I0.1		
热继电器触点 FR	I0.2		

将已选择的输入/输出设备和分配好的 I/O 地址一一对应连接，形成 PLC 的 I/O 接线图，如图 2-6 所示。

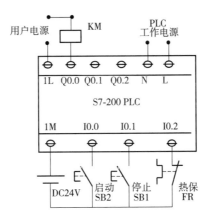

图 2-6 电动机直接启停控制输入/输出接线图

2. 编制 PLC 程序

（1）编制电动机直接启动的梯形图程序

双击 S7-200 PLC 编程软件 V4.0 SETP 7-Micro/WIN 图标，启动该编

编程软件
简介(上)

程软件，其主界面如图 2-7 所示。

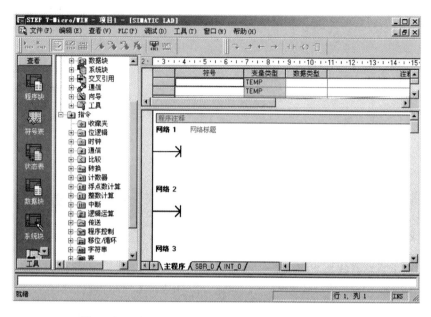

图 2-7　V4.0 SETP 7-Micro/WIN 编程软件的主界面

编辑程序文件。启动软件后用户窗口默认为项目 1 的梯形图编辑器。梯形图的元素主要有接点、线圈和指令盒，梯形图的每个网络必须从触点开始，以线圈或指令盒结束。输入指令可以通过指令树、工具条按钮、快捷键等方法。如在指令树中选择需要的指令，拖放到需要位置；或将光标放在需要的位置，再在指令树中双击需要的指令。当编程元件图形出现在指定位置后，再点击编程元件符号的 ??.?，输入操作数。将所有指令编辑完成后的结果如图 2-8 所示。西门子"V4.0 STEP 7"编程软件的使用方法详见附录 A。

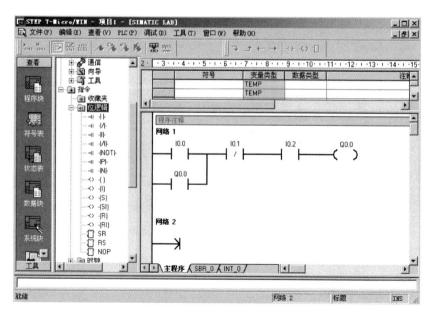

编程软件
简介(下)

图 2-8　电动机直接启动的梯形图程序编辑

电动机直接启动的梯形图程序如图 2-9 所示。按下启动按钮 SB2，通过输入端使 PLC 输入映像寄存器 I0.0 线圈得电，梯形图中 I0.0 常开触点闭合，使输出映像寄存器 Q0.0 接通并且自锁，通过输出端子使执行元件 KM 线圈得电，启动电动机运行；按下停止按钮 SB1，I0.1 线圈得电，梯形图中 I0.1 常闭触点断开，使 Q0.0 失电，从而使 KM 断电，电动机停止工作。如果电动机过载，热继电器常闭触点 FR 断开，使梯形图中正常工作时闭合的常开触点 I0.2 变成断开，同样会切断输出 Q0.0，使电动机失电停止运行。

PLC控制与继电器控制的区别

注意，S7-200 PLC 的输入映像寄存器（I）专门接收外部输入的数字量信号；I 必须由外部信号驱动；I 的常开常闭触点使用次数不限。

S7-200 PLC 的输出映像寄存器（Q），将 PLC 内部信号传送给控制对象；其线圈是由 PLC 内部程序的指令驱动；常开常闭触点使用次数不限。

（2）编写电动机直接启动的语句表程序

与上面编制的梯形图程序相对应的语句表程序如图 2-10 所示。

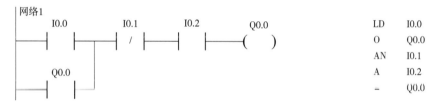

图 2-9　电动机直接启动的梯形图程序　　　图 2-10　电动机直接启动的语句表程序

（3）程序调试

按照图 2-6 连接好线路，将梯形图程序下载到 PLC，分别加入输入信号运行程序，观察运行结果。如果运行结果与控制要求不符，则需要对控制程序或外部接线进行检查，直到符合要求。

电动机直接启停控制仿真

四、知识拓展　置位 S/复位 R 指令

置位/复位指令的梯形图及语句表格式如图 2-11 所示。

置位指令 S（Set）：从 bit 位开始的 N 个元件位置"1"并保持。

复位指令 R（Reset）：从 bit 位开始的 N 个元件位清"0"并保持。

【指令使用说明】

① S/R 指令的操作数为 I、Q、M、SM、T、C、V、S、L，N 的常数范围为 1～255。

图 2-11　置位/复位指令格式

② S/R 指令与 = 指令不同，S 或 R 指令可以多次使用同一个操作数。

③ 对位元件来说，一旦被置"1"后，就保持在接通状态，除非用 R 指令清"0"；而位元件一旦被清"0"后，就保持在断电状态，除非用 S 指令置"1"。

④ 如则对定时器或计数器进行复位操作，则被指定的 T 或 C 复位，其当前值被清零。

S/R 指令的简单应用如图 2-12 所示。

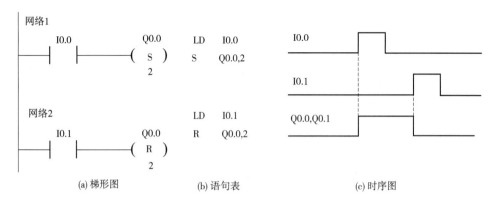

图 2-12　S/R 指令的简单应用

五、习题与训练

2.1.1　填空。

（1）在同一个程序中，同一编程元件的（　　）可以任意次数重复使用。

（2）输出指令不可以（　　）使用，但（　　）的输出指令可以连续使用多次。

（3）外部的输入电路接通时，对应的输入映像寄存器为（　　）状态，梯形图中对应的常开触点（　　），常闭触点（　　）。

（4）若梯形图中某位输出映像寄存器的线圈"断电"，对应的输出映像寄存器为（　　）状态，在输出刷新后，继电器输出模块中对应的硬件继电器的线圈（　　），其常开触点（　　）。

2.1.2　使用置位 S/复位 R 指令需要注意哪些事项？

2.1.3　用置位 S/复位 R 指令编程，实现电动机直接启停的控制。

2.1.4　编程实现三台电动机同时启动、同时停车的控制。设 Q0.0、Q0.1、Q0.2 分别驱动电动机的接触器。I0.0 为启动按钮，I0.1 为停车按钮。

2.1.5　使用置位指令和复位指令，编程实现满足下面控制要求的程序。

（1）启动时，电动机 M1 先启动，电动机 M2 才能启动；停止时，电动机 M1、M2 同时停止。

（2）启动时，电动机 M1、M2 同时启动；停止时，电动机 M2 先停止，电动机 M1 才能停止。

学习笔记

任务二　三相电动机的正反转控制

【知识、能力目标】

- 掌握 S7-200 PLC 基本位逻辑指令（ALD/OLD、LPS/LRD/LPP）；
- 掌握互锁控制的实现方法；
- 掌握梯形图的编程规则；
- 会使用编程软件编写电动机正反转程序，并进行程序调试；
- 能使用堆栈、电路块指令编写电动机正反转控制程序。

一、任务导入和分析

三相异步电动机正反转运行的继电接触器控制电路如图 2-13 所示。按下正转启动按钮 SB2，电动机正向启动运行；按下反转启动按钮 SB3，电动机反向启动运行；按下停止按钮 SB1，电动机断电停转。为了避免接触器 KM1 和 KM2 同时接通导致主电路短路，控制电路中采用了 KM1 和 KM2 常闭触点实现互锁。所谓互锁控制就是禁止两个接触器线圈同时得电的控制，通常是将一个接触器的常闭触点，串入另一个接触器线圈的控制电路中，用 PLC 对电动机进行正反转控制。

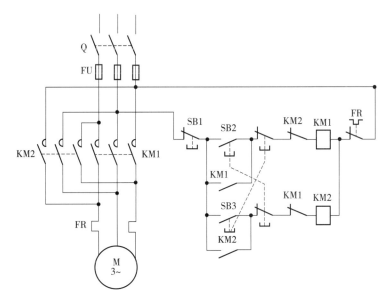

图 2-13　三相异步电动机的正反转控制电路

二、相关知识　电路块连接指令

含有两个或两个以上触点组成的部分电路称为"电路块"。当两个或两个以上触点并联形成的电路块需要串接在其他触点的后面，或者两个或两个以上触点串联形成的电路块需要并接在其他触点的下面时，则必须使用电路块连接指令进行连接。

1. 与电路块指令 ALD

与（串联）电路块连接指令 ALD：将电路块串接在其他触点后面。

语句表指令格式：ALD。

2. 或电路块指令 OLD

或（并联）电路块连接指令 OLD：将电路块并接在其他触点下面。

语句表指令格式：OLD。

【指令使用说明】

① ALD、OLD 指令均无操作数。

② 电路块的开始是常开触点时，使用指令 LD；电路块的开始是常闭触点时，使用指令 LDN。

③ 每次串接电路块时，要写上 ALD 指令；每次并联连接电路块时，要写上 OLD 指令。

④ 连续使用 ALD（或 OLD）指令时，最多可使用七次。

图 2-14 及图 2-15 分别是电路块串联连接和并联连接指令应用举例。

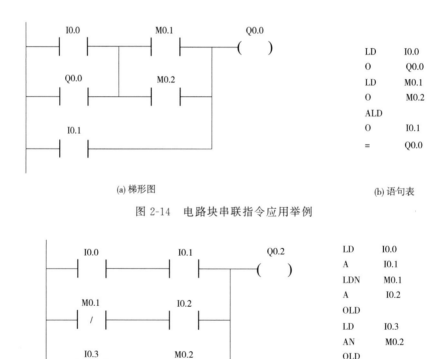

图 2-14 电路块串联指令应用举例

图 2-15 电路块并联指令应用举例

三、任务实施

1. 分配 I/O 地址，绘制 PLC 输入/输出接线图

本控制任务的 I/O 地址分配如表 2-2 所示。

表 2-2　三相电动机正反转控制任务 I/O 地址分配

输　　入		输　　出	
正向启动按钮 SB2	I0.0	正转接触器线圈 KM1	Q0.0
反向启动按钮 SB3	I0.1	反转接触器线圈 KM2	Q0.1
停止按钮 SB1	I0.2		
热继电器触点 FR	I0.3		

将已选择的输入/输出设备和分配好的 I/O 地址一一对应连接，形成 PLC 的 I/O 接线图，如图 2-16 所示。图中 PLC 外部负载输出回路中串入了 KM1 和 KM2 常闭触点进行电气互锁，确保 KM1 和 KM2 线圈不同时接通。

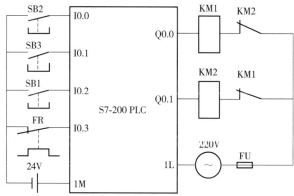

图 2-16　三相电动机正反转控制输入/输出接线示意图

2. 编制 PLC 程序

（1）编制电动机正反转控制的梯形图程序

三相电动机正反转控制的梯形图程序如图 2-17 所示。

电动机正反转
控制仿真

图 2-17　三相电动机正反转控制的梯形图程序

（2）编写电动机正反转控制的指令表程序

与上面编制的梯形图相对应的语句表程序如图 2-18 所示。

（3）程序调试

在上位计算机上启动"V4.0 STEP 7"编程软件，将图 2-17 梯形图程序输入到计算机。

按照图 2-16 连接好线路，将梯形图程序下载到 PLC，分别加入输入信号运行程序，观察结果，直到运行情况与控制要求相符。

```
网络1                    网络2
LD      I0.0            LD      I0.1
O       Q0.0            O       Q0.1
AN      I0.1            AN      I0.0
AN      I0.2            AN      I0.2
A       I0.3            A       I0.3
AN      Q0.1            AN      Q0.0
=       Q0.0            =       Q0.1
```

图 2-18　电动机正反转控制的语句表程序

四、知识拓展　逻辑堆栈指令

S7-200 系列 PLC 提供了一个 9 层（9 位）的堆栈来存储中间结果。栈顶用于存储当前逻辑运算结果。

堆栈的操作规则：先进后出，后进先出。

逻辑堆栈指令又称为多重电路输出指令，主要有 LPS、LRD、LPP。

逻辑入栈指令 LPS（Logic Push）：又称为分支电路开始指令。在梯形图中的分支结构中，用于生成一条新的母线，其左侧为原来的主逻辑块，右侧为新的从逻辑块。从堆栈使用来讲，它的作用是把栈顶值复制后压入堆栈，栈底值丢失。

逻辑读栈指令 LRD（Logic Read）：在梯形图中的分支结构中，当左侧为主逻辑块时，开始第二个和后边更多的从逻辑块编程。从堆栈使用来讲，LRD 读取最近的 LPS 压入堆栈的内容，而堆栈本身不进行压入和弹出操作。

逻辑出栈指令 LPP（Logic Pop）：又称分支电路结束指令。在梯形图中，LPP 用于 LPS 产生的新母线右侧的最后一个逻辑块编程，它在读取完离它最近的 LPS 压入堆栈内容的同时，复位该条新母线。从堆栈使用来讲，LPP 把堆栈弹出一级，堆栈内容依次上移。

图 2-19 为逻辑堆栈指令、电路块连接指令的简单应用。

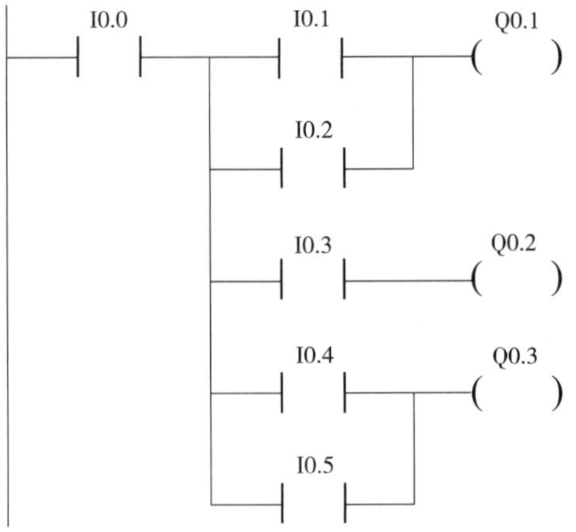

```
        I0.0    I0.1        Q0.1        LD      I0.0
        ─┤├────┤├────────( )─          LPS
                                        LD      I0.1
                I0.2                    O       I0.2
                ─┤├─                    ALD
                                        =       Q0.1
                I0.3        Q0.2        LRD
                ─┤├────────( )─         A       I0.3
                                        =       Q0.2
                I0.4        Q0.3        LPP
                ─┤├────────( )─         LD      I0.4
                                        O       I0.5
                I0.5                    ALD
                ─┤├─                    =       Q0.3
```

图 2-19　逻辑堆栈指令、电路块连接指令的简单应用

【指令使用说明】

① LPS、LRD、LPP 指令无操作数。

② LPS 和 LPP 指令必须成对使用。

③ 逻辑堆栈指令可以嵌套使用,但最多可嵌套使用 9 次。

五、习题与训练

2.2.1 什么时候需要使用电路块连接指令?

2.2.2 简述使用堆栈指令的注意事项。

2.2.3 用逻辑堆栈、电路块等指令编程,实现电动机正反转的控制。

2.2.4 将图 2-20 所示梯形图程序转化为语句表程序。

2.2.5 将图 2-21 所示语句程序转化为梯形图程序。

2.2.6 填空。

(1) 串联电路块时要使用(   ),并联电路块时要使用(   )。

(2) 在梯形图中的分支结构中,用于生成一条新母线的指令操作码是(   )。

(3) 逻辑入栈指令 LPS 和(   )指令必须成对使用。

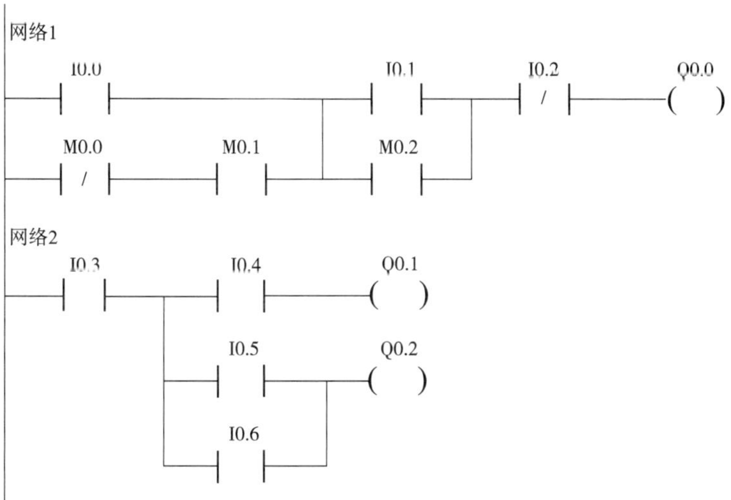

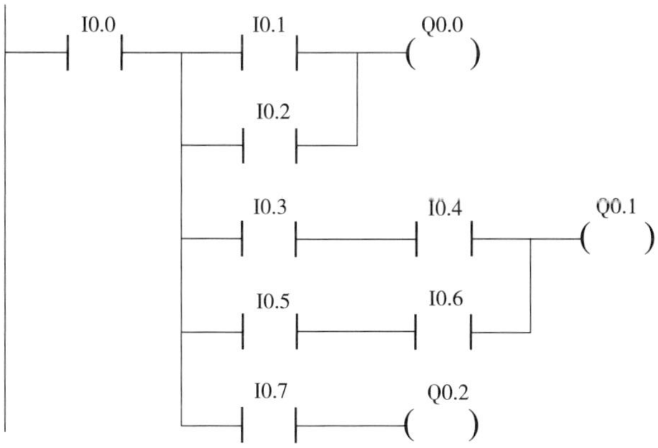

图 2-20 题 2.2.4 图

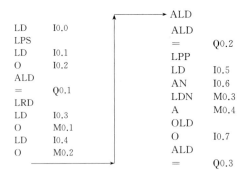

图 2-21 题 2.2.5 图

任务三　三相电动机的 Y-△ 换接启动控制

【知识、能力目标】

- 掌握定时器 TON 指令；
- 了解定时器 TOF、TONR 指令；
- 能进行定时范围的扩展；
- 能正确选用定时器指令编写控制程序；
- 能进行电动机 Y-△ 换接控制的电路连接、编程和调试。

一、任务导入和分析

三相异步电动机 Y-△ 换接启动的继电接触器控制电路如图 2-22 所示。按下启动按钮 SB2，交流接触器 KM1、KM3 和时间继电器 KT 线圈同时得电，而 KM2 线圈不得电，KM1 的辅助常闭触点断开起互锁保护作用；KM1 的辅助常开触点和 KT 的无延时常开触点闭合起自锁作用；KM1 和 KM3 的主触点闭合，电动机以 Y 形接法降压启动；KM3 的辅助常闭触点断开，为线圈 KM1 失电和再次得电做好准备。同时，KT 开始计时，经过所整定的时间，KT 的得电延时断开的常闭触点断开，KM1 线圈失电其主触点断开，切断电动机的电源；KM1 辅助常开触点断开，此时仅由 KT 的无延时常开触点起自锁作用；KM1 的辅助常闭触点闭合，KM2 线圈得电其辅助常开触点闭合起自锁作用，KM2 主触点闭合，使电动机以 △ 形接法连接；KM2 的辅助常闭触点断开，KM3 线圈失电，其主触点断开，解除电动机

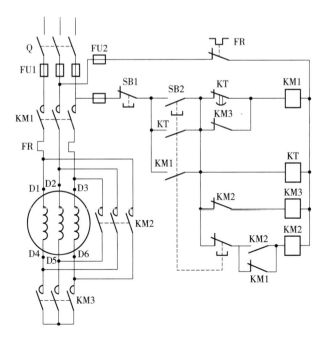

图 2-22　三相异步电动机 Y-△ 换接启动控制电路

的 Y 形接法；KM3 的辅助常闭触点闭合，KM1 线圈再次得电，其主触点再次闭合，电动机以 △ 接法全压运行；KM1 的辅助常开触点再次闭合，强化自锁；KM1 的辅助常闭触点断开，由于 KM2 已建立自锁，故不影响 KM2 线圈的得电状态。至此，整个启动过程结束。

此控制电路的优点：Y-△ 换接是在接触器 KM1 断电情况下进行的，避免了 KM3 尚未断开而 KM2 已闭合所造成电源短路的严重事故，同时让 KM3 在电动机脱离电源时断开，不会产生电弧，可延长电器的使用寿命。

下面介绍如何用 PLC 对电动机 Y-△ 换接启动进行控制的方法。

二、相关知识　定时器 TON

定时器是 PLC 内部重要的编程元件，它的作用与继电器控制线路中的时间继电器基本相似。S7-200 系列 PLC 的定时器是对内部时钟累计时间增量计时的。每个定时器均有一个 16 位的当前值寄存器用以存放当前值（16 位符号整数）、一个 16 位的预置值寄存器用以存放时间的设定值、一个状态位，反映其触点的状态。

1. 定时器的类型

S7-200 PLC 有三种类型的定时器：接通延时定时器 TON（On-Delay Timer）、断开延时定时器 TOF（Off-Delay Timer）、保持型接通延时定时器 TONR（Retentive On-Delay Timer）。总共提供 256 个定时器 T0～T255，其中 TONR 为 64 个，其余 192 个可定义为 TON 或 TOF。分辨率（即定时精度，也叫时基）可分为 3 个等级：1ms、10ms 和 100ms。时基越大，延时范围就越大，但精度就越低。有关定时器的编号和分辨率见表 2-3。

表 2-3　定时器的分辨率和编号

定时器类型	分辨率/ms	最大定时值/s	定时器编号
TONR	1	32.767	T0、T64
	10	327.67	T1～T4、T65～T68
	100	3276.7	T5～T31、T69～T95
TON、TOF	1	32.767	T32、T96
	10	327.67	T33～T36、T97～T100
	100	3276.7	T37～T63、T101～T255

2. 定时器指令格式

定时器指令需要三个操作数：编号、设定值和使能输入。其指令格式如图 2-23 所示。

其中，IN 为使能输入端；T×××为定时器的编号；PT 为定时器的设定值（即预置值）。操作数 PT：常数、VW、IW、QW、MW、SW、SMW、LW、T、C、AC。

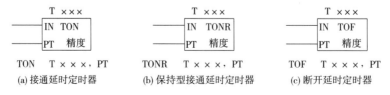

(a) 接通延时定时器　　(b) 保持型接通延时定时器　　(c) 断开延时定时器

图 2-23　定时器指令格式

定时器的定时时间 T 等于分辨率和定时设定值的乘积：T＝PT×分辨率。如 TON 使用 T39 定时器，设定值为 20，则实际定时时间 T＝20×100ms＝2s。

3. 定时器指令功能

接通延时定时器（TON）的功能。当使能输入端 IN 接通时，接通延时定时器开始计时，当定时器的当前值等于或大于设定值时，该定时器的状态位被置 1，其常开触点接通，常闭触点断开。定时器达到设定时间后继续计时，一直计时到最大值，不影响状态位。

无论何时，只要 IN 端为断开，定时器立即复位。TON 复位后，定时器的状态位为 0，当前值为 0。当使能输入 IN 再次由断开到接通时，TON 再次启动进行计时。

4. TON 定时器应用举例

图 2-24 所示是 TON 定时器简单应用举例。当 I0.0 接通时，T33 开始累计时基 10ms 的次数，累计到 3 次，即等于设定值（PT＝3），即定时时间 T＝3×10ms＝30ms 时，T33 状态位置 1，其常开触点接通，驱动 Q0.0 有输出；其后定时器当前值继续增加，但不影响状态位。当 I0.0 断开时，T33 复位，当前值清 0，状态位也清 0。若 I0.0 再次接通时间未到设定值时就断开了，则 T33 跟随复位，Q0.0 无输出。

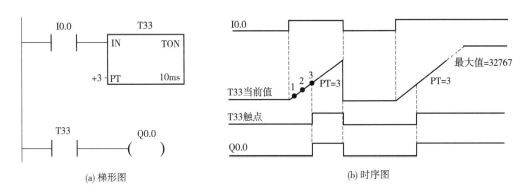

图 2-24 接通延时定时器的应用举例

三、任务实施

1. 分配 I/O 地址，绘制 PLC 输入/输出接线图

本控制任务的 I/O 地址分配见表 2-4。

表 2-4 三相电动机 Y-△换接启动控制任务的 I/O 地址分配

输　　入		输　　出		内部编程元件
停止按钮 SB1	I0.0	电源接触器线圈 KM1	Q0.0	定时器 T37
启动按钮 SB2	I0.1	Y 接触器线圈 KM3	Q0.1	
热继电器触点 FR	I0.2	△接触器线圈 KM2	Q0.2	

将已选择的输入/输出设备和分配好的 I/O 地址一一对应连接，形成 PLC 的 I/O 接线图，如图 2-25 所示。为了防止电源短路，接触器 KM2 和 KM3 线圈不能同时得电，故在电路中设置了电气互锁。

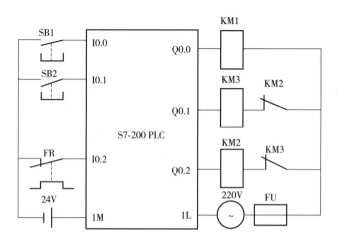

图 2-25　三相电动机 Y-△换接启动控制接线示意图

2. 编制 PLC 程序

（1）编制电动机 Y-△换接启动的梯形图程序

三相电动机 Y-△换接启动控制的梯形图程序如图 2-26 所示，请读者思考在梯形图中如何增加 KM2 与 KM3 的互锁。

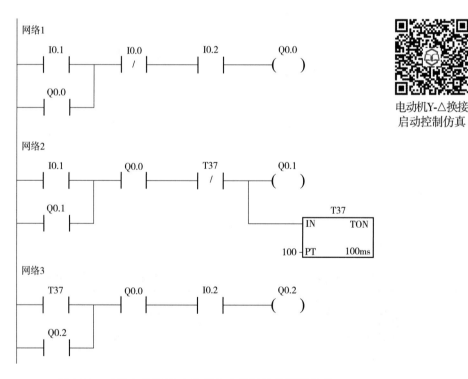

图 2-26　三相电动机 Y-△换接启动控制的梯形图程序

（2）编写电动机正反转控制的指令表程序

与上面编制的梯形图相对应的语句表程序如图 2-27 所示。

项目二 PLC 基本逻辑指令应用 | 045

```
网络1              网络2              网络3
LD    I0.1        LD    I0.1        LD    T37
O     Q0.0        O     Q0.1        O     Q0.2
AN    I0.0        A     Q0.0        A     Q0.0
A     I0.2        AN    T37         A     I0.2
=     Q0.0        =     Q0.1        =     Q0.2
                  TON   T37,100
```

图 2-27 电动机 Y-△换接启动控制语句表程序

（3）程序调试

在上位计算机上启动"V4.0 STEP 7"编程软件，将图 2-26 梯形图程序输入到计算机。按照图 2-25 连接好线路，将梯形图程序下载到 PLC 后运行程序，观察定时器的延时作用。如果运行结果与控制要求不符，则需要对控制程序或外部接线进行检查，直到符合要求。

四、知识拓展 定时器 TONR 与 TOF

1. 保持型接通延时定时器（TONR）

当使能输入端 IN 接通时，定时器开始计时；当使能输入端断开时，该定时器保持当前值不变；当使能输入端再次接通时，则定时器从原保持值开始再向上继续计时；当定时器的当前值等于或大于设定值时，定时器的状态位置 1，定时器继续计时，一直计到最大值。以后即使定时器输入端再断开，定时器也不会复位，若要定时器复位必须用复位指令（R）清除其当前值。

保持型接通延时定时器应用举例如图 2-28 所示。当 T2 定时器的 IN 接通时，T2 开始计时，直到 T2 的当前值等于 10，总延时 T=10×10ms=100ms 时，T2 的触点接通，使 Q0.0 被接通。当 I0.1 触点接通时，使 T2 复位，Q0.0 被断开，同时 T2 的当前值被清零。

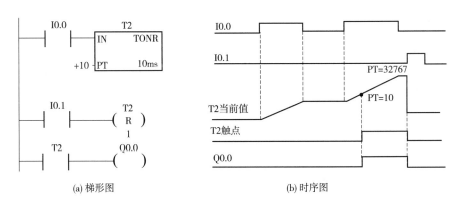

图 2-28 保持型接通延时定时器应用举例

2. 断开延时定时器（TOF）

当使能输入端 IN 接通时，定时器状态位立即置 1，并把当前值设为 0；当使能输入端断开时，定时器开始计时，直到定时器的当前值达到设定值后，状态位变为 0，并停止计时。

当输入断开的时间小于设定时间时,定时器状态位保持1。断开延时定时器(TOF),用来在输入断开延时一段时间后,才使其状态位变为0。

断开延时定时器应用举例如图2-29所示。

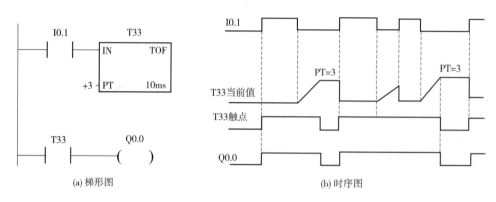

图 2-29 断开延时定时器应用举例

【定时器使用说明】

① 三种定时器具有不同的功能。接通延时定时器(TON)可用于单一间隔的定时;保持型接通延时定时器(TONR)可用于累计时间间隔的定时;断开延时定时器(TOF)可用于故障事件发生后的时间延时。

② 不同分辨率的定时器,其刷新方式不同。1ms分辨率定时器启动后,对1ms时间间隔进行计数。定时器当前值每隔1ms刷新一次,在一个扫描周期内可能被多次刷新,不和扫描周期同步。

10ms分辨率定时器启动后,对10ms时间间隔进行计数。定时器当前值在每次扫描周期的开始被刷新,在一个扫描周期内其当前值保持不变。

100ms分辨率定时器启动后,对100ms时间间隔进行计数。只有当定时器指令执行时,定时器当前值才被刷新。如果该定时器的指令不是每个周期都执行,定时器就不能及时刷新,可能导致出错。

3. 定时器自复位电路

图2-30所示为TON定时器自复位电路。I0.0接通1s后,T37常开触点闭合,使Q0.0接通,T37的常闭触点在下个扫描周期中断开,使其立即复位,Q0.0也断开;再在下个扫描周期T37常闭触点复位,定时器重新开始定时,重复前面的过程。注意,考虑到定时器的刷新方式,一般情况下,只有时基为100ms分辨率的定时器才采用自复位电路。

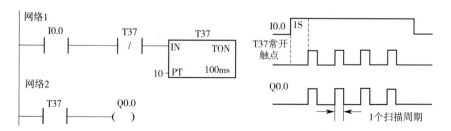

图 2-30 定时器自复位电路

4. 定时器组成的振荡电路

用定时器组成的振荡电路及输入输出波形如图 2-31 所示。当输入 I0.0 接通时，输出 Q0.0 以周期为 0.2s 的时间闪烁变化（断开 0.1s，接通 0.1s），即输出方波占空比为 50%（占空比＝脉冲导通时间/脉冲周期）。

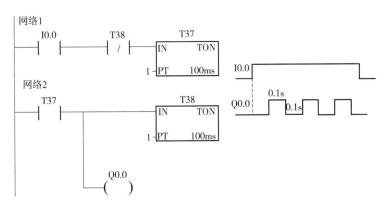

图 2-31　定时器组成的振荡电路及输入输出波形

五、习题与训练

2.3.1　填空。

(1) 通电延时定时器 TON 的输入 IN （　　　　）时开始定时，当前值大于或等于设定值时，其定时器状态位变为（　　　　），其常开触点（　　　　），常闭触点（　　　　）。

(2) 通电延时定时器 TON 在输入 IN 电路（　　　　）时被复位，复位后其常开触点（　　），常闭触点（　　　　），当前值等于（　　　　）。

(3) 定时器的定时时间 T 等于（　　　　）和定时设定值的乘积。

(4) 定时器的设定值也就是预置值操作数采用（　　　　）寻址。

2.3.2　用定时器组成振荡电路，产生周期为 5s、占空比为 20% 的脉冲输出。

2.3.3　编程实现采用一只按钮，每隔 3s 顺序启动三台电动机 M1、M2、M3 的控制。要求 M2 启动后 M1 自动停，M3 启动后 M2 自动停，M3 运行 3s 后自动停止。

2.3.4　分别编制控制程序实现下面控制要求：

(1) 电动机 M1 启动后 M2 才能启动，并且 M2 能单独停车。

(2) 电动机 M1 启动后 M2 才能启动，并且 M2 能点动。

(3) M1 先启动，经过一定延时后 M2 才能自行启动。

(4) M1 先启动，经过一定延时后 M2 自行启动，M2 启动后 M1 立即停车。

(5) 启动时，M1 启动后 M2 才能启动；停止时，M2 停止后 M1 才能停止。

📝 学习笔记

任务四 货物数量统计的控制

【知识、能力目标】

- 掌握计数器 CTU、CTUD 指令；
- 了解计数器 CTD 指令；
- 能利用计数器与定时器编程扩展延时时间；
- 能正确选用计数器指令编写控制程序；
- 能进行仓库货物数量统计控制的电路连接、编程和调试。

一、任务导入和分析

一般每个仓库都需要对进出的货物进行统计。某仓库对每天的进货统计控制要求是：当进货数量达到 80 件时，仓库监控室的绿灯亮；当进货数量达到 100 件时，仓库监控室的红灯以 1s 频率闪烁报警。

根据控制要求可知，需要对每件入库的货物进行统计计数。因此，需要在进库口安装传感器检测是否有货物入库，然后对传感器检测信号进行计数。要完成这一控制任务，需要用到 PLC 的内部编程元件计数器。

二、相关知识 计数器 CTU

计数器也是广泛应用的重要编程元件，用来对输入脉冲的个数进行累计，实现计数操作。计数器的结构主要由一个 16 位的预置值（16 位有符号整数）寄存器、一个 16 位的当前值寄存器和一位状态位组成。在 S7-200 中，计数器区为 512 个字节（Byte），因此最多允许使用 256 个计数器，编号为 C0～C255。

1. 计数器的类型

S7-200 PLC 的计数器有三种：加计数器 CTU（Counter Up）、减计数器 CTD（Counter Down）和加/减计数器 CTUD（Counter Up/Down）。图 2-32 是计数器的指令格式。

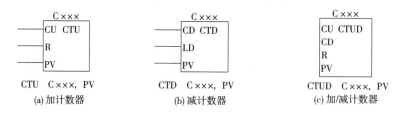

图 2-32 计数器指令格式

图 2-32 中的 C××× 为计数器编号，程序可以通过 C××× 对计数器的状态位或当前值进行访问；CU 为加计数器脉冲输入端；CD 为减计数器脉冲输入端；R 为复位输入端；LD 为装载复位输入端，它仅用于减计数器；PV 为计数器预置值。各操作数范围如下：

CU、CD：I、Q、M、SM、T、C、V、S、L。
R、LD：I、Q、M、SM、T、C、V、S、L。
PV：常数、VW、IW、QW、MW、SMW、LW、AIW、AC、T、C、SW。

2. 加计数器指令功能

在 CU 输入端，每当一个上升沿（由 OFF 到 ON）信号到来时，计数器当前值加 1，直至计数到最大值（32767）。当计数器的当前值等于或大于预置值（PV）时，该计数器状态位被置位（置 1）。如果在 CU 端仍有上升沿到来时，计数器仍计数，但不影响计数器的状态位。当复位端（R）有效时，计数器被复位，即当前值清零，状态位也清零。

【计数器使用说明】

① 每个计数器（C0～C255）都具有三种计数功能。

② 某一个编号的计数器不能同时作为几种类型的计数器来使用。

③ 程序中既可以访问计数器的状态位，也可以访问计数器的当前值，都以 C×××方式访问，具体访问情况由所使用的指令确定。

加计数器指令应用的梯形图及对应时序图如图 2-33 所示。

当计数器 C50 对 CU 输入端（I0.0）的脉冲累加值达到 3 时，计数器的状态位被置 1，C50 常开触点闭合，使 Q0.0 被接通，直至 I0.1 触点闭合，使计数器 C50 复位，Q0.0 被断开。

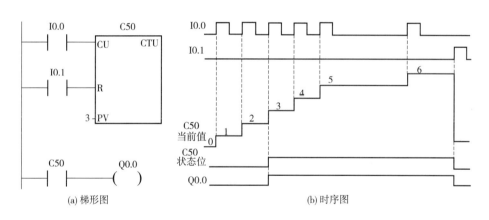

图 2-33 加计数器指令应用的梯形图和时序图

三、任务实施

1. 分配 I/O 地址，绘制 PLC 输入/输出接线图

本控制任务的 I/O 地址分配见表 2-5。

表 2-5 进库货物的数量统计控制任务的 I/O 地址分配

输入		输出		内部编程元件	
进库货物检测传感器	I0.0	监控室绿灯 L0	Q0.0	计数器	C60
监控系统启动按钮 SB(计数器复位按钮)	I0.1	监控室红灯 L1	Q0.1	计数器	C61

将已选择的输入/输出设备和分配好的 I/O 地址一一对应连接如图 2-34 所示。

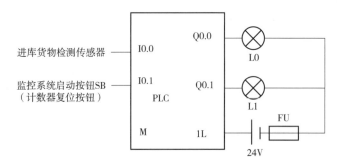

图 2-34　进库货物的数量统计控制输入/输出接线图

2. 编制 PLC 程序

（1）编制进库货物数量的统计控制的梯形图程序

进库货物数量的统计控制的 PLC 梯形图程序如图 2-35 所示。

（2）编写进库货物统计控制的语句表程序

与上面编制的梯形图相对应的语句表程序如图 2-36 所示。

货物数量统计
控制仿真

```
网络1                                   网络1
    I0.0          C60                   LD      I0.0
    ─┤├──────────CU      CTU            LD      I0.1
                                        CTU     C60, 80
    I0.1
    ─┤├──────────R

              80─PV

网络2                                   网络2
    I0.0          C61                   LD      I0.0
    ─┤├──────────CU      CTU            LD      I0.1
                                        CTU     C61, 100
    I0.1
    ─┤├──────────R

             100─PV

网络3                                   网络3
    C60          Q0.0                   LD      C60
    ─┤├──────────( )                    =       Q0.0

网络4                                   网络4
    C61   SM0.5   Q0.1                  LD      C61
    ─┤├───┤├──────( )                   A       SM0.5
                                        =       Q0.1
```

图 2-35　进库货物数量统计控制的 PLC 梯形图程序　　图 2-36　进库货物统计控制的 PLC 语句表程序

（3）程序调试

在上位计算机上启动"V4.0 STEP 7"编程软件，将图 2-35 梯形图程序输入到计算机。

按照图 2-34 连接好线路，将梯形图程序下载到 PLC，加入输入信号运行程序，观察计数器的计数情况。如果运行结果与控制要求不符，则需要对控制程序或外部接线进行检查，直到符合要求。

四、知识拓展　减计数器、可逆计数器和梯形图设计规则及优化

1. 减计数器指令（CTD）

减计数器功能：当装载复位端（LD）有效时，计数器状态位被清零，并将预设值（PV）装入当前值寄存器。当 CD 输入端有一个上升沿信号到来时，计数器当前值减 1；当计数器的当前值等于 0 时，计数器状态位被置位（置 1），计数器停止计数。如果在 CU 端仍有上升沿到来时，计数器仍保持为 0，且不影响计数器的状态位。

图 2-37 所示为减计数器指令的简单应用。

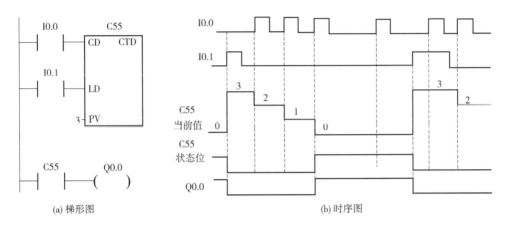

图 2-37　减计数器指令的应用举例

2. 可逆计数器指令（CTUD）

可逆（加/减）计数器功能：可逆计数器（CTUD）兼有加计数器和减计数器的双重功能，CU 输入端的每一个上升沿到来时，计数器当前值加 1；如果当前值等于或大于预置计数值（PV）时，计数器动作，其状态位被置位；CD 输入端的每一个上升沿到来时，计数器当前值减 1。当计数器当前值小于预设值（PV）时，计数器状态位被复位。当复位端（R）有效时，计数器复位。

增/减计数器的计数范围为 -32768～+32767。当 CTUD 计数到最大值（+32767）后，如 CU 端又有计数脉冲输入，在这个输入脉冲的上升沿，使当前值寄存器跳变到最小值（-32768）；反之，在当前值为最小值（-32768）后，如 CD 端又有计数脉冲输入，在这个脉冲的上升沿，使当前值寄存器跳变到最大值（+32767）。

加/减计数器指令应用的梯形图及对应时序图如图 2-38 所示。

当加/减计数器 C60 的加输入端 CU(I0.0) 来过 4 个上升沿后，C60 的状态位被置 1；若再有上升沿到来，C60 继续累加，而状态位不变。当 C60 的减输入端 CD(I0.1) 有上升沿到来时，C60 执行减计数；若 C60 的当前值小于预设值 4，则 C60 状态位复位，但 C60 的当前值不变，直到复位端 R(I0.2) 的信号到来，C60 当前值被清零，状态位复位。Q0.0 与 C60 的状态位具有相同的状态。

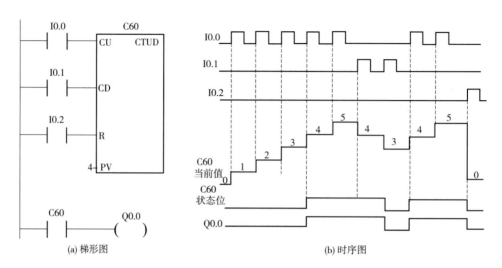

图 2-38 加/减计数器指令应用举例

3. PLC 延时范围的扩展

图 2-39 所示为两个定时器串级组合实现延时范围的扩展。

当 I0.0 常开触点闭合后,经过 3000s+3000s 的延时,Q0.0 线圈才被置位。

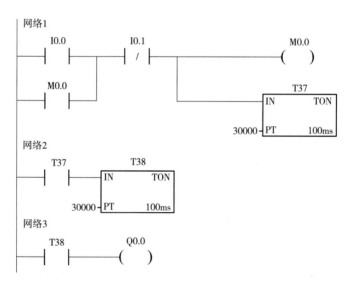

图 2-39 两个定时器串级组合实现延时范围的扩展

图 2-40 所示为定时器与计数器组合实现延时范围的扩展。读者可以自己分析,当 I0.0 获得信号后,延时多少时间 Q0.0 线圈才被置位。

4. 梯形图设计规则及优化

(1) 梯形图程序设计规则

① 梯形图按照从上到下,从左到右的顺序绘制。

② 每一个逻辑行必须从左母线画起,经过触点后终止于线圈或指令盒。

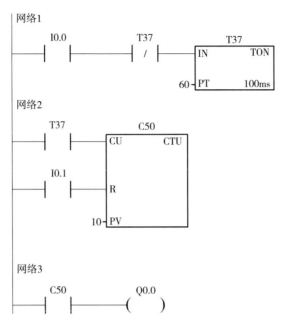

图 2-40 定时器与计数器组合实现延时范围的扩展

③ 线圈和指令盒不能直接接在左母线上，且线圈的右边不能再有任何指令。
④ 在一个程序中，同一个编程元件的触点可以多次重复使用。
⑤ 在一个程序中，除 S/R 指令外，同一个编程元件的线圈只能输出一次。
⑥ 梯形图程序中不允许出现桥式电路。

(2) 梯形图程序的优化
① 几个线路并联时，应将触点多的线路画在上方，如图 2-41 所示。
② 几个线路串联时，应将触点多的线路画在左方，如图 2-42 所示。
③ 尽量使用连续输出，避免使用多重输出，如图 2-43 所示。

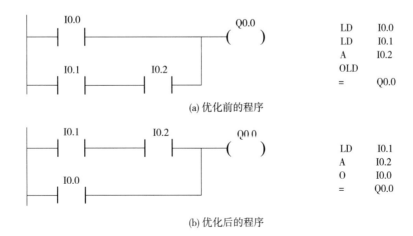

图 2-41 并联梯形图的优化

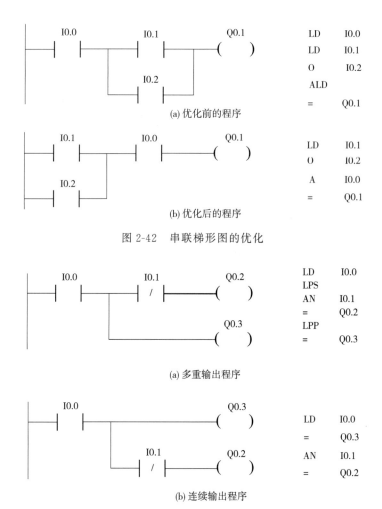

图 2-42 串联梯形图的优化

图 2-43 多重输出与连续输出

五、习题与训练

2.4.1 填空：若加计数器的计数输入电路 CU（   ），则复位输入电路 R（   ），计数器的当前值加 1。当前值大于或等于设定值 PV 时，其常开触点（   ），常闭触点（   ）。复位输入电路（   ）时，计数器被复位，复位后其常开触点（   ），常闭触点（   ），当前值为（   ）。

2.4.2 设计用两个计数器串级组合，实现计数范围的扩展程序。

2.4.3 设计对仓库进出货物都能统计的控制程序。每天累计总进货达到 80 件时绿灯亮，累计总进货达到 100 件时红灯以 1s 频率闪烁报警。

学习笔记

任务五　水塔水位的控制

【知识、能力目标】

- 掌握边沿触发指令 EU/ED；
- 能用 EU/ED 指令编写控制程序；
- 了解立即指令的功能及应用；
- 能进行水塔水位控制系统的电路连接、编程和调试。

一、任务导入和分析

图 2-44 是水塔水位控制示意图，按下初始启动按钮 SB0，进水阀 Y 开启，系统给水池中注水，10s 后 M 启动，抽水给水塔，之后每当水池水位到达高位（S3 液面传感器为 ON）时，进水阀 Y 关闭，水塔水位到达高位（S1 液面传感器为 ON）时，电动机 M 停止；每当水池水位处于低位（S4 液面传感器为 OFF）时，进水阀 Y 开启，水塔水位处于低位（S2 液面传感器为 OFF）时，电动机 M 启动。

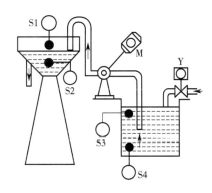

图 2-44　水塔水位控制示意图

根据以上控制要求，本控制除需要用定时器外，还要用到 PLC 的边沿触发指令。

二、相关知识　边沿触发 EU/ED 指令

边沿触发指令的梯形图及语句表格式如图 2-45 所示。

(a) 上升沿触发指令　　　　(b) 下降沿触发指令

图 2-45　边沿触发指令的梯形图及语句表格式

上升沿触发指令 EU（Edge Up）：在检测到信号的上升沿时，产生一个扫描周期宽度的脉冲。

下降沿触发指令 ED（Edge Down）：在检测到信号的下降沿时，产生一个扫描周期宽度的脉冲。

【指令使用说明】

① 边沿触发指令 EU、ED 均无操作数，且可以无限次地使用。
② EU/ED 常用于启动或关断条件的判断，以及配合功能指令完成逻辑控制任务。
③ 边沿触发指令 EU、ED 不能直接与左母线连接，必须接在触点之后。

图 2-46 为边沿触发指令应用举例。

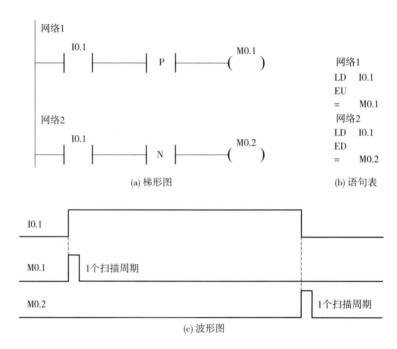

图 2-46 边沿触发指令应用举例

三、任务实施

1. 分配 I/O 地址，绘制 PLC 输入/输出接线图

本控制任务的 I/O 地址分配见表 2-6。

表 2-6 水塔水位控制任务的 I/O 地址分配

输入		输出		内部编程元件
初始启动按钮 SB0	I0.0	抽水电动机接触器 KM	Q0.1	定时器 T37
水塔水位上限传感器 S1	I0.1	进水阀门 Y	Q0.2	
水塔水位下限传感器 S2	I0.2			
水池水位上限传感器 S3	I0.3			
水池水位下限传感器 S4	I0.4			

将已选择的输入/输出设备和分配好的 I/O 地址一一对应连接，如图 2-47 所示。

2. 编制 PLC 程序

（1）编制水塔水位控制的梯形图程序

水塔水位控制的 PLC 梯形图程序如图 2-48 所示。

（2）编写水塔水位控制的语句表程序

与上面编制的梯形图相对应的语句表程序如图 2-49 所示。

（3）程序调试

在上位计算机上启动"V4.0 STEP 7"编程软件，将图 2-48 梯形图程序输入到计算机。

水塔水位的控制仿真

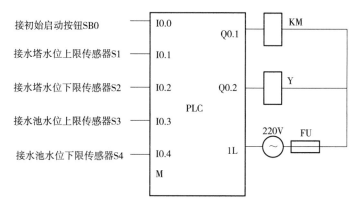

图 2-47 水塔水位控制输入/输出接线图

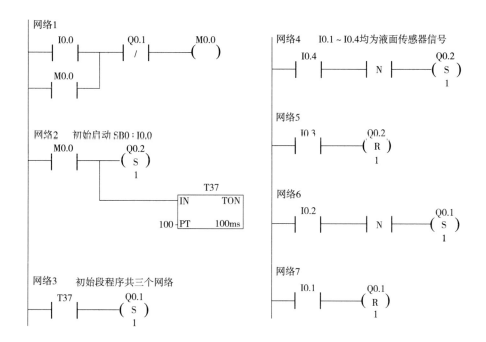

图 2-48 水塔水位控制的 PLC 梯形图程序

网络1		网络3		网络6	
LD	I0.0	LD	T37	LD	I0.2
O	M0.0	S	Q0.1, 1	ED	
AN	Q0.1	网络4		S	Q0.1, 1
=	M0.0	LD	I0.4	网络7	
网络2		ED		LD	I0.1
LD	M0.0	S	Q0.2, 1	R	Q0.1, 1
S	Q0.2, 1	网络5			
TON	T37, 100	LD	I0.3		
		R	Q0.2, 1		

图 2-49 水塔水位控制的语句表程序

按照图 2-47 连接好线路，将梯形图程序下载到 PLC，按控制要求加入输入信号运行程序，观察运行结果。如果运行情况与控制要求不符，则需要对控制程序或外部接线进行检查，直到符合要求。

四、知识拓展 立即指令

立即指令是为了提高 PLC 对输入/输出的响应速度而设置的，它不受 PLC 循环扫描工作方式的影响，允许对输入/输出点进行快速直接存取。当用立即指令读取输入点的状态时，相应的输入映像寄存器中的值并未发生更新；用立即指令访问输出点时，在访问的同时，相应的输出映像寄存器的内容则被刷新处理。

1. 立即触点指令

立即读取物理输入点的值，但不刷新对应的输入映像寄存器的值。这类指令的助记符是在标准触点指令后面加 I（Immediate），包括：LDI、LDNI、AI、ANI、OI、ONI 指令。立即触点指令操作数只能是输入映像寄存器。

2. 立即输出指令＝I

立即输出指令格式如图 2-50(a) 所示，该指令将栈顶值立即复制到指令所指定的物理输出点，同时刷新输出映像寄存器的内容。立即输出指令操作数只能是输出映像寄存器。立即输出指令比一般指令占用 CPU 的时间长，故不要盲目地多用该类指令。

3. 立即置位指令 SI

立即置位指令格式如图 2-50(b) 所示，执行 SI 指令时，将从指令指定的位开始的最多 128 个物理输出点同时置"1"，并且刷新输出映像寄存器的内容。

4. 立即复位指令 RI

立即复位指令格式如图 2-50(c) 所示，执行 RI 指令时，将从指令指定的位开始的最多 128 个物理输出点同时清"0"，并且刷新输出映像寄存器的内容。

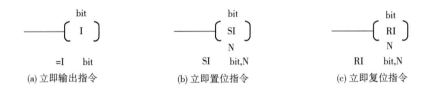

图 2-50 立即输出、立即置位/复位指令格式

图 2-51 为立即指令的应用举例。

五、习题与训练

2.5.1 填空：SM（　　）在首次扫描时为 1，SM0.0 一直为（　　　　　　），SM0.5 的作用是（　　　　　　　　　　　　　　　　）。

2.5.2 画出图 2-52 中的 Q0.0 波形图。

2.5.3 试设计一个 4 人抢答器。主持人宣布开始后，4 位抢答人可按动按钮进行抢答，仅有最先按动按钮的人面前的指示灯亮。一个题目结束后，主持人按复位按钮，为下一题抢答做准备。

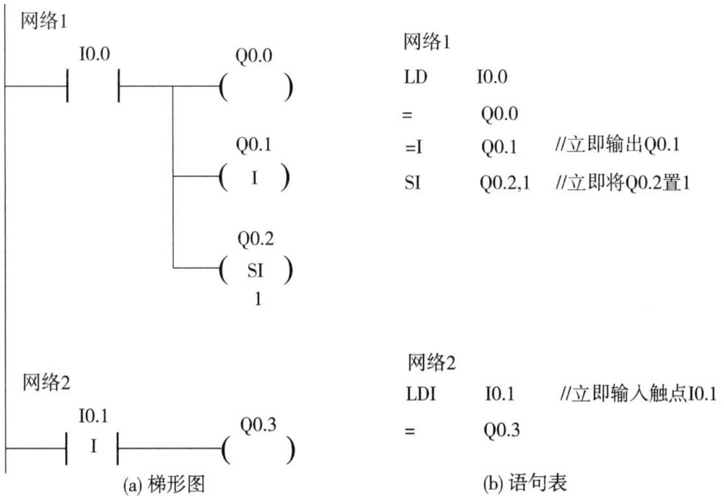

```
网络1
  I0.0        Q0.0
  ─┤ ├────────( )

              Q0.1
             ─( I )─

              Q0.2
             ─( SI )─
                1

网络2
  I0.1        Q0.3
  ─┤ I ├──────( )

      (a) 梯形图
```

```
网络1
LD      I0.0
=       Q0.0
=I      Q0.1      //立即输出Q0.1
SI      Q0.2,1   //立即将Q0.2置1

网络2
LDI     I0.1     //立即输入触点I0.1
=       Q0.3

      (b) 语句表
```

图 2-51 立即指令的应用举例

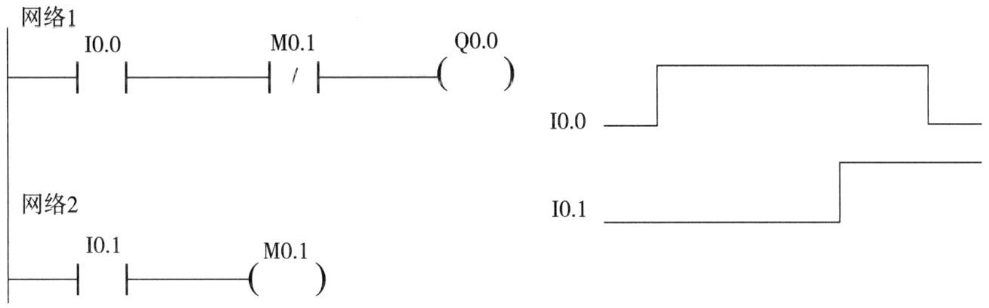

```
网络1
  I0.0    M0.1      Q0.0
  ─┤ ├────┤/├───────( )

网络2
  I0.1              M0.1
  ─┤ ├──────────────( )
```

图 2-52 题 2.5.2 图

2.5.4 编程实现蓄水池水位的控制。蓄水池中装有两个水位检测传感器 S1（低位）、S2（高位），要求水位高于 S2 时关闭进水电磁阀 YV1，打开排水电磁阀 YV2，而水位低于 S1 时关闭排水电磁阀 YV2，重新开启进水电磁阀 YV1，如此循环。设初始状态：S1＝S2＝YV1＝YV2＝OFF，蓄水池为空。

学习笔记

本项目小结

本项目通过"三相电动机的直接启停控制、三相电动机的正反转控制、三相电动机的Y-△换接启动控制、货物的数量统计控制、水塔水位的控制"五个任务为载体,介绍了S7-200 PLC SIMATIC指令集中的位操作类指令,这些指令在工程实际中应用广泛。学习时应该重点掌握基本指令的使用方法,并熟练掌握使用梯形图编写程序。

位操作指令主要包括标准触点指令、边沿触发指令、置位和复位指令、逻辑堆栈指令、定时器指令和计数指令等,这些指令是编写梯形图的基础,是最常用的指令类型。

PLC的编程以指令系统为基础,指令又以机器硬件为依据。编程时必须注意存储器中各编程元件的地址分配及操作数的范围。

构成梯形图的元素有触点、线圈、功能指令、操作数等。编写梯形图时要遵守梯形图编程规则,熟练掌握梯形图编程方法。

项目三

PLC顺序控制指令应用

项目二介绍了 PLC 的基本指令，并学会了用一般程序设计方法解决问题，但在实际应用中，系统经常要求具有并行顺序控制或程序选择控制能力。若还用基本指令完成控制功能，其连锁部分编程较易出错，且程序较长，而用 PLC 中提供的顺序控制指令，来完成并行顺序控制或程序选择控制等，那就比较方便。本项目主要介绍顺序控制指令及其应用。

【思政及职业素养目标】

- 培养学生耐心、执着、坚持的精神；
- 培养学生精诚合作、诚实守信、积极进取的职业道德；
- 培养学生成为德才兼备、知行合一的 PLC 领域人才。

任务一　多种液体混合装置控制

【知识、能力目标】

- 掌握顺序流程图的基本概念和实质；
- 了解顺序流程图的构成和应用；
- 掌握顺序控制指令（LSCR、SCRT、SRCE）的功能及应用；
- 能使用顺序控制指令设计顺序控制程序；
- 能用顺序控制设计法编写多种液体混合装置控制程序，并仿真实施。

一、任务导入和分析

图 3-1 所示为多种液体混合装置示意图。SL1、SL2、SL3 为液面传感器，液面淹没时接通，液体 A、液体 B 和液体 C 的流入，分别由电磁阀 YV1、YV2 和 YV3 控制，混合液体的流出由电磁阀 YV4 控制，M 为搅拌电动机。控制要求如下。

① 初始状态。当混合装置投入运行时，容器内为放空状态。

② 液体混合。合上启动开关，装置开始按下面顺序动作：液体 A 阀门 YV1 打开，液体 A 注入容器。当液面到达 SL3 时关闭阀门 YV1，打开液体 B 阀门 YV2。当液面到达 SL2 时关闭阀门 YV2，打开液体 C 阀门 YV3。当液面到达 SL1 时关闭阀门 YV3，搅拌电动机开始

转动。搅拌电动机工作 30s 后停止搅拌，混合液体阀门 YV4 打开，放出混合液体。当液面下降到低于 SL3 时，SL3 由接通变为断开，再经 10s 后，容器放空，YV4 关闭，接着开始下一个循环的操作。

③ 停止操作。断开启动开关后，继续处理完当前循环周期剩余的操作，然后系统停止在初始状态。

本任务可使用单一流程的顺序控制结构来实施。

二、相关知识　顺序控制指令及单一流向的顺控程序设计方法

1. 顺序流程图

顺序流程图也叫状态转移图或功能图，它使用图解方式描述顺序控制程序，是一种功能性说明语言，它主要由状态块、转移条件、连接线段等构成。用编程语言 S7-Graph 绘制。

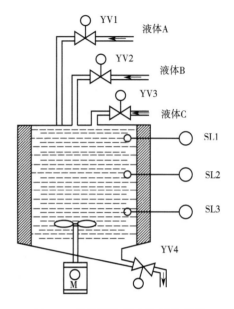

图 3-1　多种液体混合装置示意图

状态块：每一个状态块相对独立，有自己的编号，表示顺序控制程序中的每一个 SCR 段（顺序控制继电器段）。一般在状态块的右端用线段连接一个方框，用于描述该段内的动作和功能，如图 3-2 所示。

转移条件：它表明从一个状态到另一个状态转移时所需要具备的条件。表示方法是在各状态之间的线段上画一短横线，旁边标注条件，如图 3-3 所示。

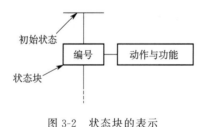

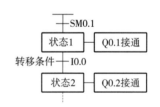

图 3-2　状态块的表示　　　　　　　图 3-3　转移条件的表示

2. 顺序控制指令

顺序控制指令是实现顺序控制程序的基本指令，它包含三条：LSCR、SCRT、SCRE，其操作数为顺序控制继电器（S）。指令格式如图 3-4 所示。

(a) 顺序状态开始指令　　(b) 顺序状态转移指令　　(c) 顺序状态结束指令

图 3-4　顺序控制指令格式

从 LSCR 指令开始到 SCRE 指令结束的所有指令，组成顺序控制继电器（SCR）段。

顺序状态开始指令 LSCR 功能：标记一个 SCR 段的开始。当 S bit 位（即状态位，也叫

使能位）为 1 时，允许 SCR 段工作。

顺序状态转移指令 SCRT 功能：当 SCRT 指令的输入端有效时，SCRT 指令执行 SCR 段的转移。它一方面对下一个 SCR 段的状态位置位，以使下一个 SCR 段工作；另一方面又对本段 SCR 状态位复位，以使本段停止工作。

顺序状态结束指令 SCRE 功能：用于结束 SCR 段。

【指令使用说明】

① 顺序控制继电器 S 编号范围为 S0.0～S31.7。

② 顺序控制指令只能用在主程序中，不可用在子程序和中断服务程序中。

顺序控制指令的简单应用如图 3-5 所示，它是用顺序控制指令编写的，是用于控制两条街道交通灯变化的部分程序。

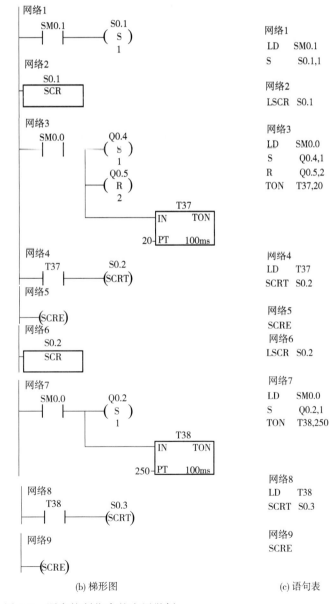

(a) 顺序流程图　　　　　(b) 梯形图　　　　　(c) 语句表

图 3-5　顺序控制指令的应用举例

3. 顺序控制指令编程要点

① 顺序控制继电器 S 是顺序控制指令的操作数。S 的范围是 S0.0～S31.7。各 SCR 段的程序能否被执行取决于对应的 S 位是否被置位。S 状态位被置位，SCR 段程序可被执行。

② 编写每个 SCR 段程序时，需要清楚三个方面的内容：本 SCR 段要完成的工作；实现状态转移的条件；下一个 SCR 段的状态位。

③ 结束一个 SCR 段方法：使用 CSRT 指令或对该段的状态位 S 进行复位操作。

④ 一个 SCR 段被复位后，其内部的元件（线圈、定时器等）也会复位，若要保持元件的输出状态，则在段内需要使用置位指令。

⑤ 在 SCR 段中，不允许使用 JMP/LBL 指令，即不可以跳入/跳出 SCR 段或在 SCR 段内进行跳转，也不能使用 FOR/NEXT、END 指令。

⑥ 在所有 SCR 段结束后，若仍有在运行的状态位 S，则需要用复位指令 R 对其进行复位。

三、任务实施

1. 分配 I/O 地址，绘制 PLC 输入/输出接线图

多种液体混合装置的控制任务的 I/O 地址分配见表 3-1。

表 3-1　多种液体混合装置控制任务的 I/O 地址分配

输入		输出		内部编程元件	
启动开关 SD	I0.0	液体 A 电磁阀 YV1	Q0.0	定时器	T37,T38
液面传感器 SL1	I0.1	液体 B 电磁阀 YV 2	Q0.1		
液面传感器 SL2	I0.2	液体 C 电磁阀 YV 3	Q0.2	顺序控制继电器	S0.0～S0.5
液面传感器 SL3	I0.3	搅拌电动机接触器 YKM	Q0.3		
		混合液体电磁阀 YV4	Q0.4		

将已选择的输入/输出设备和分配好的 I/O 地址一一对应连接，形成 PLC 仿真操作接线示意图，如图 3-6 所示。

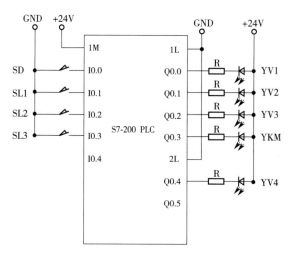

图 3-6　液体混合装置控制仿真操作接线示意图

2. 编制 PLC 程序

（1）编制多种液体混合装置控制的梯形图程序

多种液体混合装置控制状态转移图如图 3-7 所示。根据多种液体混合装置控制状态转移图，编写出对应的 PLC 梯形图程序如图 3-8 所示。

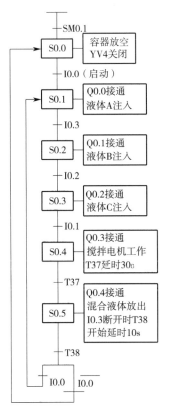

液体混合装置控制仿真(上)

液体混合装置控制仿真(下)

图 3-7 多种液体混合装置控制状态转移图

（2）编写多种液体混合装置控制的语句表程序

与上面编制的梯形图相对应的语句表程序如图 3-9 所示。

（3）程序调试

在上位计算机上启动"V4.0 STEP 7"编程软件，将图 3-8 梯形图程序输入到计算机。

按照图 3-6 连接好线路，将梯形图程序下载到 PLC 后运行程序，注意各液面传感器所引起输出量的变化，观察运行结果，直到运行情况与控制要求相符。

四、知识拓展　跳转和循环控制

在实际运用的控制方式中还有跳转和循环控制。很多生产流水线上的机械控制都属于多个动作的重复运行，还有些要通过控制实现部分指令有时执行、有时跳过不执行。图 3-10 所示是一个跳转和循环控制的状态转移图，其对应的梯形图程序如图 3-11 所示。在该程序中，I0.1 和 I1.1 的闭合，使程序从 S0.1 表示的 SCR 段跳转到 S0.4 表示的 SCR 段；I0.1 的闭合和 I1.1 的断开状态使程序顺序向下运行。另一方面，在 S0.5 表示的 SCR 段中，使用 I0.5 的闭合触发 SCRT 指令，使 S0.0 再次置位，从而实现程序的循环运行。

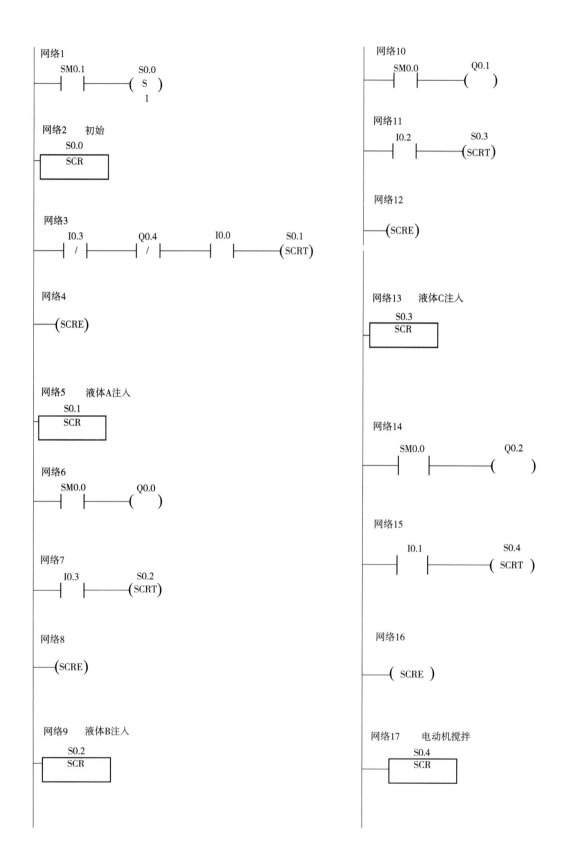

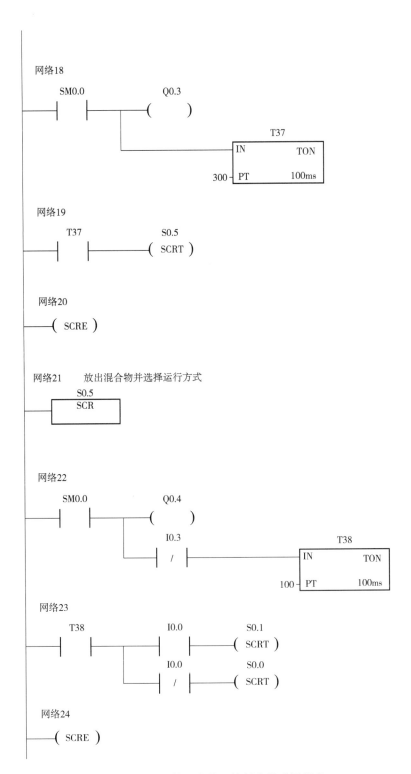

图 3-8 多种液体混合装置控制的梯形图程序

网络1
LD   SM0.1
S   S0.0, 1

网络2 初始
LSCR S0.0

网络3
LDN   I0.3
AN   Q0.4
A   I0.0
SCRT S0.1

网络4
SCRE

网络5 液体A注入
LSCR S0.1

网络6
LD   SM0.0
=   Q0.0

网络7
LD   I0.3
SCRT S0.2

网络8
SCRE

网络9 液体B注入
LSCR S0.2

网络10
LD   SM0.0
=   Q0.1

网络11
LD   I0.2
SCRT S0.3

网络12
SCRE

网络13 液体C注入
LSCR   S0.3

网络14
LD   SM0.0
=   Q0.2

网络15
LD   I0.1
SCRT S0.4

网络16
SCRE

网络17 电动机搅拌
LSCR   S0.4

网络18
LD   SM0.0
=   Q0.3
TON   T37, 300

网络19
LD   T37
SCRT S0.5

网络20
SCRE

网络21 放出混合物并选择运行方式
LSCR   S0.5

网络22
LD   SM0.0
=   Q0.4
AN   I0.3
TON   T38, 100

网络23
LD   T38
LPS
A   I0.0
SCRT S0.1
LPP
AN   I0.0
SCRT S0.0

网络24
SCRE

图 3-9 多种液体混合装置控制的语句表程序

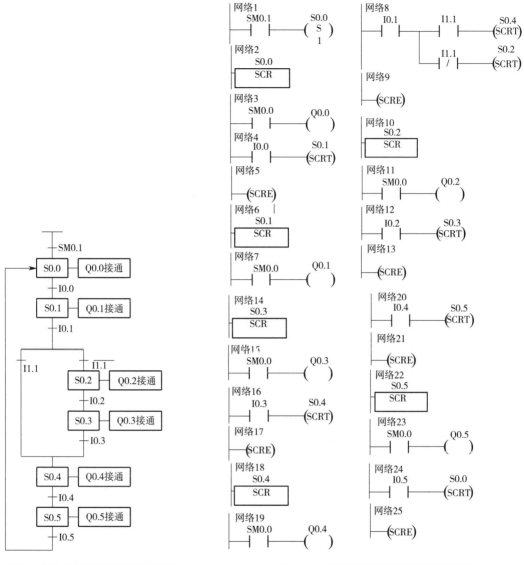

图 3-10　跳转和循环控制状态转移图　　　　图 3-11　跳转和循环控制梯形图程序

五、习题与训练

3.1.1　什么是功能图？功能图主要由哪些元素组成？

3.1.2　顺序控制指令有几条？其功能是什么？

3.1.3　设计一个居室通风系统控制程序，使 3 个居室的通风自动轮流地打开和关闭，轮换时间为 60s。

3.1.4　在多种液体混合装置控制的任务中，如果搅匀电动机开始搅匀时，要求加热器开始加热，当混合液体在 6s 内达到设定温度，加热器停止加热，搅匀电动机工作 6s 后停止搅动；当混合液体加热 6s 后还没有达到设定温度，加热器继续加热；当混合液达到设定的温度时，加热器停止加热，搅匀电动机停止工作。试修改程序并仿真实施。

任务二　按钮式人行横道交通灯控制

【知识、能力目标】

- 掌握分支控制、合并控制的基本概念；
- 掌握程序控制类指令（END、JMP/LBL 等）的功能及应用；
- 能对选择和并行序列进行分支和合并；
- 能用多流程顺序控制设计法，编写按钮式人行横道交通灯控制程序，并仿真实施。

一、任务导入和分析

图 3-12 所示为按钮式人行横道控制系统示意图。通常路口车道为绿灯，人行横道为红灯。若人行横道有人按动按钮（I0.0 或 I0.1 有信号），则车道继续为绿灯，人行横道仍为红灯。20s 后，车道变黄灯，再过 5s 后车道变为红灯，车道为红灯 5s 后，人行横道变为绿灯，行人方可通过。人行横道为绿灯 15s 后再闪烁 5s，然后又变回红灯，这期间车道一直为红灯，再过 5s 返回初始状态。因为车道和人行横道同时要进行控制，所以这是典型的并行分支结构。

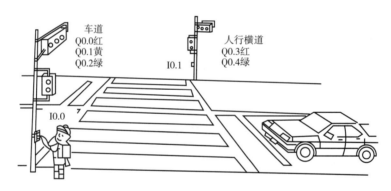

图 3-12　按钮式人行横道交通灯控制系统示意图

二、相关知识　多流程顺序控制

1. 分支控制

在实际控制中，一个顺序控制状态流，有时需要分成两个或多个不同分支控制状态流，如图 3-13 所示。

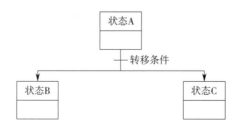

图 3-13　控制流的分支

注意：当一个控制状态流分离成多个分支时，所有的分支控制状态流必须同时激活。也就是说，在同一个转移条件的允许下，使用多条 SCRT 指令并联，可以在一段 SCR 程序中实现控制流的分支。

2. 有条件的分支控制

在有些情况下，一个控制流可能转入多个可能的控制流中的某一个。到底转入到哪一个，取决于控制流前面的转移条件，哪个先为真就转入那个分支。如图 3-14 所示。

3. 合并控制

当多个控制流产生类似的结果时，可以把这些控制流合并成一个控制流，称为控制状态流的合并，如图 3-15 所示。在合并控制流时，必须等到所有分支控制流都执行完成，才能共同进入下一个 SCR 段。

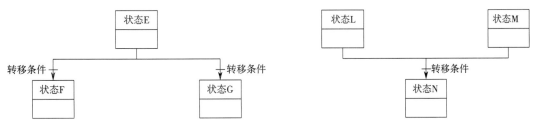

图 3-14　基于转移条件的控制流分支　　　　图 3-15　控制流的合并

4. 多流程顺序控制举例

（1）选择分支过程控制

某选择分支过程控制的状态转移图和梯形图程序如图 3-16、图 3-17 所示。

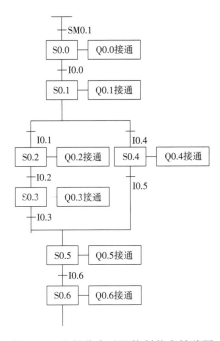

图 3-16　选择分支过程控制状态转移图

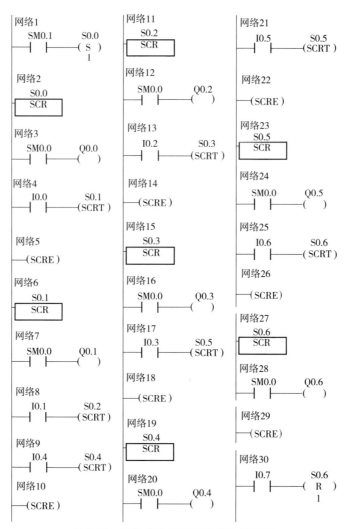

图 3-17 选择分支过程控制梯形图程序

（2）并行分支合并过程控制

某并行分支合并过程控制的状态转移图和梯形图程序如图 3-18、图 3-19 所示。

三、任务实施

1. 分配 I/O 地址，绘制 PLC 输入/输出接线图

按钮式人行横道交通灯控制任务的 I/O 地址分配见表 3-2。

表 3-2 按钮式人行横道交通灯控制任务的 I/O 地址分配

输 入		输 出		内部编程元件	
人行横道启动按钮 SB1	I0.0	车道红灯 HL1	Q0.0	定时器	T37～T42
人行横道启动按钮 SB2	I0.1	车道黄灯 HL2	Q0.1		
		车道绿灯 HL3	Q0.2	顺序控制继电器	S0.0
		人行横道红灯 HL1	Q0.3		S2.0～S2.2
		人行横道绿灯 HL1	Q0.4		S3.0～S3.3

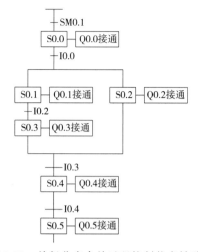

图 3-18 并行分支合并过程控制状态转移图

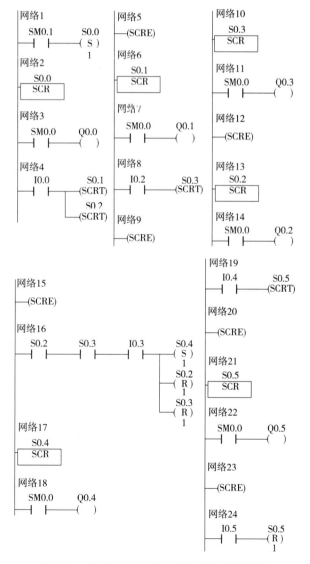

图 3-19 并行分支合并过程控制梯形图程序

将已选择的输入/输出设备和分配好的 I/O 地址一一对应连接，形成 PLC 的 I/O 接线图，如图 3-20 所示。

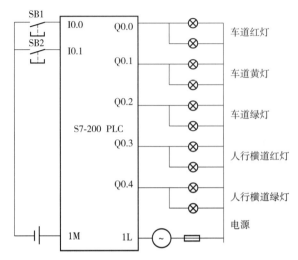

图 3-20　按钮式人行横道交通灯控制输入/输出接线图

2. 编制 PLC 程序

（1）编制按钮式人行横道交通灯控制的梯形图程序

按钮式人行横道交通灯控制状态转移图如图 3-21 所示。

十字路口交通灯
控制仿真

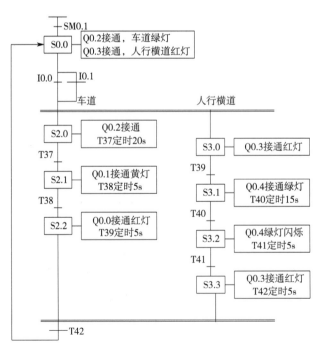

图 3-21　按钮式人行横道交通灯控制状态转移图

根据按钮式人行横道交通灯控制状态转移图，编写出对应的 PLC 梯形图程序，如图 3-22 所示。

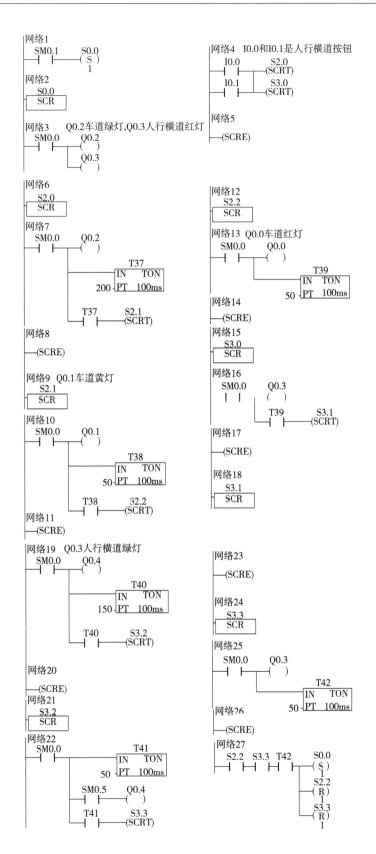

图 3-22 按钮式人行横道交通灯控制的梯形图程序

(2) 编写按钮式人行横道交通灯控制的语句表程序

与上面编制的梯形图相对应的语句表程序如图 3-23 所示。

网络1		网络15	
LD	SM0.1	LSCR	S3.0
S	S0.0,1	网络16	
网络2		LD	SM0.0
LSCR	S0.0	=	Q0.3
网络3		A	T39
LD	SM0.0	SCRT	S3.1
=	Q0.2	网络17	
=	Q0.3	SCRE	
网络4		网络18	
LD	I0.0	LSCR	S3.1
O	I0.1	网络19	
SCRT	S2.0	LD	SM0.0
SCRT	S3.0	=	Q0.4
网络5		TON	T40,150
SCRE		A	T40
网络6		SCRT	S3.2
LSCR	S2.0	网络20	
网络7		SCRE	
LD	SM0.0	网络21	
=	Q0.2	LSCR	S3.2
TON	T37,200	网络22	
A	T37	LD	SM0.0
SCRT	S2.1	LPS	
网络8		TON	T41,50
SCRE		A	SM0.5
网络9		=	Q0.4
LSCR	S2.1	LPP	
网络10		A	T41
LD	SM0.0	SCRT	S3.3
=	Q0.1	网络23	
TON	T38,50	SCRE	
A	T38	网络24	
SCRT	S2.2	LSCR	S3.3
网络11		网络25	
SCRE		LD	SM0.0
网络12		=	Q0.3
LSCR	S2.2	TON	T42,50
网络13		网络26	
LD	SM0.0	SCRE	
=	Q0.0	网络27	
TON	T39,50	LD	S2.2
网络14		A	S3.3
SCRE		A	T42
		S	S0.0,1
		R	S2.2,1
		R	S3.3,1

图 3-23 按钮式人行横道交通灯控制的语句表程序

(3) 程序调试

在上位计算机上启动"V4.0 STEP 7"编程软件,将图 3-22 梯形图程序输入到计算机。按照图 3-20 连接好线路,将梯形图程序下载到 PLC 后,分别给 I0.0 及 I0.1 运行程序,观察程序运行结果,直到运行情况与控制要求相符。

四、知识拓展　程序控制类指令

1. 结束指令

条件结束指令 END 的指令格式如图 3-24 所示。

END 功能:根据前面的逻辑条件,终止本次循环的用户主程序,并返回主程序起始点继续执行。

STEP 7-Micro/WIN32 编程软件,在主程序的结尾自动生成无条件结束指令(MEND),在编制程序时,用户不得自己添加 MEND 指令。

【指令使用说明】

① END 指令无操作数。

② END 指令只能用在主程序,而不能用在子程序或中断程序中。

2. 停止指令

停止指令 STOP 的格式如图 3-25 所示。

```
    ─( END )              ─( STOP )
      END                    STOP
```

图 3-24　条件结束指令格式　　图 3-25　停止指令格式

STOP 功能:使 CPU 立即终止程序的执行,强迫 CPU 从 RUN 方式转变为 STOP 方式。停止指令可以用在主程序、子程序和中断程序中。如果停止指令在中断程序中执行,该中断立即停止,并忽略全部等待执行的中断,继续执行主程序的剩余部分,并在主程序的结束处,完成从"运行"方式到"停止"方式的转换。

结束指令和停止指令的简单应用举例如图 3-26 所示,在这个程序中,当 I0.1 接通时,Q0.1 有输出,若 I0.0 接通,终止本次用户程序,Q0.1 仍保持接通,下面的程序不会执行,并返回主程序起始点。若 I0.0 断开,当接通 I0.2 时,则 Q0.2 有输出,若检测到 I/O 错误,SM5.0 被置位,则执行 STOP 指令,立即终止程序执行,Q0.1 与 Q0.2 均复位,CPU 转为 STOP 方式。

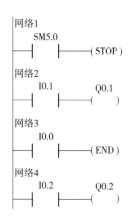

图 3-26　结束、停止指令应用举例

3. 看门狗复位指令

看门狗复位指令 WDR 格式如图 3-27 所示。

看门狗复位指令 WDR 功能:使看门狗定时器重新触发。

为了保证系统的可靠运行,PLC 内部设置了看门狗定时器(Watch Dog Timer)(也叫系统监视定时器),用于监视扫描周期是否超时。系统正常工作时,扫描周期小于看门狗定时器的定时设置值(默认为 300ms),在每个扫描周期内都会扫描到看门狗定时器,系统对看门狗定时器复位一次,从而保证看门狗定时器不会报警。如果系统出现故障,使 PLC 偏离正常的程序执行路线,看门

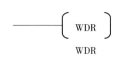

图 3-27　看门狗复位指令 WDR 格式

狗定时器不再被周期性地复位，当定时时间到的时候，则报警并停止 CPU 运行。若程序正常扫描的时间超过 300ms，为了防止在正常的情况下看门狗定时器报警，可将看门狗定时器复位指令 WDR 插入到程序中适当的地方，使看门狗定时器重新触发，这样可以增加扫描时间。

看门狗复位 WDR 指令应用举例如图 3-28 所示。

```
    M0.1                    LD    M0.1      // M0.1接通时
 ─┤ ├──────( WDR )          WDR             // 重新触发WDR,扩展扫描时间

      (a) 梯形图                    (b) 语句表
```

图 3-28　看门狗复位 WDR 指令应用举例

4. 跳转及标号指令

跳转及标号指令格式如图 3-29 所示。

跳转指令 JMP：当输入端有效时，使程序流程跳转到指定标号 N 处。操作数 N 范围：0～255。

标号指令 LBL：标记程序跳转的目标位置。

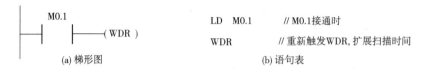

图 3-29　跳转及标号指令格式

【指令使用说明】

① 跳转及标号指令必须配合使用，而且只能使用在同一程序块中，如主程序、同一个子程序或同一个中断程序中，不能在不同的程序块之间互相跳转。

② 多条跳转指令可以对应同一标号，但一个跳转指令不能对应多个相同标号。

跳转及标号指令的应用举例如图 3-30 所示。

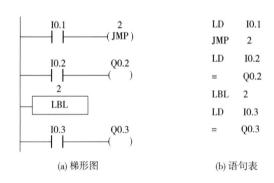

跳转指令

图 3-30　跳转及标号指令应用举例

当 JMP 条件满足（即 I0.0 为 ON 时）程序跳转执行 LBL 标号以后的指令，而在 JMP 和 LBL 之间的指令概不执行，在这个过程中，即使 I0.1 接通也不会有 Q0.1 输出。当 JMP 条件不满足时，则当 I0.1 接通时，Q0.1 有输出。

5. 循环指令

循环指令由 FOR 和 NEXT 两条指令构成，其指令格式如图 3-31 所示。

循环开始指令 FOR：标记循环体的开始。

循环结束指令 NEXT：标记循环体的结束。

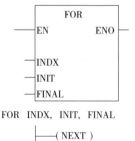

图 3-31　循环指令格式

FOR 指令中的 INDX 为当前循环次数计数器，INIT 为循环初值，FINAL 循环终值。FOR 和 NEXT 之间的程序段称为循环体。每执行一次循环体，当前计数值加 1，并且将结果同终值作比较，如果大于终值，那么终止循环。

例如，给定初值 INIT 为 1，终值 FINAL 为 60。那么，随着当前循环次数计数值 INDX 从 1 增加到 60 时，FOR 和 NEXT 之间的指令被执行 60 次。

操作数的数据类型均为整数，具体如下：
INDX：VW、IW、QW、MW、SW、SMW、LW、T、C、AC。
INIT：VW、IW、QW、MW、SW、SMW、LW、T、C、AC、AIW、常数。
FINAL：VW、IW、QW、MW、SW、SMW、LW、T、C、AC、AIW、常数。

【指令使用说明】
① FOR、NEXT 指令必须成对使用。
② 如果初值大于终值，那么循环体不被执行。
③ 循环指令可以嵌套，但不能交叉。最大嵌套深度为 8 层。
④ 每次使能输入重新有效时，指令将自动复位各参数，使循环指令重新开始执行。

循环指令的应用举例如图 3-32 所示。

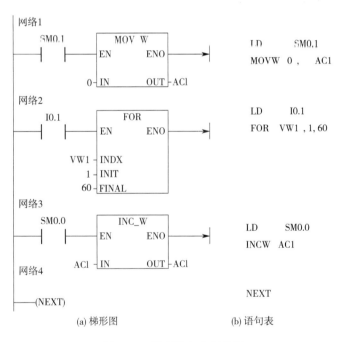

图 3-32 循环指令应用举例

当 I0.1 为 ON 时，将初值 1 放入当前循环次数计数器 VW1 中，开始执行循环体，VW1 中值从 1 增加到 60（循环体执行 60 次）后，VW1 中值变为 61 时，循环结束。

五、习题与训练

3.2.1 选择题。
(1) 顺序控制继电器段转移指令的操作码是（　　）。
A. LSCR　　　　　B. SCRP　　　　　C. SCRE　　　　　D. SCRT

（2）可编程控制器在 STOP 模式下，不执行程序，且停止实时刷新（　　）。
A. 输入与输出　　　B. 输入　　　　　C. 输出　　　　　D. 定时器
（3）（　　）的程序上传时，PLC 控制系统要处于 STOP 状态。
A. 人机界面　　　　B. PLC　　　　　C. 继电器　　　　D. 以上都是

3.2.2　判断题。

（1）END 的功能就是彻底终止 PLC 用户主程序的执行。（　　）
（2）可以使用跳转及标号指令，从主程序跳到子程序或中断程序。（　　）
（3）多条跳转指令可以对应同一标号，但一个跳转指令不能对应多个相同标号。（　　）

3.2.3　根据下列要求，用顺序控制指令编制交通路口控制程序。按下启动开关，信号灯系统开始工作，且先南北红灯亮 25s，东西绿灯亮 20s。到 20s 时东西绿灯闪亮 3s 后熄灭，接着东西黄灯亮 2s 后熄灭，然后东西红灯亮；同时南北红灯熄灭绿灯亮。东西红灯亮 30s，南北绿灯亮 25s 再闪亮 3s 后熄灭，接着南北黄灯亮 2s 后熄灭，这时南北红灯亮东西绿灯亮。周而复始。启动开关断开时，所有信号灯熄灭。

3.2.4　试用顺序控制继电器指令编写程序控制由四条皮带运输机构成的煤粉运输线。为了避免煤粉在运送带上堆积，要求开机顺序是 M1 先启动，延时 6s M2 启动，延时 6s M3 启动，延时 6s M4 启动；关机顺序是 M4 先停止，延时 6s M3 停止，延时 6s M2 停止，延时 6s M1 停止。

学习笔记

本项目小结

本项目通过"多种液体的混合装置控制、按钮式人行横道交通灯控制"两个任务为载体，介绍了 S7-200 PLC 顺序控制指令。顺序控制指令可以模仿控制进程的步骤，对程序逻辑分块；可以将程序分成单个流程的顺序步骤，也可以同时激活多个流程；可以使单个流程有条件地分成多支单个流程，也可以使多个流程有条件地重新汇集成单个流程，从而可以非常方便地对一个复杂的工程编制控制程序。

S7-200 PLC 提供了三条顺序控制指令：顺序状态开始指令 LSCR、顺序状态转移指令 SCRT 和顺序状态结束指令 SCRE。编写每个顺序控制继电器（SCR）段程序时，需要清楚三个方面的内容：本 SCR 段要完成的工作；实现状态转移的条件；下一个 SCR 段的状态位。

项目四

PLC功能指令应用

在工业自动控制领域中,许多场合需要进行数据运算和特殊处理。为此,现代 PLC 中引入了功能指令(或称应用指令)来解决这类问题。本项目介绍传送指令、比较指令、移位指令、运算指令、中断指令等常用功能指令及其应用。

【思政及职业素养目标】

- 培养学生为人民服务的精神,弘扬真善美;
- 树立学生知荣辱、讲正气、作奉献、促和谐的良好风尚;
- 培养学生社会公德,建立平等、团结、友爱、互助的人际关系。

任务一 除尘室的控制

【知识、能力目标】

- 掌握 S7-200 PLC 的数据类型;
- 掌握数据比较指令的格式和应用;
- 掌握数据传送指令的格式及应用;
- 掌握数据加1、减1等数据运算指令格式及应用;
- 能使用比较指令、传送指令等编写应用程序;
- 能用常用功能指令编写除尘室的控制程序,并仿真实施。

一、任务导入和分析

在制药厂、水厂等一些对除尘要求比较严格的车间,人、物进入这些场合,首先需要进行除尘处理,为了保证除尘操作的严格进行,避免人为因素对除尘要求的影响,可以用 PLC 对除尘室的门进行有效控制。

某除尘室的结构示意图如图 4-1 所示。人或物进入无污染、无尘车间前,首先在除尘室严格进行指定时间的除尘才能进入车间,否则门打不开,进入不了车间。图中第一道门处设有开门传感器和关门传感器;除尘室内有两台风机,用来除尘;第二道门上装有电磁锁和开门传感器,电磁锁在系统控制下自动锁上或打开。进入室内需要除尘,出来时不需除尘。具

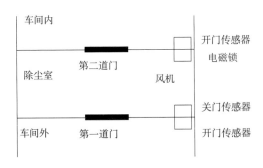

图 4-1 除尘室结构示意图

体控制要求如下。

进入车间时必须先打开第一道门进入除尘室，进行除尘。当第一道门打开时，开门传感器动作，第一道门关上时关门传感器动作，第一道门关上后，风机开始吹风，电磁锁把第二道门锁上并延时 20s 后，风机自动停止，第二道门的电磁锁自动打开，此时可通过第二道门进入室内，第二道门打开时相应的开门传感器动作。人从室内出来时，第二道门的开门传感器先动作，第一道门的开门传感器才动作，关门传感器与进入时动作相同，出来时不需除尘，所以风机、电磁锁均不动作。

为了达到以上控制要求，需要用到比较指令、数据传送指令及加 1 指令等功能指令来编程。

二、相关知识　比较、传送及加 1 指令

1. 比较指令

比较指令是将两个操作数 IN1 及 IN2，按指定的比较关系进行比较，如果比较关系成立，则比较触点闭合。

字整数比较指令

比较指令运算符有六种："＝＝"等于；"＞＝"大于等于；"＜＝"小于等于；"＞"大于；"＜"小于；"＜＞"不等于。

比较指令的类型有：字节 B 比较、字整数 I 比较、双字整数 D 比较和实数 R 比较。字节比较是无符号数的比较，其他类型是有符号数比较。

对比较指令可使用 LD、A、O 指令编程，比较指令的格式见表 4-1。

表 4-1　比较指令的格式

类型	字节比较	字整数比较	双字整数比较	实数比较
梯形图	IN1 ─┤XX B├─ IN2	IN1 ─┤XX I├─ IN2	IN1 ─┤XX D├─ IN2	IN1 ─┤XX R├─ IN2
指令表	LDB＝　IN1,IN2	LDW＝　IN1,IN2	LDD＝　IN1,IN2	LDR＝　IN1,IN2
	AB＝　IN1,IN2	AW＝　IN1,IN2	AD＝　IN1,IN2	AR＝　IN1,IN2
	OB＝　IN1,IN2	OW＝　IN1,IN2	OD＝　IN1,IN2	OR＝　IN1,IN2
	LDB＜　IN1,IN2	LDW＜　IN1,IN2	LDD＜　IN1,IN2	LDR＜　IN1,IN2
	AB＜　IN1,IN2	AW＜　IN1,IN2	AD＜　IN1,IN2	AR＜　IN1,IN2
	OB＜　IN1,IN2	OW＜　IN1,IN2	OD＜　IN1,IN2	OR＜　IN1,IN2
	LDB＜＝　IN1,IN2	LDW＜＝　IN1,IN2	LDD＜＝　IN1,IN2	LDR＜＝　IN1,IN2
	AB＜＝　IN1,IN2	AW＜＝　IN1,IN2	AD＜＝　IN1,IN2	AR＜＝　IN1,IN2
	OB＜＝　IN1,IN2	OW＜＝　IN1,IN2	OD＜＝　IN1,IN2	OR＜＝　IN1,IN2
	LDB＞　IN1,IN2	LDW＞　IN1,IN2	LDD＞　IN1,IN2	LDR＞　IN1,IN2

续表

类型	字节比较	字整数比较	双字整数比较	实数比较
指令表	AB> IN1,IN2	AW> IN1,IN2	AD> IN1,IN2	AR> IN1,IN2
	OB> IN1,IN2	OW> IN1,IN2	OD> IN1,IN2	OR> IN1,IN2
	LDB>= IN1,IN2	LDW>= IN1,IN2	LDD>= IN1,IN2	LDR>= IN1,IN2
	AB>= IN1,IN2	AW>= IN1,IN2	AD>= IN1,IN2	AR>= IN1,IN2
	OB>= IN1,IN2	OW>= IN1,IN2	OD>= IN1,IN2	OR>= IN1,IN2
	LDB<> IN1,IN2	LDW<> IN1,IN2	LDD<> IN1,IN2	LDR<> IN1,IN2
	AB<> IN1,IN2	AW<> IN1,IN2	AD<> IN1,IN2	AR<> IN1,IN2
	OB<> IN1,IN2	OW<> IN1,IN2	OD<> IN1,IN2	OR<> IN1,IN2
IN1及IN2寻址范围	IB,QB,MB,VB,SB,SMB,LB,AC,常数等	IW,QW,MW,VW,SW,SMW,LW,AC,常数等	ID,QD,MD,VD,SD,SMD,LD,AC,常数等	ID,QD,MD,VD,SD,SMD,LD,AC,常数等

注：梯形图格式中的"XX"表示比较指令的六种比较关系符之一。

比较指令的应用举例：梯形图及对应语句表，如图 4-2 所示。

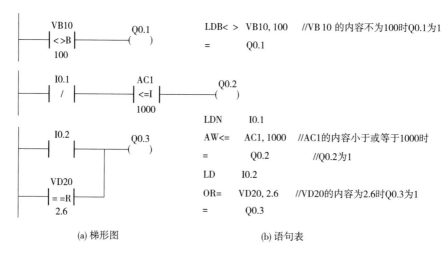

图 4-2 比较指令的应用举例

2. 传送、块传送和字节交换指令

（1）字节、字、双字和实数的传送指令

字节、字、双字和实数的传送指令格式如图 4-3 所示。

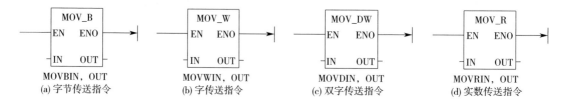

图 4-3 传送指令格式

当使能 EN 输入有效时，将输入 IN 端所指定数据传送到输出 OUT 端，在传送过程中不改变数据的大小。传送的数据类型有字节、字、双字和实数。

（2）字节、字和双字的块传送指令

字节、字和双字的块传送指令格式如图 4-4 所示。

传送及加1减1指令

(a) 字节块传送指令　(b) 字块传送指令　(c) 双字块传送指令

图 4-4　块传送指令格式

当使能 EN 输入有效时，将输入 IN 端所指定地址开始的 N 个连续字节或字或双字的内容，传送到从输出 OUT 端指定地址开始的 N 个连续字节、字或双字的存储单元中。N 可取 1~255。

例如，已知 VB50＝29，VB30＝40，VB31＝51，VB32＝63，要求将 VB50、VB30、VB31、VB32 中的数据，分别传送到 AC0、VB100、VB101 及 VB102 中。满足该要求的传送指令的语句表和梯形图如图 4-5 所示。

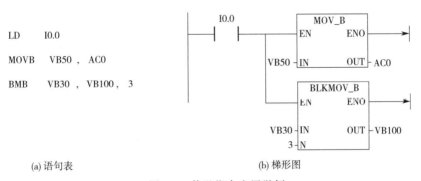

(a) 语句表　(b) 梯形图

图 4-5　传送指令应用举例

（3）节交换指令

字节交换指令的格式如图 4-6 所示。

字节交换指令 SWAP 的功能：将字型输入数据 IN 的高字节与低字节进行交换。

（4）加 1 指令和减 1 指令

① 加 1 指令。加 1 指令的格式如图 4-7 所示。

图 4-6　字节交换指令格式

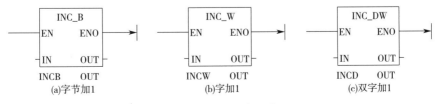

(a) 字节加1　(b) 字加1　(c) 双字加1

图 4-7　加 1 指令格式

加 1 指令功能：使能端有效时，对输入端 IN 数据加 1，结果送到 OUT。在语句表 STL 中，IN 与 OUT 为同一个存储单元。

② 减 1 指令。减 1 指令的格式如图 4-8 所示。

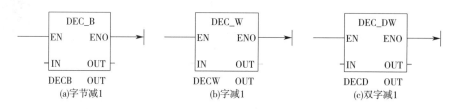

图 4-8 减 1 指令格式

减 1 指令功能：使能端有效时，对输入端 IN 数据减 1，结果送到 OUT。在语句表 STL 中，IN 与 OUT 为同一个存储单元。

三、任务实施

1. 分配 I/O 地址，绘制 PLC 输入/输出接线图

除尘室控制任务的 I/O 地址分配见表 4-2。

表 4-2 除尘室控制任务的 I/O 地址分配

输 入		输 出		内部编程元件
第一道门的开门传感器	I0.0	风机 1	Q0.0	位寄存器：M1.0～M1.2
第一道门的关门传感器	I0.1	风机 2	Q0.1	特殊标志寄存器：SM0.5
第二道门的开门传感器	I0.2	电磁锁	Q0.2	变量存储器：VD100,VD200
				定时器：T37
				计数器：C0

将已选择的输入/输出设备和分配好的 I/O 地址一一对应连接，形成 PLC 的 I/O 接线图，如图 4-9 所示。

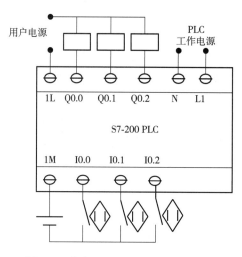

图 4-9 除尘室 PLC 控制接线示意图

2. 编制 PLC 程序

（1）编制系统的梯形图程序

根据除尘室 PLC 控制要求，绘制的梯形图程序，如图 4-10 所示。

（2）除尘室 PLC 控制的语句表程序

与上面编制的梯形图相对应的语句表程序如图 4-11 所示。

除尘室的控制仿真

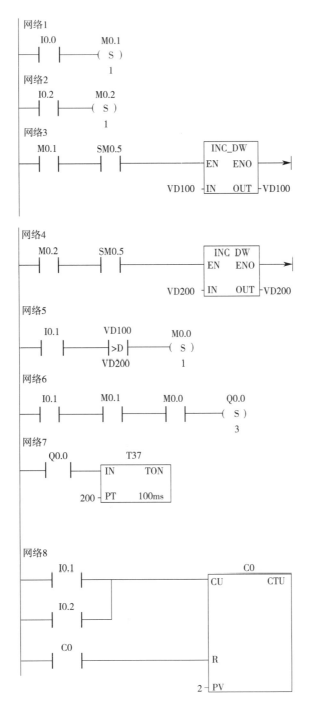

图 4-10

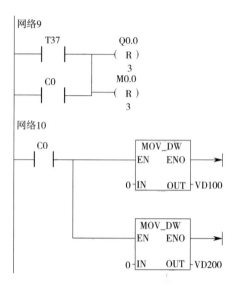

图 4-10　除尘室的 PLC 控制梯形图程序

网络1		网络6	
LD	I0.0	LD	I0.1
S	M0.1,1	A	M0.1
网络2		A	M0.0
LD	I0.2	S	Q0.0,3
S	M0.2,1	网络7	
网络3		LD	Q0.0
LD	M0.1	TON	T37,200
A	SM0.5	网络8	
INCD	VD100	LD	I0.1
网络4		O	I0.2
LD	M0.2	LD	C0
A	SM0.5	CTU	C0.2
INCD	VD200	网络9	
网络5		LD	T37
LD	I0.1	O	C0
AD>	VD100, VD200	R	Q0.0,3
S	M0.0,1	R	M0.0,3
		网络10	
		LD	C0
		MOVD	0,VD100
		MOVD	0,VD200

图 4-11　除尘室的 PLC 控制语句表程序

（3）程序调试

在上位计算机上启动"V4.0 STEP 7"编程软件，将图 4-10 梯形图程序输入到计算机。

按照图 4-9 连接好线路，将梯形图程序下载到 PLC 后运行程序。按照正确的顺序加入开门、关门传感信号运行程序，如果运行结果与控制要求不符，则需要对控制程序或外部接线进行检查，直到正确。

四、知识拓展　算术运算指令

算术运算指令除了前面介绍的加1、减1指令，还有加法、减法、乘法、除法等指令。

1. 加法指令

加法指令的格式如图4-12所示。

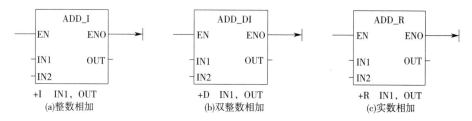

图4-12　加法指令格式

加法指令功能：使能端有效时，将两个输入端的符号字整数（双字整数或实数）相加，并将结果输出到OUT。在语句表STL中，IN2与OUT为同一个存储单元。

加法、减法、乘法及除法指令影响特殊存储器位SM1.0（零标志位）、SM1.1（溢出标志位）及SM1.2（负数标志位），除法指令还影响SM1.3（除数为零标志位）。

2. 减法指令

减法指令的格式如图4-13所示。

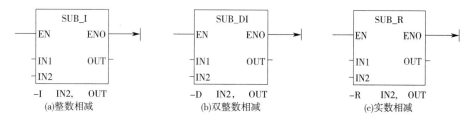

图4-13　减法指令格式

减法指令功能：使能端有效时，将两个输入端的符号字整数（双字整数或实数）相减（IN1－IN2），并将结果输出到OUT。在语句表STL中，IN1与OUT为同一个存储单元。

3. 乘法指令

乘法指令的格式如图4-14所示。

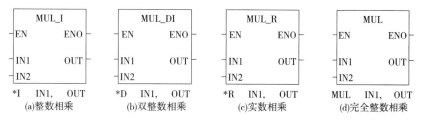

图4-14　乘法指令格式

一般乘法指令（*I、*D、*R）的功能：使能端有效时，将两个输入端的符号字整数（双字整数或实数）相乘，并将结果输出到 OUT。在语句表 STL 中，IN2 与 OUT 为同一个存储单元，IN1×OUT＝OUT。输出结果的位数如超过输入端数据位数时，则产生溢出。

完全乘法指令（MUL）的功能：使能端有效时，将两个输入端的符号字整数相乘，产生一个 32 位双整数，并将结果输出到 OUT。若 IN2 与 OUT 使用同一个存储单元，则 OUT 指定的存储单元的低 16 位在运算前用于存放被乘数。

4. 除法指令

除法指令的格式如图 4-15 所示。

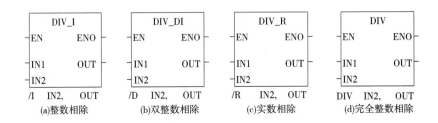

图 4-15　除法指令格式

一般除法指令（/I、/D、/R）的功能：使能端有效时，将两个输入端的符号字整数（双字整数或实数）相除，即 IN1/IN2＝OUT。在语句表 STL 中，IN1 与 OUT 为同一个存储单元，OUT/IN2＝OUT，不保留余数。输入输出的数据类型相同。

完全除法指令（DIV）的功能：使能端有效时，将两个输入端的符号字整数相除，即 IN1/IN2＝OUT，产生一个 32 位的结果，其中低 16 位为商，高 16 位为余数。若 IN1 与 OUT 使用同一个存储单元，则 OUT 指定的存储单元的低 16 位在运算前用于存放被除数。

对于算术运算，如果输出与输入不是使用同一个存储单元，在语句表中会先用传送指令将 IN1 传送到 OUT，然后再执行运算指令。

【指令使用说明】

① 字节的加 1、减 1 是对无符号数操作，并影响特殊存储器位 SM1.0 及 SM1.1。

② 字或双字的加减是对有符号数操作，并影响 SM1.0、SM1.1 及 SM1.2（负）。

算术运算指令的应用举例如图 4-16 所示。如果执行程序前 AC0＝6000，AC1＝4000，VW102＝200，VW202＝4000，VW10＝41，则运算过程如下：

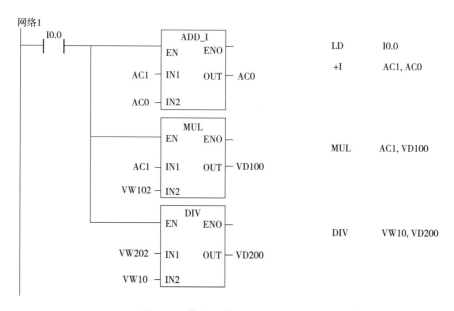

图 4-16 算术运算指令的应用举例

五、习题与训练

4.1.1 选择题。

(1) 下列（　　）选项属于双字寻址。
A. QW1　　　　　B. V1.0　　　　　C. IB0　　　　　D. MD28

(2) 只能使用字寻址方式来存取信息的寄存器是（　　）。
A. S　　　　　　B. I　　　　　　　C. AI　　　　　　D. AC

(3) SM 是（　　）存储器的标识符。
A. 高速计数器　　B. 累加器　　　　C. 内部辅助寄存器　　D. 特殊标志寄存器

(4) 字传送指令的操作数 IN 和 OUT 可寻址的寄存器不包括（　　）。
A. T　　　　　　B. MB　　　　　　C. C　　　　　　　D. AC

(5) 整数的加减法指令的操作数都采用（　　）寻址方式。
A. 字　　　　　　B. 双字　　　　　C. 字节　　　　　D. 位

4.1.2 分别写出输出映像寄存器双字元件 QD0 所包含的字元件地址和字节元件地址。

4.1.3 写出输出映像寄存器字节元件 QB0 所包含的位元件地址。

4.1.4 将 MW10 开始的连续 60 个字型数据送到 MW200 开始的连续存储区，试编写能实现该功能的梯形图及指令表程序。

4.1.5 试用双整数乘法指令将 VD20 中的数据乘以 2 后存到 AC1 中。

4.1.6 试编写将 MW0 清零、MB10 设置为 16#9E 的初始化程序。

4.1.7 试用比较指令编写三台电动机启动控制程序。要求按下启动按钮后，第一台电动机延时 3s 启动，第二台电动机延时 10s 启动，第三台电动机延时 20s 启动。

4.1.8 用数据传送指令，编程控制八盏灯：当 I0.0 接通时，八盏灯点亮；I0.1 接通时，奇数位置上的灯点亮；I0.2 接通时，偶数位置上的灯点亮；I0.3 接通时，所有灯熄灭。

任务二　装配流水线控制

【知识、能力目标】

- 掌握移位指令的格式和应用；
- 掌握循环移位指令的格式及应用；
- 掌握移位寄存器指令格式及应用；
- 能使用移位指令、循环移位指令等编写应用程序；
- 能用常用功能指令编写装配流水线的控制程序，并仿真实施。

一、任务导入和分析

某车间的装配流水线总体控制要求如图 4-17 所示，系统中的操作工位 A、B、C，运料工位 D、E、F、G 及仓库操作工位 H，能对工件进行循环处理。具体控制要求如下。

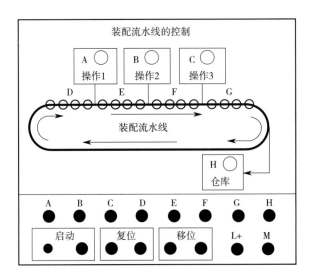

图 4-17　装配流水线的控制示意图

① 闭合 "启动" 开关，工件经过传送工位 D 送至操作工位 A，在此工位完成加工后，再由传送工位 E 送到操作工位 B……，依次传送及加工，直至工件被送到仓库操作工位 H，由该工位完成对工件的入库操作，循环处理。

② 按 "复位" 键，无论此时工件位于任何工位，系统均能复位到起始状态，即工件又重新开始从传送工位 D 开始运送并加工。

③ 按 "移位" 键，无论此时工件位于任何工位，系统均能进入单步移位状态，即每按一次 "移位" 键，工件前进一个工位。

④ 断开 "启动" 开关，系统停止工作。

根据以上控制要求，可以利用移位指令编程实现控制要求。

二、相关知识　移位、循环移位指令

1. 移位指令

移位指令的格式如图 4-18 所示。

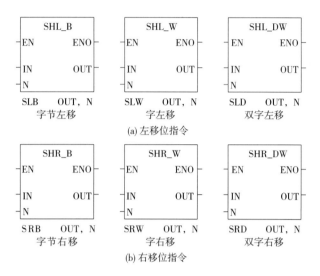

图 4-18　移位指令格式

左移位指令的功能：将输入 IN 端指定的数据左移 N 位，结果放入 OUT 单元中。

右移位指令的功能：将输入 IN 端指定的数据右移 N 位，结果放入 OUT 单元中。

移动位数 N 为字节型数据，但字节、字、双字移位指令的实际最大可移位数分别为 8、16、32。

2. 循环移位指令

循环移位指令的格式如图 4-19 所示。

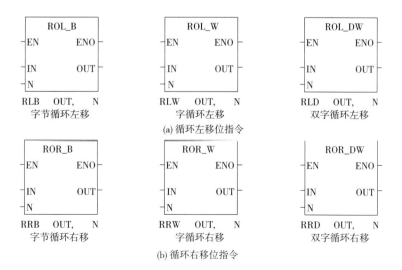

图 4-19　循环移位指令格式

循环左移位指令功能：将输入端指定的数据循环左移 N 位，结果放入 OUT 单元中。
循环右移位指令功能：将输入端指定的数据循环右移 N 位，结果放入 OUT 单元中。
移动位数 N 为字节型数据。对于字节、字、双字循环移位指令，如果移位位数 N 等于或大于数据长度（8、16、32），则执行移位的次数为 N 除以实际数据长度的余数，其结果是 0~7、0~15、0~31 为实际移动次数。

① 移位及循环移位指令均影响特殊存储器位 SM1.1（溢出）及 SM1.0（零）；
② SM1.1 的状态由每次移出位的状态决定，其结果是最后移出位的值；
③ 移位操作结果为 0 时，SM1.0 自动置位。

移位及循环移位指令的应用如图 4-20 所示，执行指令之前 AC0＝0100 0000 0000 0001，VW200＝1110 0010 1010 1101。

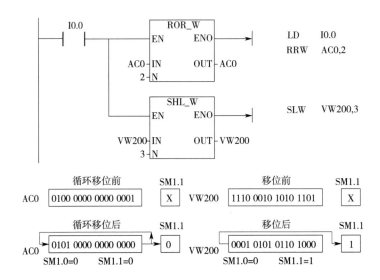

图 4-20　移位及循环移位指令的应用

三、任务实施

1. 分配 I/O 地址，绘制 PLC 输入/输出接线图

装配流水线控制任务的 I/O 地址分配见表 4-3。

表 4-3　装配流水线控制任务的 I/O 地址分配

输　　入		输　　出		内部编程元件
启动开关 SA	I0.0	工位 A、B、C	Q0.0~Q0.2	定时器：T37
复位按钮 SB1	I0.1	运料工位 D、E、F、G	Q0.3~Q0.6	位寄存器：MB0
移位按钮 SB2	I0.2	仓库操作工位 H	Q0.7	变量存储器：V0.0

将已选择的输入/输出设备和分配好的 I/O 地址一一对应连接，形成 PLC 的 I/O 接线示意图，如图 4-21 所示。

2. 编制 PLC 程序

（1）编制装配流水线控制的梯形图程序

根据装配流水线系统控制要求，编写出对应的 PLC 梯形图程序，如图 4-22 所示。

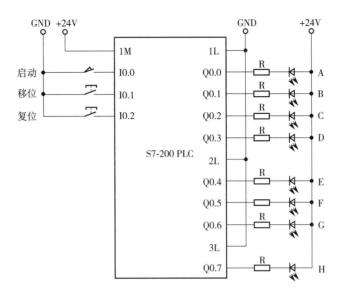

图 4-21 装配流水线控制接线示意图

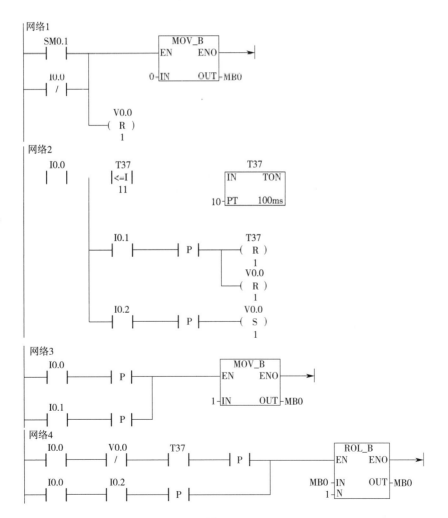

图 4-22

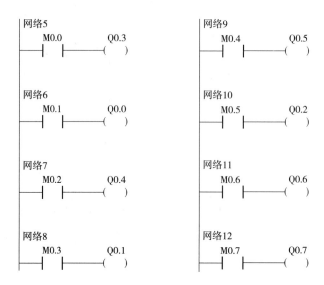

图 4-22 装配流水线控制的梯形图程序

（2）编写装配流水线控制的语句表程序

与上面编制的梯形图相对应的语句表程序如图 4-23 所示。

网络1		网络3		网络5	
LD	SM0.1	LD	I0.0	LD	M0.0
ON	I0.0	EU		=	Q0.3
MOVB	0，MB0	LD	I0.1	网络6	
R	V0.0，1	EU		LD	M0.1
网络2		OLD		=	Q0.0
LD	I0.0	MOVB	1，MB0	网络7	
LPS				LD	M0.2
AW<=	T37，11	网络4		=	Q0.4
TON	T37，10	LD	I0.0	网络8	
LRD		AN	V0.0	LD	M0.3
A	I0.1	A	T37	=	Q0.1
EU		EU		网络9	
R	T37，1	LD	I0.0	LD	M0.4
R	V0.0，1	A	I0.2	=	Q0.5
LPP		EU		网络10	
A	I0.2	OLD		LD	M0.5
EU		RLB	MB0，1	=	Q0.2
S	V0.0，1			网络11	
				LD	M0.6
				=	Q0.6
				网络12	
				LD	M0.7
				=	Q0.7

图 4-23 装配流水线控制的语句表程序

（3）程序调试

在上位计算机上启动"V4.0 STEP 7"编程软件，将图 4-22 梯形图程序输入到计算机。

按照图 4-21 连接好线路，将梯形图程序下载到 PLC 后运行程序，分别施加不同的控制信号，观察分析运行情况，直到运行情况与控制要求相符。

四、知识拓展　移位寄存器指令

移位寄存器指令的格式如图 4-24 所示。其中 DATA 为移位寄存器的数据输入端；S_BIT 为组成移位寄存器的最低位；N 为移位寄存器的长度，其最大值为 64。N>0 时，为正向移位，即从最低位向最高位移位；N<0 时，为反向移位，即从最高位向最低位移位。

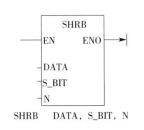

图 4-24　移位寄存器指令格式

移位寄存器指令 SHRB 功能：当使能输入端 EN 有效时，如果 N>0，则在每个 EN 的前沿，将数据输入 DATA 的值移入移位寄存器的最低位 S_BIT；如果 N<0，则在每个 EN 的前沿，将数据输入 DATA 的值移入移位寄存器的最高位，移位寄存器的其他位按照 N 指定的方向（正向或反向），依次串行移位。

【指令使用说明】

① 移位寄存器的组成由 S_BIT 和 N 共同决定。如 S_BIT=V3.1，N=6，则移位寄存器由 V3.1～V3.6 组成。

② 移位寄存器指令对特殊存储器位 SM1.1（溢出）及 SM1.0（零）的影响与移位指令相同。

③ 在顺序控制或步进过程中，应用移位寄存器编程很方便。

移位寄存器指令应用举例如图 4-25 所示。请读者分析：该移位寄存器由哪几位组成？若移位寄存器初始值均为 0，且数据输入端 M0.0 首次移入的数据为 1，则需要经过几次移动，输出 Q0.1 才接通？

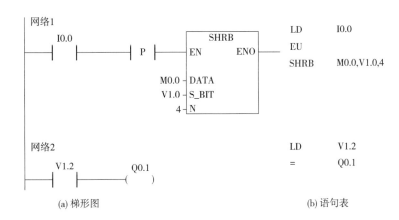

图 4-25　移位寄存器指令应用举例

五、习题与训练

4.2.1　判断题。

(1) 字整数比较指令比较两个字整数大小，若比较式为真，该触点断开。（　　）

(2) 在梯形图中，指令盒不能直接与左母线相连，且它的右边不能连接触点。（　　）

(3) 块传送指令的操作数 N 指定被传送数据块的长度，采用字寻址。（　　）

(4) 移位寄存器的长度以及移动方向由其指令决定。（　　）

(5) S7-200 PLC 的所有编程元件均采用八进制进行编号。（　　）

4.2.2 用循环移位指令设计一个彩灯控制程序。8路彩灯串按 H1→H2→H3→⋯→H8 的顺序依次点亮，各路彩灯之间点亮的间隔时间为 0.5s。

4.2.3 用移位寄存器指令设计一个路灯照明系统的控制程序。合上开关 SD，三路路灯延时 2s 按 H1→H2→H3 的顺序依次点亮；断开 SD，三路路灯同时熄灭。

4.2.4 若在装配流水线控制任务中，当"启动"开关断开，仍要求系统能加工完成最后一步操作后才自动停止工作。试修改程序并实施仿真验证。

学习笔记

任务三 喷泉彩灯控制

【知识、能力目标】

- 掌握子程序、中断程序的基本概念；
- 掌握子程序的使用方法；
- 掌握中断指令格式及应用；
- 能将子程序、中断程序应用到控制程序中；
- 能应用子程序编写喷泉彩灯的控制程序，并仿真实施。

一、任务导入和分析

某喷泉彩灯控制程序要实现如下功能：前16s，8组彩灯输出（Q0.0～Q0.7）的初始状态为 Q0.0 亮，其他暗 1s，依次从最低位到最高位移位点亮，循环 2 次；后 16s，8组彩灯输出（Q0.0～Q0.7）的初始状态为 Q0.0 和 Q0.1 点亮 1s，其他熄灭，依次从最低位到最高位两两移位点亮，循环 4 次。喷泉彩灯控制面板示意图如图 4-26 所示。

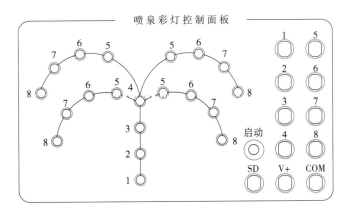

图 4-26 某喷泉彩灯控制面板示意图

二、相关知识　子程序

在实际应用中，对于一些可能被反复使用的部分程序，往往将它们编成一个个单独的程序块，在执行程序时，可根据需要调用这些程序块，这些程序块还可以带有参数，这类程序块称为子程序。

1. 子程序的建立

方法一：用编程软件"编辑"菜单中的"插入"子程序命令，建立一个新的子程序。

方法二：从程序编辑器视窗右击鼠标，在弹出菜单中选择"插入子程序"。

只要插入了子程序，程序编辑器底部就会出现一个新标签，标志新的子程序名，此时可对子程序进行编辑。子程序的默认名为 SBR_N，编号 N 的范围为 0～63，也可以通过重命名修改子程序名。

2. 子程序指令

子程序指令包括子程序调用指令和子程序条件返回指令，指令格式如图 4-27 所示。

(a) 子程序调用指令　　(b) 子程序条件返回指令

图 4-27　子程序指令格式

子程序调用指令 CALL：使能输入有效时，将程序流程转到子程序 SBR_N 入口，开始执行子程序。

子程序条件返回指令 CRET：该指令前面逻辑条件满足时，结束子程序的执行，返回主程序中调用此子程序的下一条指令继续执行。

无参数的子程序指令应用举例如图 4-28 所示。

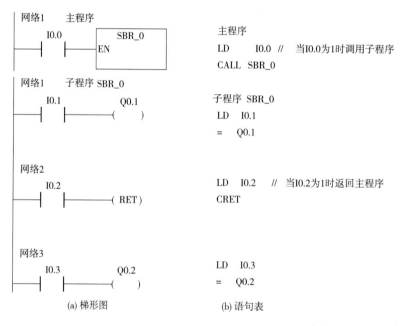

图 4-28　无参数的子程序指令应用举例

3. 带参数的子程序

子程序中可以带有参数，带参数的子程序调用极大地扩大了子程序的使用范围。子程序的调用过程如果存在数据传递，则在调用指令中就包含相应的参数。

（1）子程序的参数定义

子程序最多可以传递 16 个参数，参数在子程序的局部变量表中加以定义，定义参数包含变量名、变量类型和数据类型。

① 变量名：最多用 8 个字符表示，第一个字符不能是数字。

② 变量类型：子程序中按变量对应数据的传递方向规定了 4 种变量类型。

a. IN 类型：传入子程序参数。所指定参数可以是直接寻址数据（如 VB200）、间接寻址数据（如 * AC0）、常量数据或数据地址值（如 &VB100）。

b. IN/OUT 类型：传入/传出子程序参数。调用时将指定参数位置的值传到子程序，返回时从子程序得到的结果值被返回同一地址。其参数只能采用直接和间接寻址数据。

c. OUT 类型：传出子程序参数。将子程序的运行结果值返回指定参数位置。输出参数只能采用直接和间接寻址数据。

d. TEMP 类型：临时变量参数。在子程序内部暂时存储数据，不能用来与调用程序传递参数数据。

③ 数据类型：局部变量表中必须对每个参数的数据类型进行声明，有以下几种数据类型。

a. 能流：布尔型，仅能对位输入操作，是位逻辑运算的结果子程序的。在局部变量表中布尔能流输入必须在第一行，对 EN 端口进行定义。

b. 布尔型：用于单独的位输入和输出。

c. 字节、字、双字型：分别声明 1 个字节、2 个字节和 4 个字节的无符号输入和输出参数。

d. 整数、双整数型：分别声明一个 2 字节或 4 字节的有符号输入和输出参数。

e. 实型：声明一个 32 位浮点参数。

(2) 带参数子程序调用的规则

① 常数参数必须声明数据类型。如将值为 112233 的无符号双字作为参数传递时，必须用 DW#112233 来声明。缺少声明时常数可能会被当作不同类型使用。

② 参数传递中没有数据类型的自动转换功能。如局部变量表中声明某个参数为实型，而在调用时使用一个双字，则子程序中的值就是双字。

③ 参数在调用时必须按照 IN 类型、IN/OUT 类型、OUT 类型、TEMP 类型这一顺序排列。

(3) 变量表的使用

按照子程序指令的调用顺序，参数值分配给局部变量存储器，起始地址是 L0.0。使用编程软件时，地址分配是自动的。在局部变量表中要加入一个参数，单击要加入的变量类型区，可以得到一个选择菜单，选择"插入"，然后选择"下一行"即可。局部变量表使用局部变量存储器。

当在局部变量表中加入一个参数时，系统自动给各参数分配局部变量存储空间。

带参数子程序调用指令格式：CALL 子程序名，参数 1，参数 2，…，参数 n。

带参数的子程序调用的应用举例如图 4-29 所示。在建立子程序 SBR_0 的时候，在局部变量表中给各参数赋名称，选定变量类型，见表 4-4。

表 4-4 局部变量表

L 地址(自动分配)	参数名称	变量类型	数据类型	注释
无	EN	IN	BOOL	指令使能输入参数
L0.0	IN1	IN	BOOL	第 1 个输入参数,布尔型

续表

L 地址(自动分配)	参数名称	变量类型	数据类型	注释
LB1	IN2	IN	BYTE	第 2 个输入参数,字节型
L2.0	IN3	IN	BOOL	第 3 个输入参数,布尔型
LD3	IN4	IN	DWORD	第 4 个输入参数,双字型
LW7	IN/OUT	IN/OUT	WORD	第 1 个输入/输出参数,字型
LD9	OUT1	OUT	DWORD	第 1 个输出参数,双字型

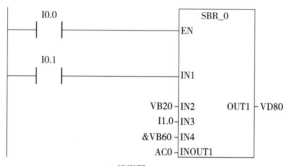

(a) 梯形图

```
LD    I0.0
CALL  SBR_0, I0.1, VB20, I0.1, &VB60, AC0, VD80
```

(b) 语句表

图 4-29 带参数的子程序调用的应用举例

【子程序使用说明】

① CRET 多用于子程序内部,在条件满足时结束子程序的调用。在子程序的最后,编程软件将自动添加子程序无条件结束指令 RET。

② 程序中一共可有 64 个子程序。子程序可以嵌套运行,即在子程序的内部又对另一个子程序执行调用指令。子程序的嵌套深度最多为 8 级。

③ 不允许直接递归(如不能从 SBR_0 中调用 SBR_0),但可以进行间接递归。

④ 在子程序内不得使用 END 语句。

三、任务实施

1. 分配 I/O 地址,绘制 PLC 输入/输出接线图

喷泉彩灯控制任务的 I/O 地址分配见表 4-5。

表 4-5 喷泉彩灯控制任务的 I/O 地址分配

输入		输出		内部编程元件
启动开关 SA	I0.0	喷泉彩灯 1~8	Q0.0~Q0.7	定时器 T39,T40 变量存储器 VB1,VB2

将已选择的输入/输出设备和分配好的 I/O 地址一一对应连接,形成 PLC 的 I/O 接线示意图,如图 4-30 所示。

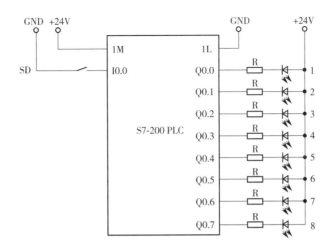

图 4-30 喷泉彩灯控制仿真操作接线示意图

2. 编制 PLC 程序

（1）编制喷泉彩灯控制的梯形图程序

根据喷泉彩灯控制要求，编写出对应的 PLC 梯形图程序如图 4-31 所示。

喷泉彩灯控制仿真

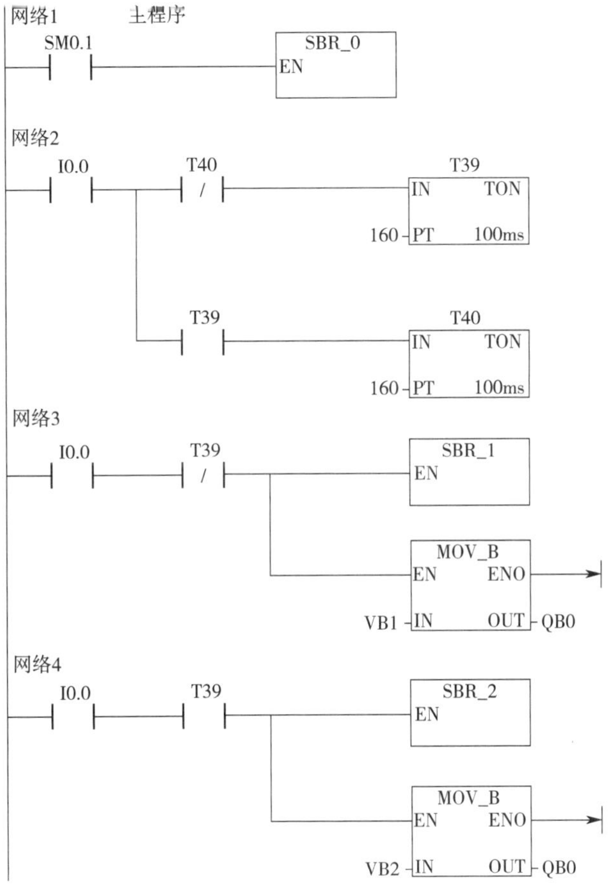

图 4-31

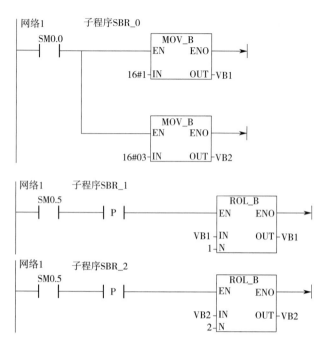

图 4-31 喷泉彩灯控制梯形图程序

（2）编写喷泉彩灯控制的语句表程序

与上面编制的梯形图相对应的语句表程序如图 4-32 所示。

网络1	主程序		
LD	SM0.1		
CALL	SBR_0		
网络2			
LD	I0.0		
LPS			
AN	T40	网络1	子程序SBR_0
TON	T39, 160	LD	SM0.0
LPP		MOVB	16#1, VB1
A	T39	MOVB	16#03, VB2
TON	T40, 160		
网络3			
LD	I0.0	网络1	子程序SBR_1
AN	T39	LD	SM0.5
CALL	SBR_1	EU	
MOVB	VB1, QB0	RLB	VB1, 1
网络4			
LD	I0.0	网络1	子程序SBR_2
A	T39	LD	SM0.5
CALL	SBR_2	EU	
MOVB	VB2, QB0	RLB	VB2, 2

图 4-32 喷泉彩灯控制的语句表程序

（3）程序调试

在上位计算机上启动"V4.0 STEP 7"编程软件，将图 4-31 梯形图程序输入到计算机。

按照图 4-30 连接好线路，将梯形图程序下载到 PLC 后运行程序，观察分析运行结果，直到运行情况与控制要求相符。

四、知识拓展　中断指令

1. 中断的概念

PLC 的基本工作方式是循环扫描的方式。此外，PLC 运行时，在循环扫描的过程中，为了处理紧急的事件，还可以进入中断工作方式。中断是指系统暂时停止循环扫描，而转去调用中断服务程序处理紧急事件，处理完毕后再返回原处继续执行。能够用中断方式处理的特定事件叫中断事件（也称为中断源）。中断事件是随机发生且必须立即响应的事件，它与一般的子程序调用不同。S7-200 设置的中断工作方式，用于实时控制、高速处理、通信和网络等复杂和特殊的控制任务。

（1）中断类型

为了便于识别，系统给每个中断事件分配了一个编号，S7-200 系列 PLC 最多有 34 个中断事件，分为三大类：通信中断、输入/输出中断和时基中断。

① 通信中断。在自由口通信模式下，用户可通过编程来设置波特率、奇偶校验和通信协议等参数。用户通过编程控制通信端口的事件为通信中断。

② 输入/输出（I/O）中断。对 I/O 点状态的各种变化产生的中断事件叫 I/O 中断。它包括外部输入 I0.0～I0.3 上升/下降沿中断、高速计数器中断和高速脉冲输出中断。

③ 时基中断。根据指定的时间间隔产生的中断事件叫时基中断，它包括定时中断和定时器 T32/T96 中断。定时中断用于支持一个周期性的活动。周期时间从 1～255ms，时基是 1ms。使用定时中断 0，必须在 SMB34 中写入周期时间；使用定时中断 1，必须在 SMB35 中写入周期时间。每当定时器溢出时，CPU 转去执行中断程序。定时中断可以用来对模拟量输入进行采样或定期执行 PID 回路。定时器 T32/T96 中断只能用时基为 1ms 的定时器 T32/T96 构成。当中断被启用后，当定时器的当前值等于预置值时，在 S7-200 执行的正常 1ms 定时器更新的过程中，执行连接的中断程序。

（2）中断优先级

优先级是指多个中断事件同时发出中断请求时，CPU 对中断事件响应的优先次序。S7-200 规定的中断优先由高到低依次是：通信中断、I/O 中断和时基中断。每类中断中不同的中断事件又有不同的优先级，见表 4-6。

表 4-6　中断事件及优先级

优先级分组	组内优先级	中断事件号	中断事件说明	中断事件类型
通信中断（最高）	0	8	通信口 0:接收字符	通信口 0
	0	9	通信口 0:发送完成	
	0	23	通信口 0:接收信息完成	
	1	24	通信口 1:接收信息完成	通信口 1
	1	25	通信口 1:接收字符	
	1	26	通信口 1:发送完成	

续表

优先级分组	组内优先级	中断事件号	中断事件说明	中断事件类型
I/O 中断（中等）	0	19	PTO 0 脉冲串输出完成中断	脉冲输出
	1	20	PTO 1 脉冲串输出完成中断	
	2	0	I0.0 上升沿中断	外部输入
	3	2	I0.1 上升沿中断	
	4	4	I0.2 上升沿中断	
	5	6	I0.3 上升沿中断	
	6	1	I0.0 下降沿中断	
	7	3	I0.1 下降沿中断	
	8	5	I0.2 下降沿中断	
	9	7	I0.3 下降沿中断	
	10	12	HSC0 当前值＝预置值中断	高速计数器
	11	27	HSC0 计数方向改变中断	
	12	28	HSC0 外部复位中断	
	13	13	HSC1 当前值＝预置值中断	
	14	14	HSC1 计数方向改变中断	
	15	15	HSC1 外部复位中断	
	16	16	HSC2 当前值＝预置值中断	
	17	17	HSC2 计数方向改变中断	
	18	18	HSC2 外部复位中断	
	19	32	HSC3 当前值＝预置值中断	
	20	29	HSC4 当前值＝预置值中断	
	21	30	HSC4 计数方向改变	
	22	31	HSC4 外部复位	
	23	33	HSC5 当前值＝预置值中断	
时基中断（最低）	0	10	定时中断 0	定时
	1	11	定时中断 1	
	2	21	定时器 T32 CT＝PT 中断	定时器
	3	22	定时器 T96 CT＝PT 中断	

S7-200 在各自的优先级组内，按照先来先服务的原则为中断提供服务。在任何时刻，只能执行一个中断服务程序。一旦一个中断程序开始执行，则一直执行至完成。在中断程序执行中，新的中断请求按优先级排队等候。

2. 中断指令

中断指令共有 5 条：中断允许、中断禁止、中断连接、中断分离、中断返回。各指令格式见表 4-7。

表 4-7 中断指令格式

分类	中断允许	中断禁止	中断连接	中断分离	中断返回
LAD	—(ENI)	—(DISI)	ATCH EN ENO INT EVNT	DTCH EN ENO EVNT	—(RETI)
STL	ENI	DISI	ATCH INT,EVNT	DTCH EVNT	CRETI
操作数及数据类型	无	无	INT:常量,0~127 EVNT:常量 CPU221/222: 0~12,19~23,27~33;CPU224: 0-23,27-33;CPU226:0~33 INT/EVNT 数据类型:字节	EVNT:常量, 取值与 ATCH 指令中相同 数据类型:字节	

(1) 中断允许指令

当 PLC 进入 RUN 模式时，所有中断被禁止，执行中断允许 ENI 指令后，才可以全局地允许所有被连接的中断事件。

(2) 中断禁止指令

执行中断禁止指令后，全局地禁止处理所有中断事件，允许中断事件排队，但不激活中断服务程序，直至使用中断允许指令重新启用中断。

(3) 中断连接指令

中断连接指令 ATCH 功能：把一个中断事件（EVNT）和一个中断服务程序（INT）联系起来，并启用这个中断事件。

(4) 中断分离指令

中断分离指令 DTCH 功能：截断某个中断事件和所有中断服务程序的联系，并禁止该中断事件。

(5) 中断返回指令

有条件中断返回指令 CRETI：用来在逻辑操作条件满足时从中断服务程序中返回。

无条件返回指令 RETI：由编程软件在各中断程序末尾自动添加。

3. 中断指令应用举例

控制要求：用中断方式实现，每 10ms 对 AIW0 采样一次。

分析：每 10ms 完成采样一次，需用定时中断，查表 4-6 可知，定时中断 0 的中断事件号为 10。因此在主程序中将采样周期（10ms），即定时中断的时间间隔，写入定时中断 0 的特殊存储器 SMB34，并将中断事件 10 和中断程序 INT-0 连接，全局开中断。在中断程序 INT-0 中，将模拟量输入信号读入，其程序如图 4-33 所示。

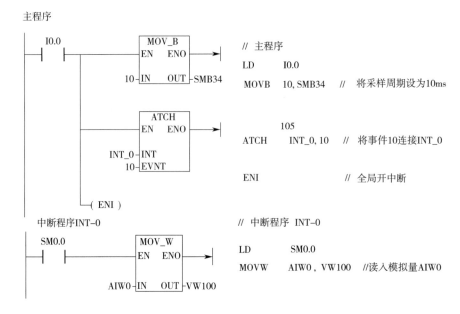

图 4-33 中断指令应用程序

五、习题与训练

4.3.1 选择题。

(1) 在图 4-34 所示程序中，累加器用的是（　　）方式。

A. 位寻址　　　　B. 字节寻址

C. 字寻址　　　　D. 双字寻址

(2) 中断连接指令的操作码是（　　）。

A. DISI　　　　　B. ENI

C. ATCH　　　　D. DTCH

(3) 子程序调用指令的操作码是（　　）。

A. CALL　　　　B. CRET

C. SBR_N　　　 D. ENI

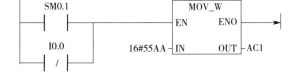

图 4-34 题 4.3.1 图

4.3.2 填空。

(1) 对于一些可能被反复使用的程序，可以将它们编写成一个个单独的程序块，这类程序块被称为（　　）。

(2) PLC 运行时，在循环扫描的过程中，为了处理紧急的事件，可以进入（　　）工作方式。

(3) 能够用中断方式处理的特定事件叫（　　），也称为中断源。

(4) 使用定时中断 0，必须在（　　）中写入周期时间。

4.3.3 在输入端 I0.0 的上升沿通过中断使 Q0.0 置位；在输入端 I0.1 的下降沿通过中断使 Q0.0 复位。试编写其控制程序。

4.3.4 用定时中断编写一个每 0.2s 采集一次模拟量输入值的控制程序。

4.3.5 利用定时器 T96 中断，编程控制指示灯的闪烁，闪烁周期 200ms（点亮 100ms，熄灭 100ms）。

本项目小结

本项目通过"除尘室的控制、装配流水线控制、喷泉彩灯控制"三个任务，对 S7-200 PLC SIMATIC 比较指令、传送指令、算术运算指令、移位指令、循环移位指令、移位寄存器指令、子程序和中断指令进行了介绍，这些功能指令在实际编程中应用极为广泛，学习时应熟练掌握其使用方法。

在程序中使用子程序，必须做好三件事：建立子程序；带参数的子程序调用中，还必须在子程序局部变量表中定义参数；在主程序或另一个子程序中设置子程序调用指令。

中断技术在可编程控制器的人机联系、实时处理、通信处理和网络中占有重要地位。中断是由设备或其他非预期的急需处理的事件引起的，中断事件的发生具有随时性。系统响应中断时自动保护现场，调用中断服务程序，使系统对中断事件作出响应。中断处理完成后，又自动恢复现场。

项目五

PLC特殊功能模块应用

西门子 S7-200 PLC 提供了丰富的特殊功能模块，如定位模块 EM253 和 ProfiBus-DP、通信模块 EM277、以太网模块 GP234、调制解调器模块 EM241 等，当 PLC 要对模拟量进行控制时，还需要使用模拟量输入/输出扩展模块。本项目主要介绍 S7-200 PLC 的通信基础知识，模拟量模块的应用，高速计数器指令及 PID 指令的应用。

【思政及职业素养目标】

- 增强学生的法治观念，使其养成自觉遵守法律的行为习惯；
- 培养学生守纪律、讲卫生的良好习惯，教导其不以善小而不为、不以恶小而为之；
- 培养学生团结协作、包容友爱、遵纪守法、识大体、顾大局的优秀品质。

任务一　两台电动机的异地控制

【知识、能力目标】

- 了解 PLC 通信的基础知识；
- 掌握 PPI 通信协议；
- 能使用 NETR/NETW 指令编写应用程序；
- 能运用 PPI 通信实现多台设备之间的数据交换；
- 能编写两台电动机的异地控制程序，并仿真实施。

一、任务导入和分析

控制任务：用 PLC 实现两台电动机的异地控制，其控制示意图如图 5-1 所示，具体控制要求如下。

① 按下本地的启动或停止按钮，本地电动机启动或停止；
② 按下本地控制远程电动机的启动或停止按钮，远程电动机启动或停止；
③ 两站点均能显示两台电动机的工作状态。

根据以上控制要求可知，输入信号有控制本地电动机的启动按钮、停止按钮、热继电器，还有控制远程电动机的启动按钮、停止按钮；输出信号有驱动本地电动机的交流接触

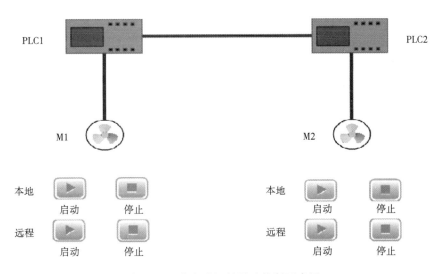

图 5-1 两台电动机的异地控制示意图

器、本地电动机的工作指示灯和远程电动机的工作指示灯。对于本地 PLC 控制本地电动机的启停方法，在项目二中已经介绍，实现起来很容易，而本地 PLC 控制远程 PLC 所驱动的电动机，则需要使用到 PPI 通信。通过本任务的学习，学习者能使用 PPI 通信来实现 PLC 之间的数据交换。

二、相关知识　S7-200 PLC 的通信概述

S7-200 系列 PLC 内部集成的串行通信口（PPI 接口、编程口），为用户提供了强大的通信功能。PPI 口的物理特性为 RS-485。CPU221、CPU222、CPU224 有一个 RS-485 口，定义为 PORT0。CPU224XP、CPU226、CPU226XM 有 2 个 RS-485 口，定义为 PORT0 及 PORT1。使用不同的协议，通过串行通信口与不同的设备，进行通信或组成网络。网络通信通过 RS-485 标准的双绞线实现。

1. 字符数据格式

S7-200 PLC 采用异步串行通信方式，传送字符数据的格式分为 10 位数据和 11 位数据。

10 位数据格式：由 1 个起始位、8 个数据位、1 个停止位组成。传送速率一般为 9600 波特。

11 位数据格式：由 1 个起始位、8 个数据位、1 个偶校验位、1 个停止位组成。传送速率一般为 9600bit/s 或 19200bit/s。

2. 网络层次结构

西门子公司 S7 系列的生产金字塔由 4 级构成，从上到下依次为：公司管理级、工厂与过程管理级、过程监控级、过程测量与控制级。西门子生产金字塔的 4 级子网由 3 级总线复合而成：

① 最低一级为 AS-I 级总线，负责与现场传感器和执行器的通信，也可以是远程 I/O 总线（负责 PLC 与分布式 I/O 模块之间的通信）；

② 中间一级是 Profibus 级总线，它采用令牌控制方式与主从轮询相结合的存取方式，可实现现场、控制和监控 3 级的通信，中间级也可用主从轮询存取方式的主从多点链路；

③ 最高一级为工业以太网 Ethernet 使用通信协议，负责传送生产管理信息。

在对网络中的设备进行配置时，必须对设备的类型、在网络中的地址和通信的波特率进行设置。

在网络中的设备分两类：主站和从站。主站设备（如编程设备 STEP 7、操作面板 HMI 和 S7-300 PLC、S7-400 PLC）向从站设备发送请求，也可对网络上的其他主站设备的请求作出响应；从站设备只是等待主站发送的请求，并作出相应的响应。网络上所有 S7-200 PLC 都默认为从站，但在点对点通信时也可定义为主站，以便从另外的 S7-200 读取信息。

在网络中的设备必须有唯一的地址。编程软件的缺省地址是 0，人机界面 HMI 的缺省地址是 1，与地址为 0 的设备连接的第一台 S7-200 PLC 的缺省地址是 2。S7-200 支持的网络地址范围为 0～126。

在同一网络中所有设备必须被设置成相同的波特率（数据通过网络传输的速度）。S7-200 波特率的配置在编程软件的系统块中完成。

3. 网络通信类型与连接

SIMATIC 网络的通信类型分为单主站和多主站。

① 单主站：一个主站与一个或多个从站连接的网络。如图 5-2 所示是一个单主站网络结构示意图。图中一台计算机作为主站，4 台 S7-200 CPU 作为从站。

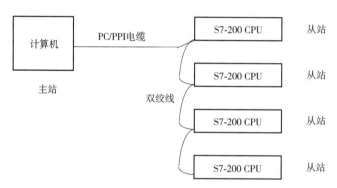

图 5-2　单主站网络结构示意图

② 多主站：两个或两个以上的主站与多个从站连接的网络。图 5-3 所示是一个多主站网络结构示意图。图中一台计算机作为主站，一台人机界面 HMI 也是主站，另外 4 台 S7-200 CPU 作为从站。

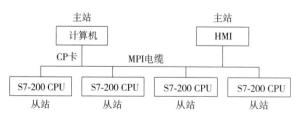

图 5-3　多主站网络结构示意图

4. 网络通信协议

西门子公司 S7 系列的生产金字塔中的通信协议分两大类：通用协议和

PLC通信与网络的概念

公司专用协议。通用协议采用工业以太网（Ethernet）协议，用于管理级的信息交换。公司专用协议有：PPI 协议、MPI 协议、Profibus 协议、自由口协议和 USS 协议。PPI、MPI、Profibus 协议是基于 OSI 的 7 层通信结构模型，通过令牌网实现。这些协议都是异步、基于字符传输的协议，带有起始位、8 位数据、偶校验和一个停止位。如果使用相同的波特率，这些协议可以在一个网络中同时运行而不相互影响。

S7-200 SMART 的通信

（1）PPI 协议

点对点接口 PPI（Point-to-Point Interface）协议是一种主/从协议，利用 PC/PPI 电缆，将 S7 200 PLC 与装有 STEP 7-Micro/WIN 编程软件（默认为主站）的计算机连接起来，组成 PC/PPI（单主站）的主/从网络连接。如果网络中还有 S7-300 PLC 或 S7-400 PLC、人机界面 HMI 等，可组成 PC/PPI（多主站）的主/从网络连接。在 PPI 协议中，主站（其他 PLC 如 S7-300 PLC 或 S7-400 PLC、SIMATIC 编程器、HMI）设备向从站设备发送要求，从站设备响应。从站不主动发信息，只是等待主站发送的要求，并作出相应的响应。

网络上所有 S7-200 PLC 都默认为从站。如果在用户程序中允许 PPI 主站模式，一些 S7-200 PLC 在 RUN 模式下可以作为主站。一旦允许 PPI 主站模式，就可以利用网络的有关通信指令来读写其他 CPU，并且还可以作为从站响应来自其他主站的申请和查询。

任何一个从站可以与多个主站通信，但是在网络中最多只能有 32 个主站。

（2）MPI 协议

多点接口 MPI（Multi-Point Interface）协议是主/主协议或主/从协议，协议如何操作依赖于设备类型。如果是 S7-300 PLC，就建立主/主连接，因为所有 S7-300 PLC 都是网络主站；如果是 S7-200 PLC，就建立主/从连接，因为 S7-200 PLC 是从站。

MPI 协议总是在两个相互通信的设备之间建立逻辑连接。一个连接可能是两个设备之间的非公用连接。另一个主站不能干涉两个设备之间已经建立的连接。主站为了应用可以短时间建立一个连接，或无限地保持连接断开。

由于设备之间 S7-200 PLC 的连接是非公用的，并且需要 CPU 中的资源，每个 S7-200 PLC 只能支持一定数目的连接。每个 S7-200 PLC 只能支持 4 个连接、每个 EM 277（智能扩展模块，用于支持 Profibus-DP 和 MPI 从站协议）支持 6 个连接。每个 S7-200 CPU 和 EM 277 模块保留两个连接，其中一个给 SIMATIC 编程器或计算机，另一个给操作面板。这些保留的连接不能由其他类型的主站（如 CPU）使用。

S7-300/400 PLC 通过与 S7-200 PLC 建立一个非保留的连接，可以与 S7-200 PLC 或 EM 277 模块进行通信。利用 XGET 和 XPUT 指令，S7-300/400 PLC 可以读写 S7-200 PLC。

（3）Profibus 协议

Profibus 协议用于分布式 I/O 设备（远程 I/O）的高速通信。Profibus 是世界上第一个开放式现场总线标准，目前技术已成熟，其应用范围覆盖了从机械加工、过程控制、电力、交通到楼宇自动化的各个领域。Profibus 于 1995 年成为欧洲工业标准（EN 50170），1999 年成为国际标准（IEC 61158-3）。采用 Profibus 协议的系统，对于不同厂家所生产的设备，不需要对接口进行特别的处理和转换就可以通信，最高传输速率可达 12Mbit/s。

S7-200 PLC 可以通过 EM277 Profibus-DP 扩展模块的方法，连接到 Profibus-DP（Profibus 表示过程现场总线；DP 表示分布式外围设备，即远程 I/O）协议支持的网络中。Profibus 连接的系统由主站和从站组成，主站能够控制总线，当主站获得总线控制权后，可以主动发送信息。从站通常为传感器、执行器、驱动器和变送器。它们可以接收信号并给予响应，但没有控制总线的权力。当主站发出请求时，从站回送给主站相应的信息。Profibus 除了支持主/从模式，还支持多主/多从的模式。对于多主站的模式，在主站之间按令牌传递顺序决定对总线的控制权。取得控制权的主站，可以向从站发送、获取信息，实现点对点的通信。

（4）自由口协议（用户定义协议）

自由口协议通过用户程序控制 S7-200 CPU 通信口的操作模式来进行通信。利用自由口模式，可以实现用户定义的通信协议连接多种智能设备。

在自由口模式下，通信协议完全由用户程序控制，用户可以通过使用有关指令，编写程序控制通信口的操作。当 CPU 处于 RUN 模式，通过 SMB30（口 0）允许自由口模式。当 CPU 处于 STOP 模式时，自由口通信停止，通信口转为正常的 PPI 协议操作。

（5）USS 协议

USS 协议是西门子传统产品（如变频器等）通信的一种协议，S7-200 提供 USS 协议的指令，用户使用这些指令可方便实现对变频器的控制。使用方法请参考 S7-200 使用手册。

5. S7-200 PLC 通信指令

当 S7-200 PLC 被定义为 PPI 主站模式时，可以应用网络读写指令对另外的 S7-200 PLC 进行读写操作。

网络读/网络写指令的格式如图 5-4 所示。

TBL：缓冲区首址，操作数为字节。

PROT：操作端口，CPU224XP 和 CPU226 为 0 或 1，其他机型只能为 0。

网络读 NETR 指令是通过端口（PROT）接收远程设备的数据，并保存在表（TBL）中。可从远方站点最多读取 16 字节的信息。

网络写 NETW 指令是通过端口（PROT）向远程设备写入数据，数据放在表（TBL）中。可向远方站点最多写入 16 字节的信息。

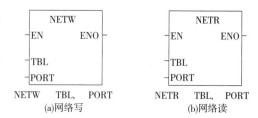

S7-200 SMART
以太网网络组态

图 5-4 网络读/网络写指令的格式

在程序中可以有任意多个 NETR/NETW 指令，但在任意时刻最多只能有 8 个 NETR 及 NETW 指令有效。TBL 表的参数定义见表 5-1。

表 5-1 TBL 表的参数定义（设缓冲区首址为 VB100）

缓冲区	名　称	描　述							
VB100	状态字节	D	A	E	0	E3	E2	E1	E0
VB101	远程站点地址	被访问的 PLC 从站地址							
VB102	指向远程站数据区的指针	存放被访问数据区的首地址							
VB103									
VB104									
VB105									

续表

缓冲区	名 称	描 述
VB106	数据长度(1~16字节)	远程站上被访问的数据区长度
VB107	数据字节 0	执行 NETR 指令后,存放从远程站接收的数据 执行 NETW 指令前,存放将要向远程站发送的数据
VB108	数据字节 1	
…	…	
VB122	数据字节 15	

表 5-1 中部分参数的意义如下。

远程站点地址：被访问的 PLC 从站地址。

数据区指针：指向远程 PLC 存储区中的数据的间接指针。

指针为双字值，是需要被访问的存储器的物理地址。为了生成指针，必须使用双字传送指令（MOVD），将所要访问的存储器区地址，放入用来作为指针的存储器或寄存器中。

如：MOVD&VB200, VD102 // 中 "&" 是取地址符号，&VB200 表示 VB200 单元的 32 位物理地址，// 该地址放入 VD102 中，而 VB200 本身是一个直接地址编号，注意两者区别。

数据字节：保存数据的字节，究竟使用了几个字节，取决于在"数据长度"字节中的定义，有效值范围为 1~16。对于 NETR 指令，此数据区是指执行 NETR 后存放从远程站点读取（接收）的数据区。对于 NETW 指令，此数据区是指执行 NETW 前发送给远程站点的数据存储区。

状态字节各位的含义如下。

D 位：表示操作是否完成。0＝未完成，1＝功能完成。

A 位：操作是否被激活。0－未激活，1－激活。

E 位：是否出错误。0＝无错误，1＝有错误。

低 4 位（E3 E2 E1 E0）是错误代码，如果执行 NETR/NETW 指令后，E 位为 1，说明有错误，具体错误由这 4 位错误代码返回。4 位错误代码的构成及含义如下。

0（0000）：无错误。

1（0001）：超时错误。远程站点无响应。

2（0010）：接收错误。有奇偶错误等。

3（0011）：离线错误。重复的站地址或无效的硬件引起冲突。

4（0100）：排队溢出错误。多于 8 条 NETR/NETW 指令被激活。

5（0101）：违反通信协议。没有在 SMB30 中允许 PPI，就试图使用 NETR/NETW 指令。

6（0110）：非法参数。

7（0111）：没有资源。远程站点忙（正在进行上载或下载）。

8（1000）：第七层错误。违反应用协议。

9（1001）：信息错误。错误的数据地址或错误的数据长度。

A~F（1010~1111）：未用，为将来使用保留。

使用网络读写指令对 S7-200 PLC 进行读写操作时，首先要将使用网络读写指令的 S7-200 PLC 定义为 PPI 模式，即通信初始化。与 PPI 和自由口通信均有密切关系的特殊寄存器

SMB30（PORT0）及 SMB130（PORT1）中，规定了 PPI 通信的方式，见表 5-2。

表 5-2　SMB30 及 SMB130 的格式

端口 0	端口 1	说　　明							
SMB30 格式	SMB130 格式	自由口模式控制字节							
		MSB							LSB
		p	p	d	b	b	b	m	m
SM30.6 和 SM30.7	SM130.6 和 SM130.7	pp:奇偶选择 00:无奇偶校验　01:偶校验　10:无奇偶校验　11:奇校验								
SM30.5	SM130.5	d:每个字符的数据位 0:每个字符 8 位　1:每个字符 7 位								
SM30.2 到 SM30.4	SM130.2 到 SM130.4	bbb:自由口波特率 000:38400bit/s　001:19200bit/s　010:9600bit/s 011:4800bit/s　100:2400bit/s　101:1200bit/s 110:600bit/s　111:300bit/s								
SM30.0 和 SM30.1	SM130.0 和 SM130.1	mm:协议选择 00:点到点接口协议(PPI/从站模式)　01:自由口协议 10:PPI/主站模式　11:保留(缺省设置为 PPI/从站模式)								

注：每种配置都有一个停止位。

6. 网络通信硬件

（1）通信口

S7-200 CPU 上的通信口是符合欧洲标准 EN 50170 中 Profibus 标准的，是与 RS-485 兼容的 9 针 D 型连接器。图 5-5 所示是通信接口的引脚分配，表 5-3 列出了通信口的引脚与对应的 Profibus 名称。

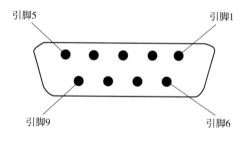

图 5-5　S7-200 CPU 通信口引脚分配

表 5-3　RS-485 接口引脚与 Profibus 名称的对应关系

引脚号	Profibus 名称	端口 0/端口 1
1	屏蔽	机壳接地
2	24V 返回	逻辑地
3	RS-485 信号 B	RS-485 信号 B
4	发送申请	RTS(TTL)
5	5V 返回	逻辑地
6	+5V	+5V,100Ω 串联电阻
7	+24V	+24V
8	RS-485 信号 A	RS-485 信号 A
9	不用	10 位协议选择(输入)
端口外壳	屏蔽	机壳接地

(2) 网络连接器

利用西门子公司提供的两种网络连接器，可以将多个设备很方便地连接到网络中，其中一种连接器仅提供连接到 CPU 的接口，另一种连接器增加了一个编程接口。带有编程接口的连接器可以将 SIMATIC 编程器或操作面板增加到网络中而不需要改变现有的网络连接。编程口连接器传递 CPU 来的信号，同时还能为相关设备提供电源。

(3) 通信电缆

通信电缆主要有 Profibus 网络电缆和 PC/PPI 电缆。

Profibus 网络电缆的总规范见表 5-4，Profibus 网络的电缆最大长度取决于对波特率的要求和所用电缆类型。要求的传送速率越高，则网络段的最大电缆长度越短，如传送速率为 3bit/s～12Mbit/s，则最大电缆长度为 100m，其他数据请查阅编程手册。

表 5-4 Profibus 网络电缆的总规范

通用特性	规 范	通用特性	规 范
类型	屏蔽双绞线	电缆电容	<60pF/m
导体截面积	24AWG(0.22mm^2)或更粗	阻抗	100～102Ω

利用 PC/PPI 电缆和自由口通信功能，可以把 S7-200 CPU 与许多配置有 RS-232 标准接口的设备（如计算机、编程器、调制解调器）相连接。通信 PC/PPI 电缆的一端是 RS-485 端口，用来连接 PLC 主机；另一端是 RS-232 端口，用于连接计算机等其他设备。

PC/PPI 电缆分两种型号：一种为带有 RS232 口的隔离型 PC/PPI 电缆，用 5 个 DIP 开关设置波特率和其他配置项，如图 5-6 所示；另一种为带有 RS-232 口的非隔离型 PC/PPI 电缆，用 4 个 DIP 开关设置波特率。

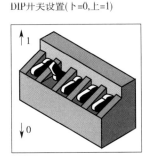

图 5-6 隔离型 PC/PPI 电缆上的 DIP 开关设置

PC/PPI 电缆上的 DIP 开关选择的波特率，应与编程软件中设置的波特率一致。初学者可选通信速率的默认值 9600bit/s（bps）即 9.6Kbit/s。4 号开关为 1，选择 10 位模式，4 号开关为 0，选择 11 位模式；5 号开关为 0，选择 RS-232 口设置为数据通信设备（DCE）模式，5 号开关为 1，选择 RS-232 口设置为数据终端设备（DTE）模式。未用调制解调器时，4 号开关和 5 号开关均应设为 0。

(4) 网络中继器

网络中继器连接到 Profibus 网络段，可以延长网络距离，给网络加入设备，并且提供一个隔离不同网络段的方法。每个中继器允许给网络增加 32 个设备，可以将网络延长

1200m,同时为网络段提供偏置和终端匹配。网络中最多可使用9个网络中继器。

通信设备还有 EM277 Profibus-DP、CP 243-1、CP 243-1IT 等模块,读者可以查阅相关的编程手册。

三、任务实施

1. 分配 I/O 地址,绘制 PLC 输入/输出接线图

本控制任务的 I/O 地址分配见表 5-5。两台电动机异地控制系统的本地和远程的 PLC 的 I/O 地址分配表相同,在此仅给出了本地 PLC 的 I/O 地址分配表。

表 5-5 两台电动机的异地控制任务的 I/O 地址分配

输 入		输 出	
本地启动按钮 SB1	I0.0	本在接触器 KM 线圈	Q0.0
本地停止按钮 SB2	I0.1	本地电动机工作指示灯 HL1	Q0.4
本地热继电器 FR	I0.2	远程电动机工作指示灯 HL2	Q0.5
远程启动按钮 SB3	I0.3		
远程停止按钮 SB4	I0.4		

将已选择的输入/输出设备和分配好的 I/O 地址一一对应进行连接,其接线示意图如图 5-7 所示。本地与远程的 PLC 接线图相同,在此仅画出了本地 PLC 控制接线示意图。两台 PLC 之间通过带总线连接器的通信电缆相连,总线连接器分别接在两台 PLC 的端口 0 上。

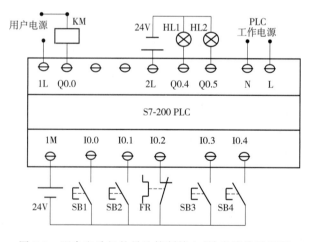

图 5-7 两台电动机的异地控制输入/输出接线示意图

2. 编制 PLC 程序

(1) 编制两台电动机的异地控制的梯形图程序

两台电动机异地控制的梯形图程序如图 5-8 所示。按下本地启动按钮 SB1,本地电动机启动运行;按下本地停止按钮 SB2,本地电动机停止运行。在主站按下远程启动按钮 SB3,

主站的 I0.3 数据将被写到从站 V300.3，并用来启动从站电动机运行；在主站按下远程停止按钮 SB4，主站的 I0.4 数据将被写到从站 V100.4，并用来使从站电动机停止运行，此外，从站电动机工作状态 Q0.0 也被读到 V108.0，V108.0 被用来控制从站电动机工作指示灯的亮与暗。在从站按下远程启动按钮 SB3，从站的 I0.3 数据将被读到主站 V107.3，并用来启动主站电动机运行；在从站按下远程停止按钮 SB4，从站的 I0.4 数据将被读到主站 V107.4，并用来使主站电动机停止运行，主站电动机工作状态 Q0.0 也被写到 V301.0，V301.0 被用来控制主站电动机工作指示灯的亮与暗。

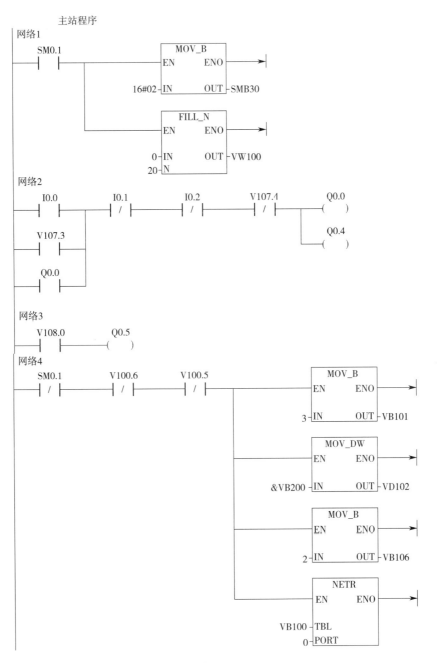

图 5-8

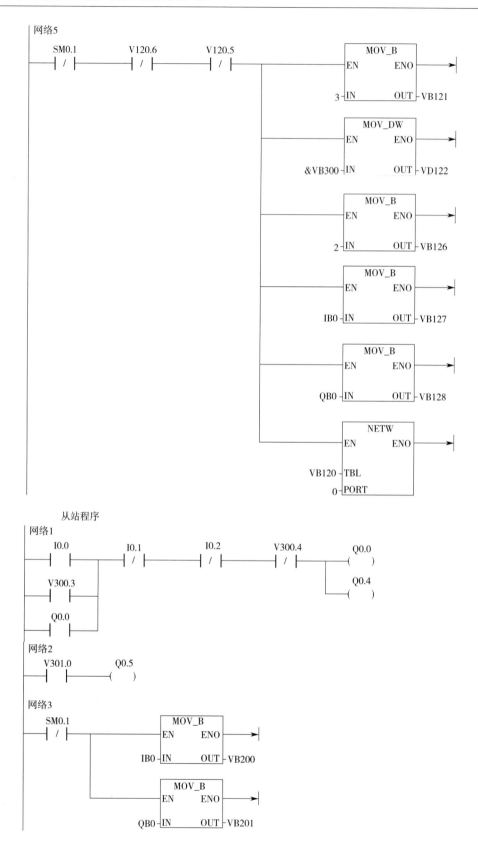

图 5-8 两台电动机的异地控制的梯形图程序

（2）编写两台电动机的异地控制的语句表程序

与上面编制的梯形图相对应的语句表程序如图 5-9 所示。

主站程序			主站程序			从站程序	
网络1			网络4			网络1	
LD	SM0.1		LDN	SM0.1		LD	I0.0
MOVB	16#02, SMB30		AN	V100.6		O	V300.3
FILL	0, VW100, 20		AN	V100.5		O	Q0.0
			MOVB	3, VB101		AN	I0.1
网络2			MOVD	&VB200, VD102		A	I0.2
LD	I0.0		MOVB	2, VB106		AN	V300.4
O	V107.3		NETR	VB100, 0		=	Q0.0
O	Q0.0		网络5			=	Q0.4
AN	I0.1		LDN	SM0.1		网络2	
A	I0.2		AN	V120.6		LD	V301.0
AN	V107.4		AN	V120.5		=	Q0.5
=	Q0.0		MOVB	3, VB121		网络3	
=	Q0.4		MOVD	&VB300, VD122		LDN	SM0.1
			MOVB	2, VB126		MOVB	IB0, VB200
网络3			MOVB	IB0, VB127		MOVB	QB0, VB201
LD	V108.0		MOVB	QB0, VB128			
=	Q0.5		NETW	VB120, 0			

图 5-9　两台电动机的异地控制的语句表程序

其中填充指令 FILL 的功能，是将字型输入数据 IN 填充到从 OUT 开始的 N 个字存储单元。

（3）程序调试

通过上位微型计算机或手持编程器均可以输入程序进行调试。

在上位计算机上启动"V4.0 STEP 7"编程软件，将图 5-8 梯形图程序分别输入主站和从站上位到计算机中。按照图 5-7 连接好线路，将梯形图程序分别下载到 PLC 中，分别加入输入信号运行程序，观察运行结果。如果运行结果与控制要求不符，则需要对控制程序或外部接线进行检查，直到符合要求。

四、知识拓展　工业触摸屏应用简介

1. 功能描述

触摸屏是一种人机界面 HMI，人机界面是在操作人员和机器设备之间双向沟通的桥梁。使用触摸屏，用户可以自由地组合文字、按钮、图形、数字等，来处理、监控、管理随时可能变化的信息。西门子 SMART 触摸屏设备如图 5-10 所示。

2. 触摸屏的连接

触摸屏设备通过 PC-PPI 电缆与组态 PC 互连。关闭设备，将 PC/PPI 电缆的 RS-485 接头与触摸屏设备的"PLC-RS485"连接；将 PC/PPI 电缆的

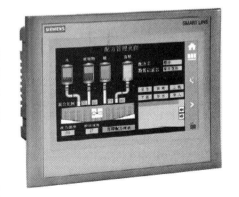

图 5-10　西门子 SMART 触摸屏示意图

RS-232 接头与组态 PC 连接，如图 5-11 所示，连接触摸屏设备的串行接口见表 5-6。

表 5-6 连接触摸屏的串行接口

序号	D-sub 接头	针脚号	RS-485
1		1	NC.
2		2	M24_Out
3		3	B(+)
4		4	RTS*)
5		5	M
6		6	NC.
7		7	P24_Out
8		8	A(-)
9		9	RTS*)

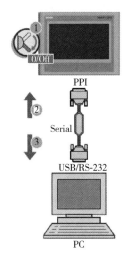

图 5-11 触摸屏的连接

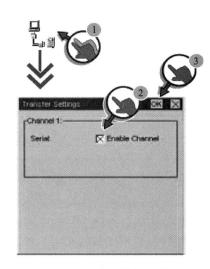

图 5-12 启用数据通道

3. 启用数据通道

用户必须启用数据通道，从而将项目传送至触摸屏设备。

启用一个数据通道-Panels（TP177A），按"Transfer"按钮，打开"Transfer Settings"对话框。如果触摸屏设备通过 PC-PPI 电缆与组态 PC 互连，则在"Channel 1"域中激活"Enable Channel"复选框。单击"OK"关闭对话框，并保存输入内容，如图 5-12 所示。

说明：完成项目传送后，可以通过锁定所有数据通道来保护触摸屏设备，以免无意中覆盖项目数据及触摸屏设备映像。

4. WinCC flexible 2008 软件的安装

WinCC flexible 2008 软件安装步骤如下。

① 先装 WinCC flexible 2008 CN。

② 其次装 WinCC flexible 2008_SP2。

③ 最后装 Smart panelHSP。

按向导提示，依次单击"下一步"，单击"完成"，软件安装完毕。

5. 制作一个简单的工程

安装好 WinCC flexible 2008 软件后，在"开始/程序/WinCC flexible 2008"下找到相应的可执行程序单击，打开触摸屏软件，界面如图 5-13 所示。

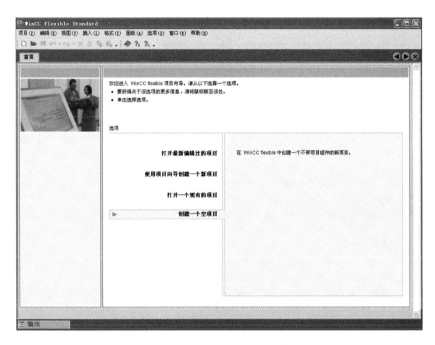

图 5-13　WinCC flexible 2008 启动后界面

① 单击菜单"选项"里的"创建一个空项目"，在弹出的界面中选择触摸屏 Panels (TP 177A)，单击"确定"，进入如图 5-14 所示界面。

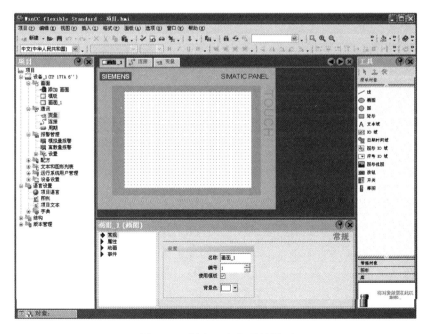

图 5-14　创建一个空项目界面

② 在上述界面中，双击左侧菜单"通信"下的"连接"，选择通信驱动程序（SIMATIC S7 300/400）。设置完成，再双击左侧菜单"通信"下的"变量"，建立变量表。

③ 变量建立完成，再双击左侧菜单"画面"下的"添加画面"，可以增加画面的数量，再选择画面一，进行画面功能制作，如制作一个返回初始画面按钮，选择右侧"按钮"，在"常规"下设置文字显示，在"事件"下选择"单击"，设置函数，如图 5-15 所示，在"外观"下设置其他外观显示，返回功能按钮，设置完成。

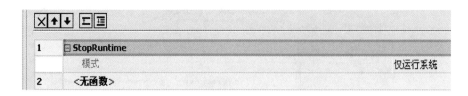

图 5-15 "事件"下选择"单击"，设置函数界面

④ 制作指示灯，用于监控 PLC 输入输出端口状态，选择右侧"圆"，在"外观"下进行设置，如图 5-16 所示。

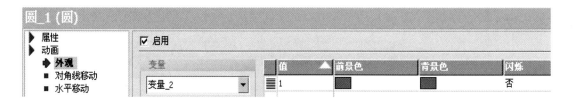

图 5-16 "圆"在"外观"下设置界面

⑤ 制作按钮，用于对 PLC 程序进行控制，选择右侧"按钮"，在"事件"下设置"置位按钮"，如图 5-17 所示。

图 5-17 在"事件"下设置"按钮"界面

⑥ 制作完成一个简单的画面，如图 5-18 所示。

6．工程下载

① 通过 PC/PPI 通信电缆，连接触摸 PPI/RS485 接口与 PC 机串口。

② 触摸屏需要启用数据通道，选择"Control Panel"，在弹出窗口激活"Enable

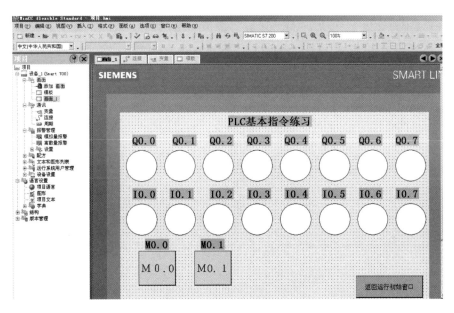

图 5-18 制作完成一个简单的画面

Channel"复选框,选中后关闭,然后选择"Transfer"启动下载。单击下载按钮,下载工程,如图 5-19 所示。

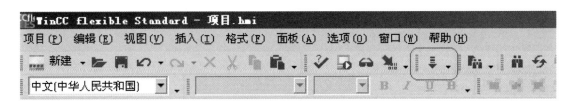

图 5-19 下载工程界面

③ 下载完成,触摸屏需要再次启用数据通道,选择"Control Panel",在弹出的窗口中,取消选中后关闭,用专用连接电缆连接 PLC 与触摸屏,就可以实现所设定的控制。

五、习题与训练

5.1.1 简述西门子公司 S7 系列生产金字塔的组成。

5.1.2 S7-200 系列 PLC 可在哪些通信协议中完成通信工作?

5.1.3 如何设置 PPI 通信时 S7-200 CPU 的站点地址?

5.1.4 在实训操作中,当使用编程软件向 PLC 下载用户程序时,哪个设备是主站?哪个设备是从站?它们的站地址分别是什么?

5.1.5 特殊寄存器 SMB30 和 SMB130 中的最低位和次低位有什么作用?如果要设置 PPI/主站模式,如何设置这两位?

5.1.6 NETR/NETW 指令各操作数的含义是什么?

5.1.7 用 NETR 和 NETW 指令实现 3 台 PLC 网络通信。具体控制要求如下:3 台 PLC 甲、乙、丙与计算机,通过 RS-485 通信接口和网络连接器,组成一个使用 PPI 协议的单主站通信网络。甲作为主站，乙和丙作为从站。系统开始运行时，甲站 PLC 的 Q0.0～Q0.7 控制的八盏灯每隔 1s 依次点亮，接着乙站 PLC 的 Q0.0～Q0.7 控制的八盏灯每隔 1s 依次点亮，然后丙站 PLC 的 Q0.0～Q0.7 控制的八盏灯每隔 1s 依次点亮，接着再从甲站 PLC 开始的 24 盏灯每隔 1s 依次点亮，不断循环。

学习笔记

任务二 窑温模糊控制设计

【知识、能力目标】
- 掌握模拟量的基础知识;
- 熟悉模拟量的编程方法;
- 熟悉常用转换指令的功能及应用;
- 能编写窑温模糊控制程序并仿真实施。

一、任务导入和分析

砌块是利用混凝土、工业废料(炉渣、粉煤灰等)等材料制成的人造块材,外形尺寸比砖大,具有设备简单,砌筑速度快的优点,符合建筑工业化发展中墙体改革的要求。制造砌块在生产过程中的最后一道工序是养护。自动控制养护方式,可以借助于 PID 算法、模糊控制算法及一些优化控制算法,使养护窑的养护温度严格控制在养护规则要求的范围之内。

图 5-20 所示为对养护窑进行温度控制的系统示意图。该系统控制两个养护窑,每个养护窑有:1 个测温模拟量输入点;1 个进气电磁阀控制输入蒸汽、1 个排气电磁阀控制热气的排出、1 台送风电动机,共 3 个开关量输出;1 个启动按钮、1 个停止按钮、1 个急停按钮,共 3 个开关量输入。该系统还需设置 1 个总启动按钮,1 个总停止按钮,1 个总进气电磁阀,1 个总排风电磁阀,所以整个控制系统需要开关量输入 8 个点,开关量输出 8 个点,模拟量输入 2 个点。

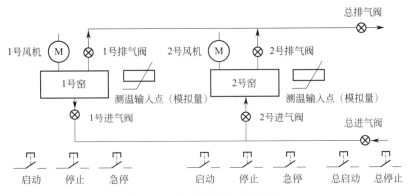

图 5-20 窑温控制系统示意图

每个窑都可以自行控制,其具体控制流程要求:启动电动机,供风循环热气流;开启进气阀门,提供热气控温;经过一定时间(设恒温 10h),关闭进气阀门,打开排气阀门排气;按下停止按钮,关风机,关排气阀,准备砌块出窑。联锁要求:只要有一个窑排气,总排气阀要打开,只有总进气阀打开,才能启动各窑进气阀。

为了实现以上功能,选择 S7-200 CPU224 基本单元(14 输入/10 输出)一台和 EM231 模拟量输入扩展模块一台组成系统。模拟量输入部分,由热敏电阻 R1、R2(PT100)和温度变送器（电流输入型）构成。

二、相关知识　模拟量

1. 模拟量 I/O 特性

模拟量是连续变化的信号。PLC 通过扩展模拟量输入/输出模块后，即可输入或输出模拟量，完成对 PLC 控制系统的温度、压力、流量等模拟量信号的检测或控制。通过变送器可将传感器提供的电量或非电量，转换为 PLC 可接收的标准直流电流（4～20mA、±20mA 等）或直流电压（0～5V、0～10V、±5V、±10V 等）信号。

模拟量输入模块接收所连接的模拟量信号，并将其转换为 CPU 能理解的二进制信号。这一过程称为模/数转换（A/D）。数字化后的信号在程序中可用于比较等，完成其控制任务。通过 A/D 转换能生成一个 －32768～＋32767 之间的数。这个数用于表示一个 16 位的二进制字，其中在最左边最高的位（MSB）用于确定值的正负。如果 MSB 等于 0，则值为正；如果 MSB 等于 1，则值为负。模拟量的输出信号在系统内部也表现为数字量，S7-200 PLC 将一个模拟输出量表达为一个字长，经过数/模（D/A）转换器转换成模拟量输出。

2. S7-200 PLC 模拟量扩展模块

S7-200 PLC 模拟量扩展模块主要有三种类型：模拟量输入模块、模拟量输出模块、模拟量混合模块，每种扩展模块中的 A/D、D/A 转换器的位数均为 12 位。模拟量扩展模块有多种量程供用户选择，如 4～20mA、±20mA、0～5V、0～10V、±5V、±10V 等，量程为 0～10V 时的分辨率为 2.5mV。

S7-200 PLC 模拟量扩展模块主要有模拟量输入模块 EM231（4 路模拟量输入）、模拟量输出模块 EM232（2 路输出）、模拟量混合模块 EM235（4 路输入，1 路输出）。EM231 模块端子图如图 5-21 所示，RA、A＋、A－为第 1 路模拟量输入通道的接线端，RB、B＋、B－为第 2

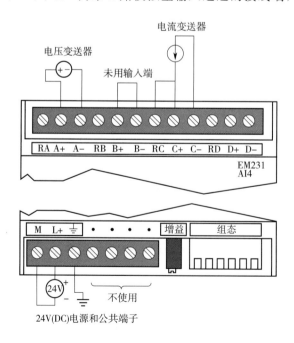

图 5-21　模拟量 EM231 模块的端子图

路模拟量输入通道的接线端，RC、C+、C-为第3路模拟量输入通道的接线端，RD、D+、D-为第4路模拟量输入通道的接线端。图中第1路输入通道为电压输入信号接法，第3路输入通道为电流输入信号接法。EM235模块端子图如图5-22所示，4路输入与EM231模块相同，不同处是增加了1路模拟量输出。MO、VO、IO是模拟量输出接线端，电压输出范围-10～+10V，电流输出范围0～20mA，L+、M接EM235的工作电源DC 24V。若模拟量输出是电压信号，则接端子VO和MO；若模拟量输出是电流信号，则接端子IO和MO。

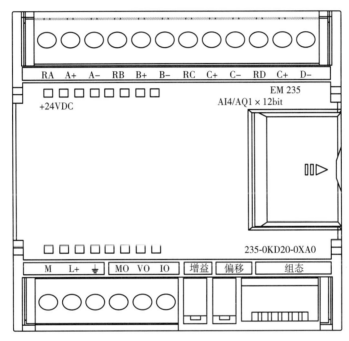

图5-22　EM235模块端子图

三、任务实施

1. 分配I/O地址，绘制PLC输入/输出接线图

窑温模糊控制任务的I/O地址分配如表5-7所示。

表5-7　窑温模糊控制任务的I/O地址分配

输	入	输	出	内部编程元件
1号窑启动	I0.0	1号窑进气阀	Q0.0	
1号窑停止	I0.1	1号窑排气阀	Q0.1	
1号窑急停	I0.2	1号窑风机	Q0.2	定时器：T101～T108
2号窑启动	I0.3	2号窑进气阀	Q0.3	计数器：C0、C1
2号窑停止	I0.4	2号窑排气阀	Q0.4	位存储器：M0
2号窑急停	I0.5	2号窑风机	Q0.5	变量存储器：VW0～VW14
总启动	I0.6	总进气阀	Q0.6	特殊存储器：SM0
总停止	I0.7	总排气阀	Q0.7	
1号窑热敏电阻	AIW0			
2号窑热敏电阻	AIW2			

将已选择的输入/输出设备和分配好的 I/O 地址一一对应连接，形成 PLC 的 I/O 接线示意图，如图 5-23 所示。

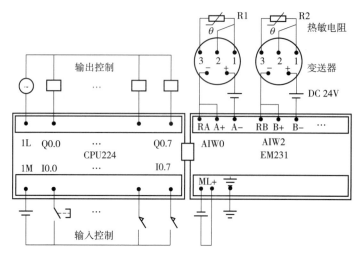

图 5-23 窑温控制系统输入/输出接线示意图

2. 编制 PLC 程序

（1）系统控制程序设计思路

总体思路：因本系统用来控制规模相同的两个养护窑，所以控制程序采用分块结构。其中，子程序 SBR_0 控制 1 号窑温，SBR_1 控制 2 号窑温；主程序 MAIN 分别调用 SBR_0 和 SBR_1 子程序块，对两个养护窑分别控制。每个养护窑由 1 个热敏电阻检测窑内温度，由 1 个进气阀周期性地闭合与断开来控制进气量，调节窑内温度。

主程序的控制流程：在系统启动之后，主程序不断查询各个子程序的启动条件，并根据启动条件去决定是否调用温控程序，其流程如图 5-24 所示。

控制算法：本任务采用的控制算法是根据经验写成的控制规则，用模糊控制算法去控制。其控制规则如下。

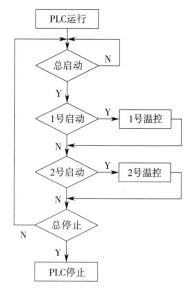

图 5-24 窑温数字量输出控制程序流程

① 如果检测温度低于设定值的 50%，则进气阀门打开的占空比为 100%；

② 如果检测温度在设定值的 50%～80%，则进气阀门打开的占空比为 70%；

③ 如果检测温度在设定值的 80%～90%，则进气阀门打开的占空比为 50%；

④ 如果检测温度在设定值的 90%～100%，则进气阀门打开的占空比为 30%；

⑤ 如果检测温度在设定值的 100%～102%，则进气阀门打开的占空比为 10%；

⑥ 如果检测温度高于设定值的 102%，则进气阀门打开的占空比为 0%。

为了实现控制算法，在程序设计中，每个养护窑安排了 8 个定时器，产生 4 种不同占空比的脉冲，再由这些脉冲去控制进气阀门的打开和关断。

（2）编写窑温控制系统的梯形图程序

根据窑温控制系统的控制要求，编写出对应的 PLC 梯形图程序，如图 5-25 所示。

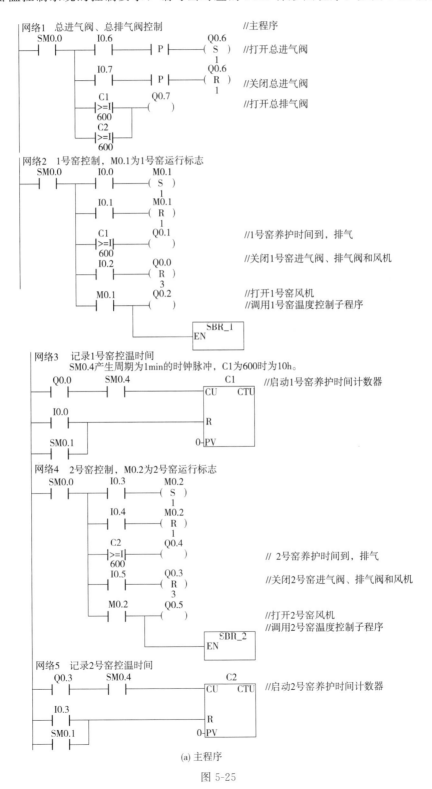

(a) 主程序

图 5-25

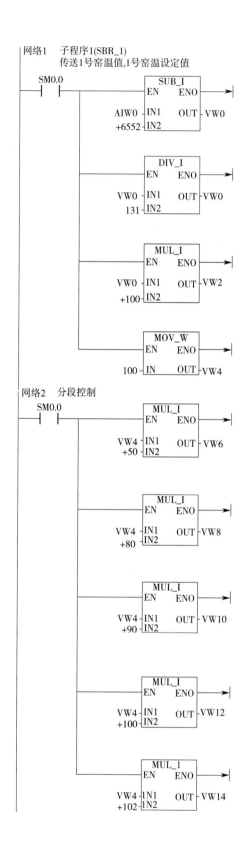

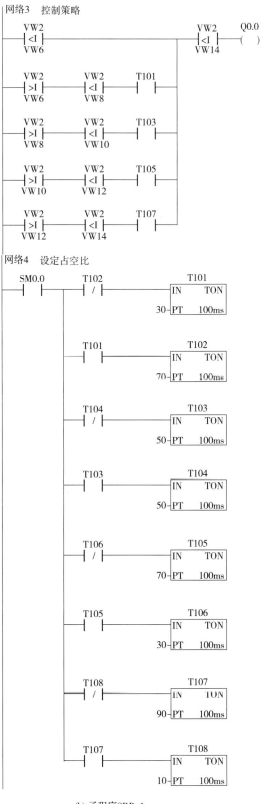

(b) 子程序SRB_1

图 5-25

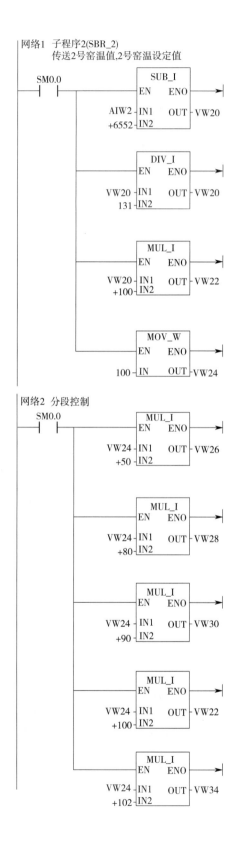

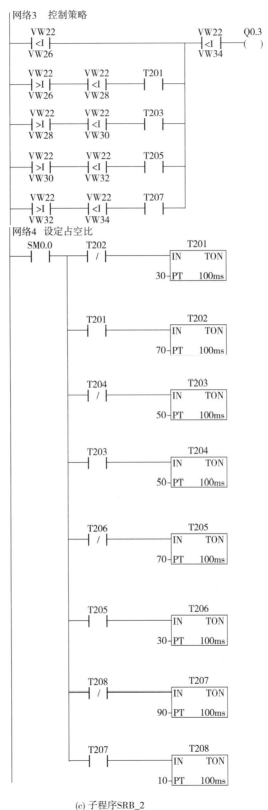

(c) 子程序SRB_2

图 5-25 窑温控制系统梯形图程序

（3）编写窑温控制系统的语句表程序

与上面编制的梯形图相对应的语句表程序如图 5-26 所示。

```
主程序                  LPP                     网络4                    网络3
网络1                   A       M0.2            LD      SM0.0           LDW>    VW22,VW26
LD      SM0.0          =       Q0.5            LPS                     LDW>    VW22,VW26
LPS                    CALL    SBR_2           AN      T102            AW<     VW22,VW28
A       I0.6           网络5                    TON     T101,30         A       T201
EU                     LD      Q0.3            LRD                     OLD
S       Q0.6,1         A       SM0.4           A       T101            LDW>    VW22,VW28
LRD                    LD      I0.3            TON     T102,70         AW<     VW22,VW30
A       I0.7           O       SM0.1           LRD                     A       T203
EU                     CTU     C2,0            AN      T104            OLD
R       Q0.6,1                                 TON     T103,50         LDW>    VW22,VW30
LPP                    子程序1                  LRD                     AW<     VW22,VW32
LDW>=   C1,600         网络1                    A       T103            A       T205
OW>=    C2,600         LD      SM0.0           TON     T104,50         OLD
ALD                    MOVW    AIW0,VW0        LRD                     LDW>    VW22,VW32
=       Q0.7           -I      +6552,VW0       AN      T106            AW<     VW22,VW34
网络2                   /I      131,VW0         TON     T105,70         A       T207
LD      SM0.0          MOVW    VW0,VW2         LRD                     OLD
LPS                    *I      +100,VW2        A       T105            AW<     VW22,VW34
A       I0.0           MOVW    100,VW4         TON     T106,30         =       Q0.3
S       M0.1,1         网络2                    LRD                     网络4
LRD                    LD      SM0.0           AN      T108            LD      SM0.0
A       I0.1           MOVW    VW4,VW6         TON     T107,90         LPS
R       M0.1,1         *I      +50,VW6         LPP                     AN      T202
LRD                    MOVW    VW4,VW8         A       T107            TON     T201,30
AW>=    C1,600         *I      +80,VW8         TON     T108,10         LRD
=       Q0.1                   MOVW    VW4,VW10                                A       T201
LRD                    *I      +90,VW10        子程序2                  TON     T202,70
A       I0.2           MOVW    VW4,VW12        网络1                    LRD
R       Q0.0,3         *I      +100,VW12       LD      SM0.0           AN      T204
LPP                    MOVW    VW4,VW14        MOVW    AIW2,VW20       TON     T203,50
A       M0.1           *I      +102,VW14       -I      +6552,VW20      LRD
=       Q0.2           网络3                    /I      131,VW20        A       T203
CALL    SBR_1          LDW<    VW2,VW6         MOVW    VW20,VW22       TON     T204,50
网络3                   LDW>    VW2,VW6         *I      +100,VW22       LRD
LD      Q0.0           AW<     VW2,VW8         MOVW    100,VW24        AN      T206
A       SM0.4          A       T101            网络2                    TON     T205,70
LD      I0.0           OLD                     LD      SM0.0           LRD
O       SM0.1          LDW>    VW2,VW8         MOVW    VW24,VW26       A       T205
CTU     C1,0           AW<     VW2,VW10        *I      +50,VW26        TON     T206,30
网络4                   A       T103            MOVW    VW24,VW28       LRD
LD      SM0.0          OLD                     *I      +80,VW28        AN      T208
LPS                    LDW>    VW2,VW10        MOVW    VW24,VW30       TON     T207,90
A       I0.3           AW<     VW2,VW12        *I      +90,VW30        LPP
S       M0.2,1         A       T105            MOVW    VW24,VW22       A       T207
LRD                    OLD                     *I      +100,VW22       TON     T208,10
A       I0.4           LDW>    VW2,VW12        MOVW    VW24,VW34
R       M0.2,1         AW<     VW2,VW14        *I      +102,VW34
LRD                    A       T107
AW>=    C2,600         OLD
=       Q0.4           LDW>    VW2,VW14
LRD                    AW<     VW2,VW14
A       I0.5           =       Q0.0
R       Q0.3,3
```

图 5-26 窑温控制系统的语句表程序

（4）程序调试

在上位计算机上启动"V4.0 STEP 7"编程软件，将图 5-25 梯形图程序输入到计算机。

按照图 5-23 连接好线路，将梯形图程序下载到 PLC 后运行程序。根据控制要求分别加入不同的输入信号，观察整个系统的控制情况，分析结果，直到运行情况与控制要求相符。

四、知识拓展　转换指令

1. BCD 码与整数的转换指令

BCD 码与整数的转换指令格式如图 5-27 所示。

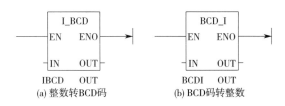

图 5-27　BCD 码与整数的转换指令格式

整数转 BCD 码指令 IBCD 功能：当使能输入有效时，将字整数数据 IN 转换成 BCD 码类型，并将结果送到 OUT。在语句表中，IN 与 OUT 使用相同的存储单元。

BCD 码转整数指令 BCDI 功能：当使能输入有效时，将 BCD 码输入数据 IN 转换成整数，并将结果送到 OUT。在语句表中，IN 与 OUT 使用相同的存储单元。

当输入数据 IN 超过 BCD 码的表示范围（0~9999），SM1.6（非法 BCD 码）被置位。

2. 字节与整数的转换指令

字节与整数的转换指令格式如图 5-28 所示。

字节到整数的转换指令 BTI 功能：当使能输入 EN 有效时，将字节型输入（无符号）IN 转换成整数型数据并且送到 OUT。

整数到字节的转换指令 ITB 功能：当使能输入 EN 有效时，将字节型整数输入数据 IN 转换成字节型数据并且送到 OUT。当输入数据 IN 超过字节型数据表示范围（0~255）时，产生溢出，SM1.1 被置位。

3. 整数与双整数转换指令

整数与双整数的转换指令格式如图 5-29 所示。

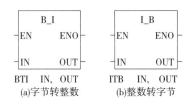

图 5-28　字节与整数的转换指令格式

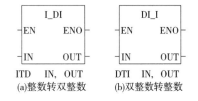

图 5-29　整数与双整数的转换指令格式

整数到双整数的转换指令 ITD 功能：当输入 EN 有效时，将整数输入 IN 转换成双整数型数据（进行符号扩展）并且送到 OUT。

双整数到整数的转换指令 DTI 功能：当使能输入 EN 有效时，将双整数输入 IN 转换成字整数数据并且送到 OUT。当输入数据 IN 超过字整数型数据表示范围时，SM1.1 被置位。

4. 双整数与实数转换指令

双整数与实数转换的指令格式如图 5-30 所示。

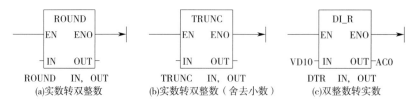

图 5-30　双整数与实数转换指令的格式

实数到双整数转换指令 ROUND 功能：当输入 EN 有效时，将实数型输入数据 IN 换成双整数型数据（对 IN 中的小数部分进行四舍五入处理），转换结果送到 OUT。

实数到双整数转换指令 TRUNC 的功能：当输入 EN 有效时，将实数输入型数据 IN 转换成双整数型数据（舍去 IN 中小数部分），转换结果送到 OUT。

如果实数过大，使输出无法表示，则 SM1.1 被置位。

双整数到实数转换指令 DTR 的功能：当输入 EN 有效时，将 32 位有符号整数 IN 转换成 32 位实数型数据并且送到 OUT。

五、习题与训练

5.2.1　判断题。

（1）PLC 通过扩展模拟量输入/输出模块后，即可输入或输出模拟量，完成对 PLC 控制系统的温度、压力、流量等模拟量信号的检测或控制。（　　）

（2）模拟量输入模块接收所连接的模拟量信号，并将其转换为 CPU 能理解的二进制信号。（　　）

（3）S7-200 PLC 将一个模拟输出量表达为一个字节长度，经过数/模（D/A）转换器转换成模拟量输出。（　　）

（4）指令 IBCD 功能是将输入的字整数数据转换成 BCD 码类型输出。（　　）

（5）指令 DTI 功能是将输入的双整数转换成字整数数据输出。（　　）

（6）指令 ROUND 功能是将输入的实数型数据去掉小数，转换成双整数型数据输出。（　　）

5.2.2　模拟量输入扩展模块和模拟量输出扩展模块的作用分别是什么？

5.2.3　模拟量输入扩展模块和模拟量输出扩展模块的输入、输出信号类型分别是什么？

5.2.4　编程元件 AIW6 和 AQW6 中存储的信息是数字量还是模拟量？

5.2.5　简述 EM231、EM235 模块的连接方法。

🎤 学习笔记

任务三 温度 PID 控制

【知识、能力目标】

- 掌握模拟量的编程方法；
- 掌握 PID 指令功能及应用；
- 熟悉 PLC 的日常维护工作及方法；
- 能编写温度 PID 控制系统的控制程序并仿真实施。

一、任务导入和分析

图 5-31 所示为用 PLC 构成温度 PID 检测和控制系统。PLC 的模拟量输入端将温度变送器采集的物体温度信号作为过程变量，经程序 PID 运算后，由 PLC 的模拟量输出端输出控制信号至驱动模块输入端控制加热器，对受热体进行加热，系统使用比例积分微分控制假设采用下列控制参数值：给定值为 0.35，K_c 为 0.15，T_s 为 0.1s，T_i 为 30min，T_d 为 0min。要求物体温度维持在 35℃左右，过程变量比给定值大 0.0015 时不需输出加温信号；过程变量比给定值小 0.005 时需要输出加温信号；过程变量与给定值的差值在上述范围以内就保持。

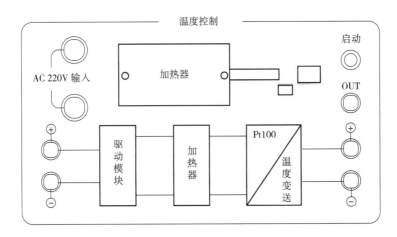

图 5-31 温度 PID 检测和控制系统

PID 控制示意图如图 5-32 所示。在这里通过 PLC＋A/D＋D/A 实现 PID 闭环控制，只要比例、积分、微分系数设置合适，系统就容易稳定，这些都可以通过 PLC 软件编程来实现。

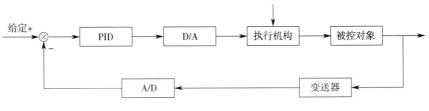

图 5-32 PID 控制示意图

二、相关知识　PID 指令

PID（比例-积分-微分）控制是一种自动控制方法，在过程控制领域中的闭环控制中得到广泛应用。S7-200 CPU 提供了 8 个回路的 PID 功能，用以实现需要按照 PID 控制规律自动调节的控制任务，比如温度、压力、流量控制等。PID 功能一般需要模拟量输入，以反映被控制的物理量的实际值即反馈值，而用户设定的调节目标值即为给定值。PID 运算的任务就是根据反馈值与给定值的相对差值，按照 PID 运算规律计算出结果，输出给执行机构进行调节，以达到自动维持被控制的量跟随给定值变化。

S7-200 中 PID 功能的核心是 PID 指令。PID 指令需要为其指定一个以 V 变量存储区地址开始的 PID 回路表以及 PID 回路号。PID 回路表提供了给定值、反馈值及 PID 参数等数据入口，PID 运算的结果也在回路表中输出。

1. PID 回路指令及算法

（1）PID 回路指令

PID 回路指令的格式如图 5-33 所示。

PID 回路指令功能：用回路表中的输入信息和组态信息，进行 PID 运算。其中回路表的起始地址 TBL 为 VB，由 36 个字节组成，用于存放 9 个参数；回路号 LOOP 为 0~7 的常数。

（2）PID 算法

如果一个 PID 回路的输出 $M(t)$ 是时间的函数，则：

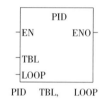

图 5-33　PID 回路指令的格式

$$M(t) = K_c e + K_c \int_0^t e \, dt + M_0 + K_c \frac{de}{dt}$$

以上各量都是连续量，第一项为比例，最后一项为微分，中间两项为积分。其中 e 是给定值与被控制变量之差，称为回路偏差。K_c 叫回路增益，M_0 为回路输出的初始值。用数字计算机处理这个控制算式，必须将连续算式进行离散化，公式如下：

$$M_n = K_c(SP_n - PV_n) + K_c(T_s/T_i)(SP_n - PV_n) + MX + K_c(T_d/T_s)(PV_{n-1} - PV_n)$$

公式中包含 9 个用来控制和监视 PID 运算的参数，在 PID 指令使用时构成回路表，PID 回路表见表 5-8。

表 5-8　PID 回路表

参数	地址偏移量	数据格式	I/O 类型	说明
过程变量当前值 PV_n	0	双字，实数	I	过程变量：0.0~1.0
给定值 SP_n	4	双字，实数	I	给定值：0.0~1.0
输出值 M_n	8	双字，实数	I/O	输出值：0.0~1.0
增益 K_c	12	双字，实数	I	比例常数：正、负
采样时间 T_s	16	双字，实数	I	单位为 s，正数
积分时间 T_i	20	双字，实数	I	单位为 min，正数

续表

参数	地址偏移量	数据格式	I/O 类型	说明
微分时间 T_d	24	双字,实数	I	单位为 min,正数
积分项前值 MX	28	双字,实数	I/O	积分项前值:0.0～1.0
过程变量前值 PV_{n-1}	32	双字,实数	I/O	最近一次 PID 变量值

2. PID 回路类型选择

在大部分模拟量控制系统中,使用的 PID 回路控制类型并不是都包括比例、积分、微分。通过对常量参数的设置,可以关闭不需要的控制类型。

① 关闭比例回路:将比例增益 K_c 设置为 0。

② 关闭积分回路:将积分时间 T_i 设置为无穷大,此时只有积分初始值 MX,其积分作用可以忽略。

③ 关闭微分回路:将微分时间 T_d 设置为 0。

3. 数值转换及标准化

为了用 PLC 控制 PID 回路,需要将实际测量输入量、设定值、回路表中的其他输入参数进行标准化处理,即用程序将它们转化为 PLC 能够识别和处理的数据,例如,将从 AI 采集来的 16 位整数转化为 0.0～1.0 之间的标准化实数。标准化实数分为:双极性(围绕 0.5 上下变化);单极性(在 0.0～1.0 之间变化)。

程序执行时将各个标准化实数量用离散化 PID 算式进行处理,产生一个标准化的实数运算结果,这一结果也要用程序将其转化为相应的 16 位整数,然后周期性地将其传送到指定的 AQ 中,用以驱动模拟量的输出负载,最终实现控制。

数值转换方法详见下面的应用实例中介绍的中断程序。

4. PID 指令的控制方式

S7-200 PID 回路没有设置控制方式,只要 PID 有效,就可以执行 PID 运算。也就是说,PID 运算存在一种"自动"运行方式。当 PID 运算不被执行时称为"手动"方式。当 PID 指令使能位检测到一个信号的正跳变时,PID 指令将进行一系列运算,实现从手动方式到自动方式的转变。为了顺利转变为自动方式,在转换到自动方式之前,由手动方式所设定的输出值,必须作为 PID 指令的输入写入回路表。PID 指令对回路表内的数值进行下列运算,保证当检测到使能位出现正跳变时,从手动方式顺利换成自动方式。

① 置给定值 SP_n=过程变量 PV_n;

② 置过程变量前值 PV_{n-1}=过程变量当前值 PV_n;

③ 置积分项前值 MX=输出值(M_n)。

5. PID 指令应用

控制要求:某一水箱有一条进水管和一条出水管,进水管的水流量随时间不断变化,要求控制出水管阀门的开度,使水箱内的液位始终保持在满水位的 50%。系统使用比例积分微分控制假设采用下列控制参数值:K_c 为 0.4,T_s 为 0.2s,T_i 为 30min,T_d 为 15min。

分析:本系统标准化时可采用单极性方案,系统的输入来自液位计的液位测量采样;设定值是液位的 50%,输出是单极性模拟量用以控制阀门的开度,可以在 0%～100% 之间变化。图 5-34 是整个控制程序，其中主程序如图 5-34（a）所示，建立回路表子程序 SBR_0 如图 5-34（b）所示，初始化子程序 SBR_1 如图 5-34（c）所示，中断程序如图 5-34（d）所示。本程序只是水箱水位控制系统的 PID 程序主干，对于现场实际问题，还要考虑诸多方面的影响因素。

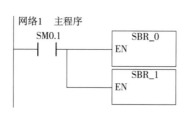

```
//主程序
LD    SM0.1  //初次扫描为1
CALL  SBR_0  //调用建立
             //回路表子程序
CALL  SBR_1  //调用
             //初始化子程序
```

(a) 主程序

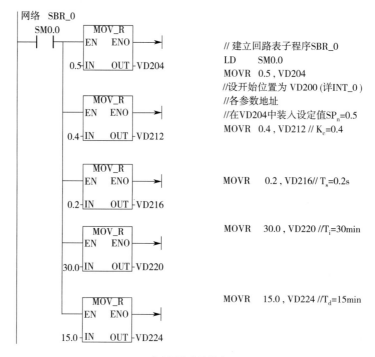

```
// 建立回路表子程序SBR_0
LD     SM0.0
MOVR   0.5 , VD204
//设开始位置为 VD200 (详INT_0)
//各参数地址
//在VD204中装入设定值SP_n=0.5
MOVR   0.4 , VD212 // K_c=0.4

MOVR   0.2 , VD216 // T_s=0.2s

MOVR   30.0, VD220 //T_i=30min

MOVR   15.0, VD224 //T_d=15min
```

(b) 建立回路表子程序SBR_0

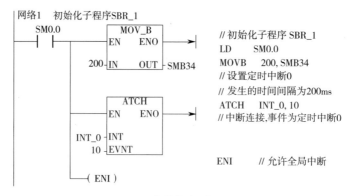

```
// 初始化子程序 SBR_1
LD    SM0.0
MOVB  200, SMB34
// 设置定时中断0
// 发生的时间间隔为200ms
ATCH  INT_0, 10
// 中断连接,事件为定时中断0

ENI    // 允许全局中断
```

(c) 初始化子程序SBR_0

项目五　PLC特殊功能模块应用

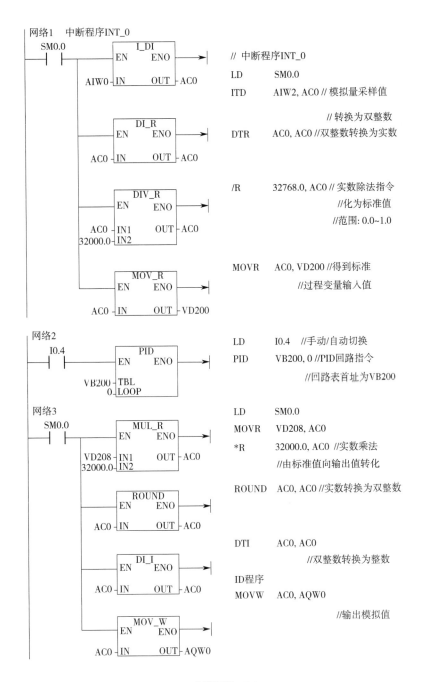

(d) 中断程序INT_0

图 5-34　水箱水位控制系统的 PID 程序

三、任务实施

1. 分配温度 PID 控制系统的 I/O 地址

温度 PID 控制系统的 I/O 地址分配如表 5-9 所示。

温度PID控制
仿真

表 5-9　温度 PID 控制 I/O 地址分配

模拟量输入		模拟量输出	
温度变送＋	A＋(变送器输出正信号)	驱动信号＋	VO(驱动正信号)
温度变送－	A－(变送器输出负信号)	驱动信号－	MO(驱动负信号)

备注：温度模块 OUT 接温度/转速表 S1(温度显示信号)；交流 220V 电源从设备左下方三相交流输出处获得

本控制任务按照图 5-31 温度 PID 检测和控制系统及 I/O 地址分配进行接线。

2. 编写温度 PID 控制系统的梯形图程序

编程思路：用初始化子程序完成建立回路表并设置定时中断 0；用中断程序读入温度并进行标准化处理，使用 PID 指令，其控制程序的梯形图程序如图 5-35 所示。

3. 编写温度 PID 控制系统的语句表程序

与上面编制的梯形图相对应的语句表程序如图 5-36 所示。

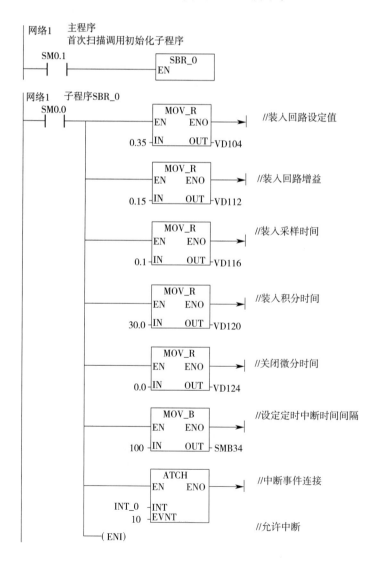

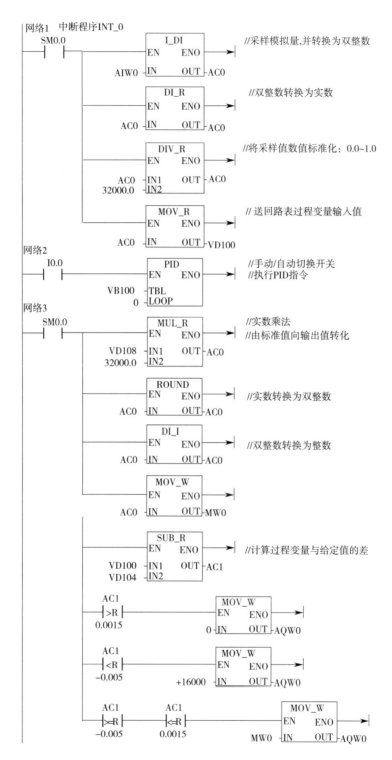

图 5-35 温度 PID 控制系统梯形图程序

主程序
网络 1
LD   SM0.1
CALL   SBR_0
子程序 SBR_0
网络 1
LD   SM0.0
MOVR   1.0,VD104   // 装入回路设定值
MOVR   1.0,VD112   // 装入回路增益
MOVR   0.1,VD116   // 装入采样时间
MOVR   1.0,VD120   // 装入积分时间
MOVR   0.0,VD124   // 关闭微分时间
MOVB   100,SMB34   // 设定定时中断时间间隔
ATCH   INT_0,10   // 中断事件连接
ENI   // 允许中断

中断程序 INT_0
网络 1
LD   SM0.0
ITD   AIW0,AC0   // 采样模拟量,并转换为双整数
DTR   AC0,AC0   // 双整数转换为实数
/R   32000.0,AC0   // 数值标准化,范围:0.0~1.0
MOVR   AC0,VD100   // 送回路表输入值单元
网络 2
LD   I0.0   // 手动/自动切换开关
PID   VB100,0   // 执行 PID 指令
网络 3
LD   SM0.0
LPS
MOVR   VD108,AC0   // 由标准值向输出值转换
*R   32000.0,AC0
ROUND AC0,AC0
DTI   AC0,AC0
MOVW   AC0,MW0
MOVR   VD100,AC1
-R   VD104,AC1   // 计算过程变量与给定值的差值放入 AC1
AR>   AC1,0.0015   // 过程变量比给定值大 0.0015 时不需输出加温信号
MOVW   0,AQW0
LRD
AR<   AC1,-0.005   // 过程变量比给定值小 0.005 时需要输出加温信号
MOVW   +16000,AQW0
LPP
AR>=   AC1,-0.005   // AC1 中的差值在规定范围里让输出维持
AR<=   AC1,0.0015
MOVW   MW0,AQW0

图 5-36　温度 PID 控制系统语句表程序

四、知识拓展　PLC 的日常维护

由于 PLC 在设计时采取了很多保护措施，使它的稳定性、可靠性、适应性都比较强。一般情况下，只要对 PLC 进行简单的维护和检查，就可保证 PLC 控制系统长期不间断地工作。PLC 的日常维护工作主要包含以下 3 个方面的内容。

1. 日常清洁与巡查

经常用干抹布和"皮老虎"为 PLC 的表面及导线间除尘除污，以保持 PLC 工作环境的整洁和卫生；经常巡视、检查 PLC 的工作环境、工作状况、自诊断指示信号、编程器的监控信息，以及控制系统的运行情况，并做好记录，发现问题及时处理。

2. 定期检查维护

在日常检查、记录的基础上，每隔半年（可根据实际情况适当提前或推迟）应对 PLC 做一次全面停机检查，检查内容应包括工作环境、安装条件、电源电压、使用寿命和控制性能等方面。具体检查内容及要求包括以下 5 点。

① 工作环境：重点检查温度、湿度、振动、粉尘、干扰是否符合标准工作环境。

② 安装条件：重点检查接线是否安全、可靠；螺钉、连线、接插头是否有松动；电气、机械部件是否有锈蚀和损坏等。

③ 电源电压：重点检查电压大小、电压波动是否在允许范围内。

④ 使用寿命：重点检查导线及元件是否老化、锂电池寿命是否到期、继电器输出型触点开合次数是否已经超过规定次数（如 35V·A 以下为 300 万次）、金属部件是否锈蚀等。

⑤ 控制性能：重点检查 PLC 控制系统是否正常工作，能否完成预期的控制要求。在检查过程中，发现不符合要求的情况，应及时调整、更换、修复。

3. PLC 系统的设备更换

（1）更换 PLC 的信号模板

把 CPU 切换到 Stop 状态，切断负载供电电源，打开前盖，松开前连接器并取下，松开模板上的紧固螺钉，摘下模块，在新模块上，取下编码器的上半部分，把新模板插入，并固定在导轨上，将接好线的前连接器插入模板，并把它放到正常工作位置，关上前盖，重新接通负载电源，执行一次 CPU 的完全再启动。

（2）更换 PLC 数字量输出模板的保险管

把 CPU 切换到 Stop 状态，切断负载电源，取下前连接器，松开模板上的紧固螺钉，把模板取下，拧下模板的保险管座，更换保险管，重新拧紧保险管座，安装模板，插入前连接器，重新接上负载电源。

（3）更换 PLC 的后备电池

PLC 除了锂电池及继电器输入型触点外，几乎没有经常性的损耗元器件。由于存放用户的随机存储器、计数器和具有保持功能的辅助继电器等都是用锂电池做后备电源，而电池的有效寿命约为 5 年，当锂电池电压逐渐降低到规定值时，在基本单元上的电池电压下降，指示灯就会亮。这时，由它支持的程序内容仍可保留大约一个星期。在这一个星期内，必须更换锂电池，否则，用户程序就会丢失。更换锂电池的步骤如下。

① 准备好一个新的锂电池。

② 先将 PLC 通电一段时间（约 10s），让存储器备用电源的电容充电，以保证断电后该

电容对 RAM 暂时供电。

③ 断开 PLC 的交流电源。

④ 打开基本单元的电池盖板，用带子把电池拉出电池盒，插入新电池，并注意电池极性，设定 BATTINDIC 开关监视电池：

BAT 位置：用于单宽度电源；

1BAT 位置：用于双或三宽度电源和一个电池；

2BAT 位置：用于双或三宽度电源和两个电池。

⑤ 用 FMR 确认按钮取消错误信息，关上电源盖。

五、习题与训练

5.3.1　PID 回路表由哪些参数组成？

5.3.2　在 S7-200 PLC 中，如何通过编程的形式对模拟量输入/输出信号进行处理？

5.3.3　某一过程控制系统，其中一个单极性模拟量输入参数，从 AIW0 采集到 PLC 中，通过 PID 指令计算出控制结果，从 AQW0 输出到控制对象。PID 参数表起始地址为 VB100。试设计一段程序，完成下列任务：

（1）每 200ms 中断一次，执行中断程序。

（2）在中断程序中完成对 AIW0 的采集、转换及归一化处理；完成回路控制输出值的工程量标定及输出。

📝 学习笔记

任务四 步进电机的定位控制

【知识、能力目标】

- 掌握高速计数器的指令功能及应用方法；
- 掌握高速脉冲输出的方法；
- 能编写步进电机定位控制程序并仿真实施。

一、任务导入和分析

步进电机是一种利用电磁铁的作用原理，将电脉冲信号转换为线位移或角位移的电机，近年来在数字控制装置中的应用日益广泛。本任务是由增量传感器进行位置监视，实现对步进电机定位控制。其控制系统示意图如图 5-37 所示。为了求出传感器信号，将该信号作为 PLC 的高速计数器的输入信号，这样可以检测出位置误差。当启停频率超出时，通过计数丢失可以检测到位置错误。一旦检测出位置误差，就应以较低频率进行位置校正。

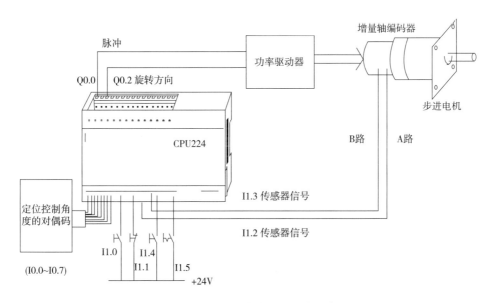

图 5-37 步进电机定位控制系统示意图

控制系统的初始化：在程序的第一个扫描周期设置重要参数；对高速计数器 HSC2 进行设置，HSC2 对检测定位的增量轴编码器信号计数，传感器的 A 路和 B 路信号分别作为 PLC 输入端 I1.2、I1.3 的输入。

由增量传感器进行定位监视，在输出脉冲结束之后，等待 T1 时间，以便使连接电动机和传感器的轴连接的扭转振动消失。

轴位置的实际值和设定值的比较：T1 到时后，子程序 4 对实际值和设定值进行比较。如果轴的位置在设定位置的±2 步范围内，定位就是正确的。如果实际位置在此目标范围之外,当超过启停频率时,就会造成电动机失步情况,此时,Q1.1 就会输出一个警告信号。

位置的校正:若定位错误被检测出来,则启动第一等待定时器 T2。此后,根据设定值和实际值之间的差值,计算出校正的步数。当校正时,电动机频率应低于启停频率,以防新的步数丢失。

二、相关知识　高速计数器

前面讲过,计数器的计数速度受扫描周期的影响,对于比 CPU 扫描频率高的脉冲输入,就会出现脉冲丢失现象。S7-200 系列 PLC 为用户提供了高速计数器(HC),它是以中断方式对机外高频信号计数的计数器,常用于现代自动控制中的精确定位和测量。例如,为了实现电机的精确控制,经常使用编码器将电机的转速转换为高频脉冲信号反馈到 PLC,再通过 PLC 对高频脉冲的计数和相关编程实现对电机的各种控制。CPU22x 系列高速计数器的最高计数频率为 30kHz。

1. 高速计数器指令

高速计数器指令的格式如图 5-38 所示。

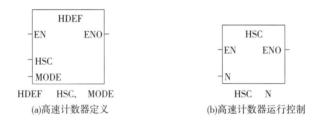

图 5-38　高速计数器指令格式

(1) 高速计数器定义指令

高速计数器定义指令 HDEF:为指定的高速计数器分配工作模式。工作模式选择高速计数器的输入脉冲、计数方向、复位和启动功能,每个高速计数器在使用前只能用一次 HDEF 指令。高速计数器编号 HSC 为 0~5;工作模式 MODE 为 0~11。

(2) 高速计数器运行控制指令

高速计数器运行控制指令 HSC:根据高速计数器的特殊存储器位的状态,按照 HDEF 指令指定的工作模式,设置和控制高速计数器的运行。N 为 0~5,指定高速计数器编号。

2. 高速计数器的控制

(1) 控制字节

定义了计数器和工作模式之后,还要设置高速计数器的有关控制字节。每个高速计数器均有一个控制字节,它决定计数器允许计数或禁用,方向控制(仅限模式 0、1 和 2)或对所有其他模式的初始化计数方向,装入当前值和预置值。高速计数器的控制字节见表 5-10。

表 5-10　高速计数器的控制字节

HSC0	HSC1	HSC2	HSC3	HSC4	HSC5	说明
SM37.0	SM47.0	SM57.0	x	SM147.0	x	复位有效电平控制: 0=高电平有效;1=低电平有效

续表

HSC0	HSC1	HSC2	HSC3	HSC4	HSC5	说明
x	SM47.1	SM57.1	x	x	x	启动有效电平控制： 0＝高电平有效；1＝低电平有效
SM37.2	SM47.2	SM57.2	x	SM147.2	x	正交计数器计数速率选择： 0＝4×计数速率；1＝1×计数速率
SM37.3	SM47.3	SM57.3	SM137.3	SM147.3	SM157.3	计数方向控制位： 0＝减计数；1＝加计数
SM37.4	SM47.4	SM57.4	SM137.4	SM147.4	SM157.4	向 HSC 写入计数方向： 0＝无更新；1＝更新计数方向
SM37.5	SM47.5	SM57.5	SM137.5	SM147.5	SM157.5	向 HSC 写入新预置值： 0＝无更新；1＝更新预置值
SM37.6	SM47.6	SM57.6	SM137.6	SM147.6	SM157.6	向 HSC 写入新当前值： 0＝无更新；1＝更新当前值
SM37.7	SM47.7	SM57.7	SM137.7	SM147.7	SM157.7	HSC 允许： 0＝禁用 HSC；1＝启用 HSC

（2）状态字节

每个高速计数器还有一个状态字节，状态位表示当前计数方向，以及当前值是否大于或等于预置值。每个高速计数器状态字节的状态位见表 5-11。状态字节的 0～4 位不用。监控高速计数器状态的目的是使外部事件产生中断，以完成重要的操作。

表 5-11 高速计数器状态字节的状态位

HSC0	HSC1	HSC2	HSC3	HSC4	HSC5	说明
SM36.5	SM46.5	SM56.5	SM136.5	SM146.5	SM156.5	当前计数方向状态位： 0＝减计数；1＝加计数
SM36.6	SM46.6	SM56.6	SM136.6	SM146.6	SM156.6	当前值等于预设值状态位： 0＝不相等；1＝等于
SM36.7	SM46.7	SM56.7	SM136.7	SM146.7	SM156.7	当前值大于预设值状态位： 0＝小于或等于；1＝大于

每个高速计数器都有一个带符号的 32 位当前值和一个 32 位预置值，高速计数器当前值和预置值占用的特殊内部标志位存储器见表 5-12。

表 5-12 高速计算器当前值和预置值占用的特殊内部标志位存储区

高速计数器	HSC0	HSC1	HSC2	HSC3	HSC4	HSC5
新的当前值	SMD38	SMD48	SMD58	SMD138	SMD148	SMD158
新的预置值	SMD42	SMD52	SMD62	SMD142	SMD152	SMD162

3. 高速计数器的工作模式

高速计数器可以定义为 4 种工作类型：内部方向控制的单相计数器、外部方向控制的单相计数器、双脉冲输入的双相增/减计数器、A/B 相正交脉冲输入计数器。

每一种高速计数器类型又可以定义为 3 种工作状态：无复位、无启动输入；有复位、无启动输入；既有复位又有启动输入。所以，有 12 种高速计数器的工作模式，见表 5-13。

表 5-13 高速计数器的工作模式和输入端子的关系

	功能及说明	占用的输入端子及其功能			
HSC 模式	HSC0	I0.0	I0.1	I0.2	×
	HSC1	I0.6	I0.7	I1.0	I1.1
	HSC2	I1.2	I1.3	I1.4	I1.5
	HSC3	I0.1	×	×	×
	HSC4	I0.3	I0.4	I0.5	×
	HSC5	I0.4	×	×	×
0	内部方向控制的单相计数器 (控制字 SM37.3=0,减计数; SM37.3=1,加计数)	脉冲输入端	×	×	×
1			×	复位端	×
2			×	复位端	启动
3	外部方向控制的单相计数器 (方向控制端=0,减计数; 方向控制端=1,加计数)	脉冲输入端	方向控制端	×	×
4				复位端	×
5				复位端	启动
6	双脉冲输入的双相增/减计数器 (加计数有脉冲输入,加计数; 减计数有脉冲输入,减计数)	加计数脉冲输入端	减计数脉冲输入端	×	×
7				复位端	×
8				复位端	启动
9	A/B 相正交脉冲输入计数器 (A 相超前 B 相 90°,加计数; A 相滞后 B 相 90°,减计数)	A 相脉冲输入端	B 相脉冲输入端	×	×
10				复位端	×
11				复位端	启动

注:表中×表示没有。

对于 A/B 相正交脉冲输入计数器,可以选择 4×(4 倍) 和 1×(1 倍) 输入脉冲频率的内部计数速率。

CPU221、CPU222 没有 HSC1、HSC2 两个计数器,CPU224、CPU226、CPU226XM 均有全部 6 个高速计数器。

同一个输入端不能用于两种不同的功能,但是高速计数器当前模式未使用的输入端,均可用于普通开关量输入点。

4. 高速计数器的应用

(1) 使用高速计数器的一般步骤

① 用于首次扫描时,接通一个扫描周期的特殊内部存储器 SM0.1,调用一个子程序,完成初始化操作。

② 在初始化的子程序中,根据控制要求,设置控制字节(详见表 5-10),如设置 SMB47=16#F8,则为:允许计数,写入新当前值,写入新预置值,更新计数方向为加计数。若为正交计数,则设为 4×,复位和启动设置为高电平有效。

③ 执行 HDEF 指令,设置 HSC 的编号 (0~5),设置工作模式 (0~11)。如 HSC 的编号设置为 1,工作模式输入设置为 11,则为既有复位又有启动的正交计数工作模式。

④ 用新的当前值写入 32 位当前值寄存器(详见表 5-12)。如写入 0,则清除当前值。当前值随计数脉冲的输入而不断变化,运行时当前值可以由程序直接读取 HSCn 得到。

⑤ 用新的预置值写入 32 位预置值寄存器(详见表 5-12)。如执行指令"MOVD 1000, SMD52",则设置 HSC1 预置值为 1000。若写入预置值为 16#00,则高速计数器处于不工作状态。

⑥ 为了捕捉当前值等于预置值的事件,将条件 CV=PV(当前值=预置值)中断事件

号（如 HSC1 的事件号为 13）与一个中断程序相联系。

⑦ 为了捕捉计数方向的改变，将方向改变的中断事件号（如 HSC1 的事件号为 14）与一个中断程序相联系。

⑧ 为了捕捉外部复位，将外部复位中断事件号（如 HSC1 的事件号为 15）与一个中断程序相联系。

⑨ 执行全局中断允许指令 ENI，允许高速计数器中断。

⑩ 执行 HSC 指令，S7-200 PLC 按指定的工作模式设置和控制高速计数器的运行。

(2) 高速计数器指令应用举例

高速计数器指令应用举例如图 5-39 所示。例子中的主程序用于首次扫描时，接通一个扫描周期的特殊内部存储器位 SM0.1，调用一个子程序，完成初始化操作。在初始化子程序 SBR_0 中，完成对高速计数器 HSC1 的配置：定义 HSC1 的工作模式为模式 11（A/B 相正交脉冲输入计数器，具有复位和启动输入功能），设置控制字节 SMB47＝16#F8（允许计数，更新当前值，更新预置值，更新计数方向为加计数，若为正交计数，则设为 4×，复位和启动设置为高电平有效）。HSC1 的当前值 SMD48 清零，预置值 SMD52＝50，当前值＝预设值时，产生中断（中断事件 13），中断事件 13 连接中断程序 INT_0。

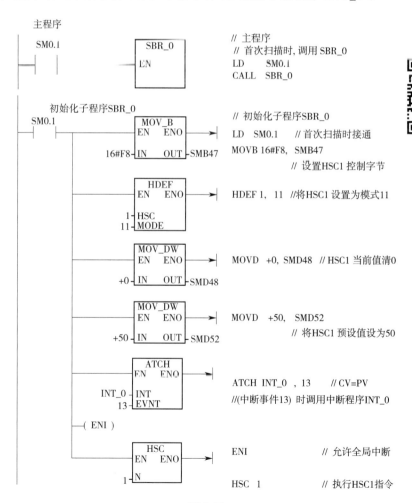

图 5-39

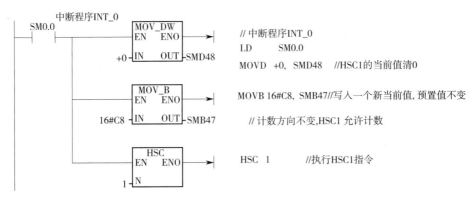

图 5-39　高速计数器指令应用举例

三、任务实施

1. 分配 I/O 及内存变量地址

本控制任务的 I/O 地址分配见表 5-14，内存变量地址分配见表 5-15。

表 5-14　步进电机定位控制任务的 I/O 地址分配

输入		输出	
以度为单位的定位角（对偶码）	I0.0～I0.7	脉冲输出	Q0.0
启动按钮	I1.0	旋转方向信号	Q0.2
停止按钮	I1.1	操作模式显示	Q1.0
传感器信号（A 路）	I1.2	定位错误显示	Q1.1
传感器信号（B 路）	I1.3		
"设置/取消参考点"按钮（确认开关）	I1.4		
选择旋转方向的开关	I1.5		

表 5-15　步进电机定位控制任务的内存变量地址分配

标志信号				精度	
电机运转标志位	M0.1	T1 等待时间到标志位	M1.1	允许偏差的下限	AC0
锁定标志位	M0.2	计算步数时的辅助内存单元	MD8，MD12	允许偏差的上限	AC1
参考点标志位	M0.3	脉冲输出结束标志位	M20.0	设定值	AC2
完成第一次定位标志位	M0.4	错误定位计数器	MW25	辅助寄存器	AC3

2. 绘制步进电机定位控制系统工作流程图

根据系统控制要求，绘制图 5-40 所示的系统工作流程图。

3. 编制 PLC 程序

(1) 编制步进电机定位 PLC 控制系统的梯形图程序

根据步进电机定位 PLC 控制要求，绘制的梯形图程序如图 5-41 所示。

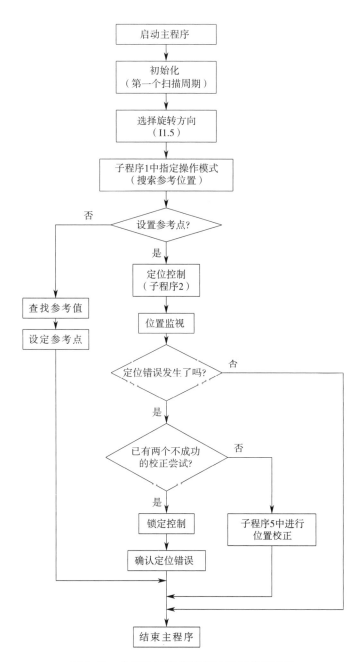

步进电机运行控制仿真

S7-200 SMART 控制步进电机

图 5-40　步进电机定位控制系统工作流程图

(2) 程序调试

在上位计算机上启动"V4.0 STEP 7"编程软件，将图 5-41 梯形图程序输入到计算机。

按照图 5-37 连接好线路，将梯形图程序下载到 PLC，根据控制要求，加入输入信号并运行程序。如果运行结果与控制要求不符，则需要对控制程序或外部接线进行检查，直到正确。

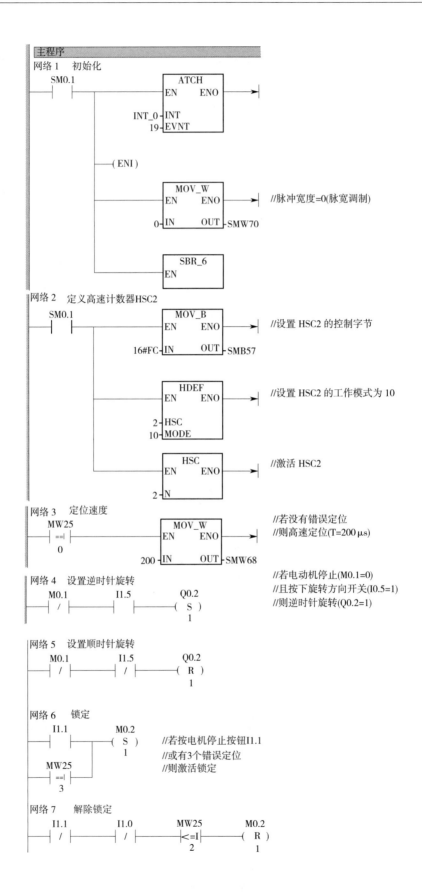

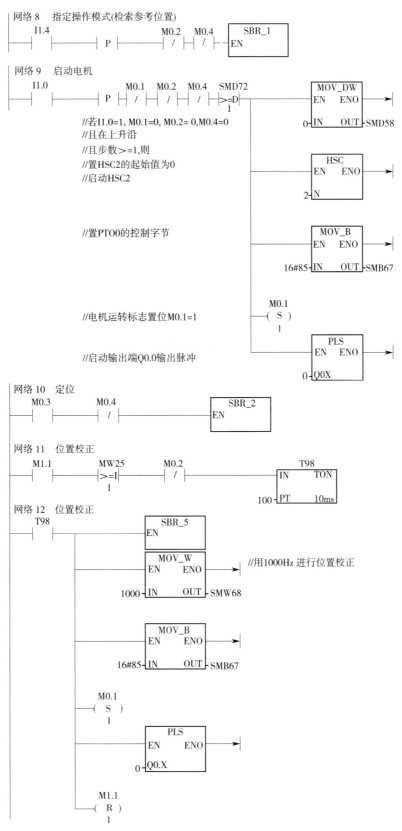

图 5-41

网络13 位置监视

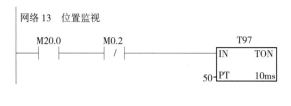

网络14 位置监视

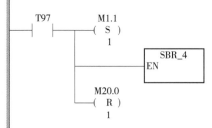

网络15 电机停止

网络16 3次定位失败后的错误确认

子程序0 "停止电机"

网络1 停止电机

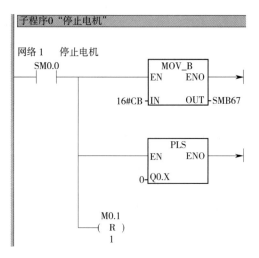

子程序1 "指定操作模式"

网络1

项目五　PLC 特殊功能模块应用　159

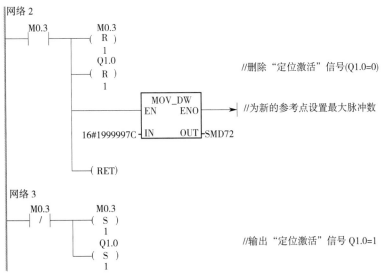

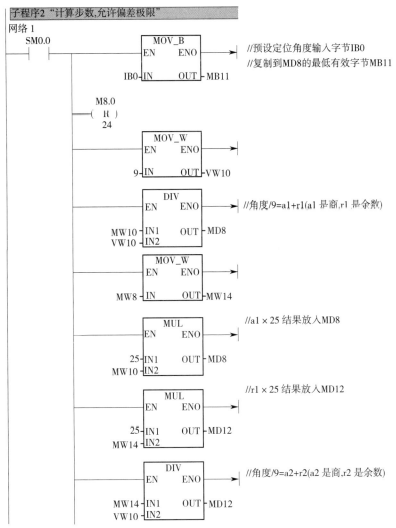

图 5-41

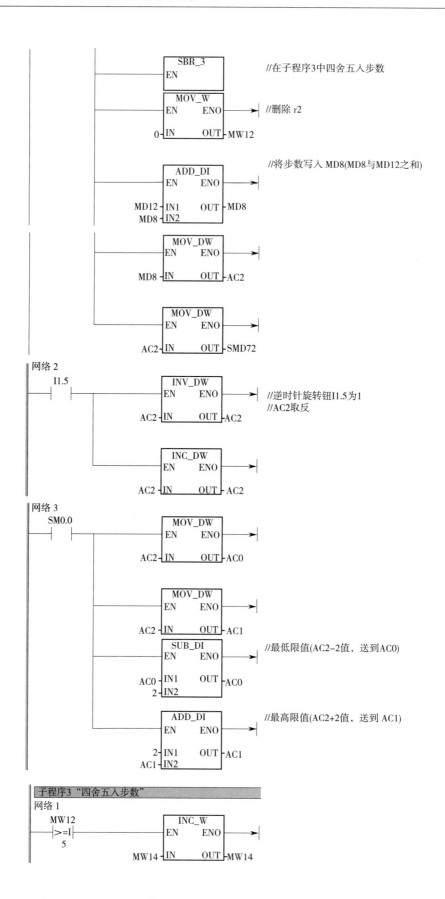

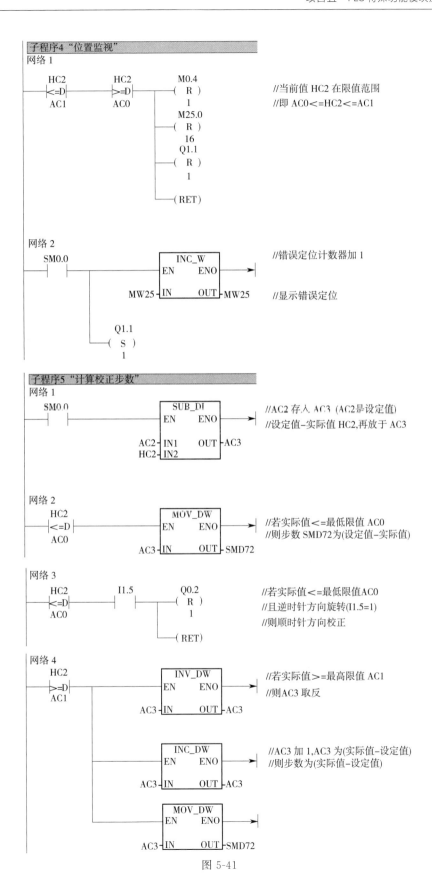

图 5-41

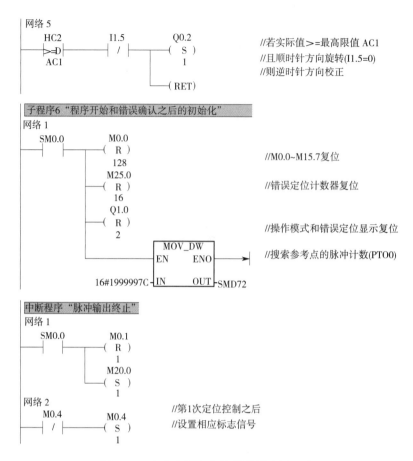

图 5-41 步进电机定位控制的梯形图程序

四、知识拓展 高速脉冲输出

S7-200 有 PTO、PWM 两台高速脉冲发生器。PTO 可输出指定个数、指定周期的方波脉冲（占空比 50%）；PWM 可输出脉宽变化的脉冲信号，用户可以指定脉冲的周期和脉冲的宽度。所支持的最高频率是 100kHz，输出种类可以是两种形式的任意组合。若一台发生器指定给数字输出点 Q0.0，则另一台发生器指定给数字输出点 Q0.1。当 PTO、PWM 发生器控制输出时，将禁止输出点 Q0.0、Q0.1 的正常使用；当不使用 PTO、PWM 高速脉冲发生器时，输出点 Q0.0、Q0.1 恢复正常的使用，即由输出映像寄存器决定其输出状态。

1. 脉冲输出指令及输出方式

脉冲输出指令的格式如图 5-42 所示。其中数据输入 Q 必须是 0 或 1 的常数。

脉冲输出指令 PLS 功能：使能有效时，检查用于程序设置的特殊存储器位，激活由控制位定义的脉冲操作，从 Q0.0 或 Q0.1 输出高速脉冲。

PTO、PWM 两台高速脉冲发生器都由 PLS 指令激活输出。

图 5-42 脉冲输出指令格式

2. 高速脉冲输出的控制

(1) 控制字节和参数的特殊存储器

每个 PTO/PWM 发生器都有：一个控制字节（8 位）、一个脉冲计数值（无符号的 32 位数值）、一个周期时间和脉宽值（均为无符号的 16 位数值）。这些值都放在特定的特殊存储区，见表 5-16。执行 PLS 指令时，S7-200 读这些特殊存储器位，然后执行特殊存储器位定义的脉冲操作，即对相应的 PTO/PWM 发生器进行编程。

表 5-16 脉冲输出（Q0.0 或 Q0.1）的特殊存储器

Q0.0	Q0.1	说明
Q0.0 和 Q0.1 对 PTO/PWM 输出的控制字节		
SM67.0	SM77.0	PTO/PWM 刷新周期值　　　0：不刷新；1：刷新
SM67.1	SM77.1	PWM 刷新脉冲宽度值　　　0：不刷新；1：刷新
SM67.2	SM77.2	PTO 刷新脉冲计数值　　　0：不刷新；1：刷新
SM67.3	SM77.3	PTO/PWM 时基选择　　　0：1μs；1：1ms
SM67.4	SM77.4	PWM 更新方法　　　0：异步更新；1：同步更新
SM67.5	SM77.5	PTO 操作　　　0：单段操作；1：多段操作
SM67.6	SM77.6	PTO/PWM 模式选择　　　0：选择 PTO；1：选择 PWM
SM67.7	SM77.7	PTO/PWM 允许　　　0：禁止；1：允许
Q0.0 和 Q0.1 对 PTO/PWM 输出的周期值		
Q0.0	Q0.1	说明
SMW68	SMW78	PTO/PWM 周期时间值（范围：2～65535）
Q0.0 和 Q0.1 对 PTO/PWM 输出的脉宽值		
Q0.0	Q0.1	说明
SMW70	SMW80	PWM 脉冲宽度值（范围：0～65535）
Q0.0 和 Q0.1 对 PTO 脉冲输出的计数值		
Q0.0	Q0.1	说明
SMD72	SMD82	PTO 脉冲计数值（范围：1～4294967295）
Q0.0 和 Q0.1 对 PTO 脉冲输出的多段操作		
Q0.0	Q0.1	说明
SMB166	SMB176	段号（仅用于多段 PTO 操作），多段流水线 PTO 运行中的段编号
SMW168	SMW178	包络表起始位置，用距离 V0 的字节偏移量表示（仅用于多段 PTO 操作）
Q0.0 和 Q0.1 的状态位		
Q0.0	Q0.1	说明
SM66.4	SM76.4	PTO 包络由于增量计算错误异常终止　　0：无错；1：异常终止
SM66.5	SM76.5	PTO 包络由于用户命令异常终止　　0：无错；1：异常终止
SM66.6	SM76.6	PTO 流水线溢出　　0：无溢出；1：溢出
SM66.7	SM76.7	PTO 空闲　　0：运行中；1：PTO 空闲

如用 Q0.0 作为高速脉冲输出，则设置的控制字节为 SMB67，如果希望定义的输出脉冲操作为 PTO 操作，允许脉冲输出，多段 PTO 脉冲串输出，时基为 ms，设定周期值和脉冲数，则应向 SMB67 写入 2#10101101，即 16#AD。

通过修改脉冲输出（Q0.0 或 Q0.1）的特殊存储器区（包括控制字节），即可更改 PTO 或 PWM 的输出波形，然后再执行 PLS 指令。

所有控制位、周期、脉冲宽度和脉冲计数值的默认值均为 0。向 PTO/PWM 控制字节的允许位（SM67.7 或 SM77.7）写入 0，然后执行 PLS 指令，将禁止 PTO 或 PWM 波形的生成。

（2）状态字节的特殊存储器

除了控制信息外，还有用于 PTO 功能的状态位。在程序运行时，根据运行状态使某些位自动置位。可以通过程序来读取相关位的状态，用此状态作为判断条件，实现相应的操作。

3. PTO 的使用

PTO 是可以指定脉冲数和周期的占空比为 50% 的高速脉冲串发生器。状态字节（SMB66 或 SMB76）中的最高位（空闲位）用来指示脉冲串输出是否完成。可在脉冲串完成时启动中断程序，若使用多段操作，则在包络表完成时启动中断程序。

（1）周期和脉冲数

周期范围为 50~65535μs 或 2~65535ms，为 16 位无符号数，时基有 μs 和 ms 两种单位，通过控制字节的 SM67.3 或 SM77.3 选择。注意如下：

① 如果周期<2 个时间单位，则周期的默认值为 2 个时间单位；

② 周期设定奇数 μs 或 ms（例如 75ms），会引起波形失真；

③ 脉冲计数范围为 1~4294967295，为 32 位无符号数，如设定脉冲计数为 0，则系统默认脉冲计数值为 1。

（2）PTO 的种类及特点

PTO 功能可输出多个脉冲串，当用脉冲串输出完成时，新的脉冲串输出立即开始。这样就保证了输出脉冲串的连续性。PTO 功能允许多个脉冲串排队，从而形成流水线。流水线分为两种：单段流水线和多段流水线。

单段流水线中每次只能存储一个脉冲串的控制参数，初始 PTO 段一旦启动，必须按照对第二个波形的要求，立即刷新特殊存储器，并再次执行 PLS 指令，第一个脉冲串完成后，第二个波形输出立即开始，重复这一步骤可以实现多个脉冲串的输出。

多段流水线在变量存储区 V 建立一个包络表。包络表存放每个脉冲串的参数，执行 PLS 指令时，S7-200 PLC 自动按包络表中的顺序及参数进行脉冲串输出。包络表中每段脉冲串的参数占用 8 个字节，由一个 16 位周期值、一个 16 位周期增量值 Δ 和一个 32 位脉冲计数值组成。以包络 3 段的包络表为例，若 VBn 为包络表起始字节地址，则包络表的格式见表 5-17。

表 5-17 包络表的格式

字节偏移地址	段	说明
VBn	段标号	段数（1~255）；数值 0 产生非致命性错误，无 PTO 输出
VWn+1	段 1	初始周期（2~65535 个时基单位）
VWn+3		每个脉冲的周期增量值 Δ（符号整数：-32768~32767 个时基单位）
VDn+5		脉冲数（1~4294967295）

续表

字节偏移地址	段	说明
VWn+9	段2	初始周期（2～65535 个时基单位）
VWn+11		每个脉冲的周期增量值Δ（符号整数：-32768～32767 个时基单位）
VDn+13		脉冲数（1～4294967295）
VWn+17	段3	初始周期（2～65535 个时基单位）
VWn+19		每个脉冲的周期增量值Δ（符号整数：-32768～32767 个时基单位）
VDn+21		脉冲数（1～4294967295）

注：周期增量值Δ 的单位为 μs 或 ms。

多段流水线的特点是编程简单，能够通过指定脉冲的数量自动增加或减少周期，若周期增量值Δ 为正值，则会增加周期；若周期增量值Δ 为负值，则会减少周期；若Δ 为零，则周期不变。在包络表中的所有的脉冲串必须采用同一时基，在多段流水线执行时，包络表的各段参数不能改变。多段流水线常用于步进电机的控制。

（3）PTO 的使用步骤

① 首次扫描 SM0.1 时，将输出 Q0.0 或 Q0.1 复位，并调用完成初始化操作的子程序。

② 在初始化子程序中，根据控制要求设置控制字，并写入 SMB67 或 SMB77 特殊存储器。如写入 16#A0（选择 μs 递增）或 16#A8（选择 ms 递增），两个数值表示允许 PTO 功能、选择 PTO 操作、选择多段操作，以及选择时基单位。

③ 将包络表的首地址（16 位）写入 SMW168（或 SMW178）。

④ 在变量存储器 V 中，写入包络表的各参数值。一定要在包络表的起始字节中写入段数。在变量存储器 V 中建立包络表的过程，也可以在一个子程序中完成，在此只需调用设置包络表的子程序。

⑤ 设置中断事件并全局开中断。如果想在 PTO 完成后，立即执行相关功能，则必须设置中断，将脉冲串完成事件（中断事件号 19）连接一个中断程序。

⑥ 执行 PLS 指令，使 S7-200 为 PTO/PWM 发生器编程，高速脉冲串由 Q0.0 或 Q0.1 输出。

根据图 5-43 所示的控制要求列出 PTO 包络表。对某步进电机运行的控制要求：从 A 到 B 为加速过程，从 B 到 C 为恒速运行，从 C 到 D 为减速过程。电动机转速受脉冲控制，各点对应的频率如图 5-43 所示。

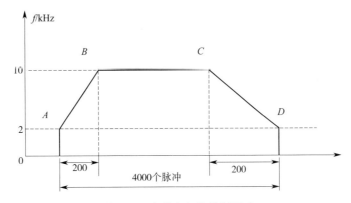

图 5-43 步进电机的控制要求

本例中的流水线可以分为3段，需建立3段脉冲的包络表。起始点 A 和终止点 D 的脉冲频率均为2kHz，最大脉冲频率为10kHz，所以起始和终止周期为500μs，最大频率的周期为100μs。1段：加速运行，应在约200个脉冲时达到最大脉冲频率；2段：恒速运行，约（4000－200－200）＝3600个脉冲；3段：减速运行，应在约200个脉冲时完成。

某一段每个脉冲周期增量值 Δ 用以下式确定：

周期增量值 Δ＝(该段结束时的周期时间－该段初始的周期时间)/该段的脉冲数

用该式，计算出1段的周期增量值 Δ 为－2μs，2段的周期增量值 Δ 为0，3段的周期增量值 Δ 为2μs。假设包络表位于从 VB200 开始的 V 存储区中，包络表见表5-18。

表 5-18　包络表

V 变量存储器地址	段号	参数值	说明
VB200		3	段数
VW201	段1	500μs	初始周期
VW203		－2μs	每个脉冲的周期增量值 Δ
VD205		200	脉冲数
VW209	段2	100μs	初始周期
VW211		0	每个脉冲的周期增量值 Δ
VD213		3600	脉冲数
VW217	段3	100μs	初始周期
VW219		2μs	每个脉冲的周期增量值 Δ
VD221		200	脉冲数

在程序中用指令可将表中的数据送入 V 变量存储区中。

PTO 的应用举例：编程实现图5-43中步进电机的控制。

分析：选择高速脉冲输出端为 Q0.0，并确定 PTO 为3段流水线；设置控制字节 SMB67 为 16#A0（允许 PTO 功能、选择 PTO 操作、选择多段操作，以及选择时基为 μs，不允许更新周期和脉冲数）；建立3段的包络表（表5-18），并将包络表的首地址装入 SMW168；PTO 完成调用中断程序，用 Q1.0 接通指示灯，以表示结束该过程；PTO 完成的中断事件号为19，用中断调用指令 ATCH，将中断事件19与中断程序 INT-0 连接，并全局开中断；执行 PLS 指令，退出子程序。其具体程序如图5-44所示。

4. PWM 的使用

PWM 是脉宽可调的高速脉冲生成器，通过控制脉宽和脉冲的周期，实现控制任务。

（1）周期和脉宽

周期和脉宽时基为：μs 或 ms，均为16位无符号数。

周期的范围为 50～65μs，535μs，或 2～65ms，535ms。若周期＜2个时基，则系统默认为2个时基。

脉宽范围为 0～65μs，535μs 或 0～65ms，535ms。若脉宽≥周期值，占空比＝100%，则输出连续接通。若脉宽＝0，占空比为0%，则输出断开。

（2）更新方式

有两种改变 PWM 波形的方法：同步更新和异步更新。

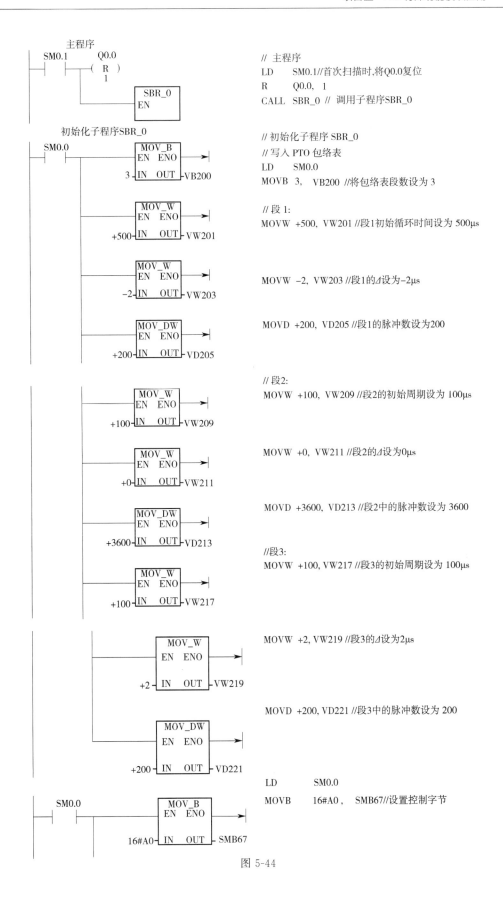

图 5-44

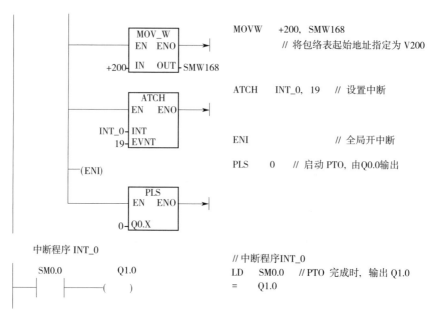

图 5-44 PTO 的应用举例

① 同步更新：当不需要改变时基时，可以用同步更新。执行同步更新时，波形的变化发生在周期的边缘，形成平滑转换。

② 异步更新：需要改变 PWM 的时基时，则应使用异步更新。异步更新使高速脉冲输出功能被瞬时禁用，与 PWM 波形不同步。这样可能造成控制设备振动。

常见的 PWM 操作时，脉冲宽度不同，但周期保持不变，即不要求时基改变。因此，先选择适合于所有周期的时基，尽量使用同步更新。

（3）PWM 的使用步骤

① 首次扫描 SM0.1 时，使输出位复位为 0，并调用初始化子程序。

② 在初始化子程序中设置控制字节。如将 16#D3（时基 μs）或 16#DB（时基 ms）写入 SMB67 或 SMB77，控制功能为：允许 PTO/PWM 功能、选择 PWM 操作、设置更新脉冲宽度和周期数值，以及选择时基。

③ 在 SMW68 或 SMW78 中写入一个字长的周期值。

④ 在 SMW70 或 SMW80 中写入一个字长的脉宽值。

⑤ 执行 PLS 指令，使 S7-200 为 PWM 发生器编程，并由 Q0.0 或 Q0.1 输出。

⑥ 可为下一输出脉冲预设控制字。在 SMB67 或 SMB77 中写入 16#D2（μs）或 16#DA（ms），控制字节中将禁止改变周期值，允许改变脉宽。以后只要装入一个新的脉宽值，不用改变控制字节，直接执行 PLS 指令，就可改变脉宽值。

PWM 应用举例：设计一程序，从 PLC 的 Q0.0 输出高速脉冲。该串脉冲脉宽的初始值为 0.1s，周期固定为 1s，其脉宽每周期递增 0.1s，当脉宽达到设定的 0.9s 时，脉宽改为每周期递减 0.1s，直到脉宽减为 0。以上过程重复执行。

分析：因为每个周期都有操作，所以必须把 Q0.0 接到 I0.0，采用输入中断的方法完成控制任务；编写两个中断程序，中断程序 INT_0 实现脉宽递增，中断程序 INT_1 实现脉宽递减；设置标志位，在初始化操作时使其置位，执行脉宽递增中断程序，当脉宽达到 0.9s 时，使其复位，执行脉宽递减中断程序；在子程序中完成 PWM 的初始化操作，选用输出端为

Q0.0，控制字节为 SMB67，控制字节设定为 16#DA（允许 PWM 输出，Q0.0 为 PWM 方式，同步更新，时基为 ms，允许更新脉宽，不允许更新周期）。其具体程序如图 5-45 所示。

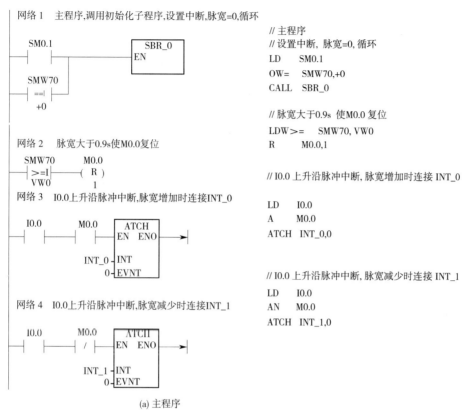

(a) 主程序

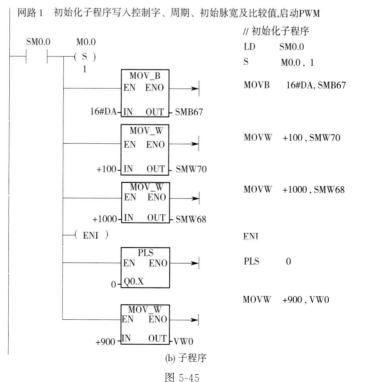

(b) 子程序

图 5-45

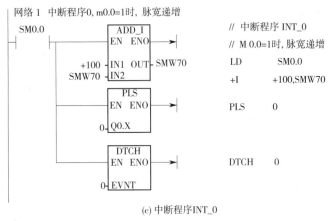

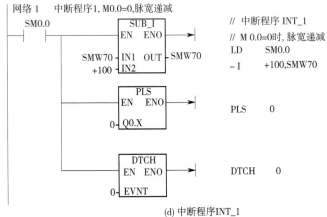

图 5-45 PWM 应用举例

五、习题与训练

5.4.1 怎样设置带有内部方向控制的高速计数器的加或减计数状态？

5.4.2 怎样控制带有外部方向控制的高速计数器的加或减计数状态？

5.4.3 按模式 5 设计高速计数器 HSC2 初始化程序，设控制字节 SMB57＝16♯F8。

5.4.4 以输出点 Q0.0 为例，简述 PTO 多段操作的操作初始化及其操作过程。

5.4.5 通过调用子程序 0 来对 HSC1 进行编程，设置 HSC1 以方式 11 工作，其控制字（SMB47）设为 16♯F8；预设值（SMD52）为 50。当计数值完成（中断事件编号 13）时，通过中断服务程序 0，写入新的控制字节（SMB47）16♯D0。试编写程序。

📝 学习笔记

本项目小结

当需要完成某些特殊功能的控制任务时，PLC 主机可以扩展特殊功能模块。如果需要处理模拟量时，就要连接模拟量输入/输出模块。本项目通过"两台电动机的异地控制、窑温模糊控制设计、温度 PID 控制、步进电机的定位控制"四个任务，介绍了 S7-200PLC 的通信与网络、模拟量扩展模块、PID 指令、高速计数器的使用。

网络大致分成简单网络和多级网络。西门子公司 S7 系列的生产金字塔由 4 级构成，从上到下依次为：公司管理级、工厂与过程管理级、过程监控级、过程测量与控制级。

通信协议是通信双方交换信息时所必须遵守的各种规则。S7 系列的生产金字塔中的通信协议分为通用协议和公司专用协议。通用协议采用 Ethernet 协议，公司专用协议有 PPI 协议、MPI 协议、Profibus 协议和自由口协议等。通信类型有单主站型和多主站型。

S7-200 系列 PLC 通信主要使用通信口、网络连接器、通信电缆、网络中继器、调制解调器等通信硬件。

PPI 协议（点对点接口）是西门子为 S7-200 系统开发的通信协议。PPI 是一种主/从协议，在这个协议中，主站设备向从站设备发送要求，从站设备响应。从站不主动发信息，只是等待主站发送的要求并作出相应的响应。

高速计数器指令、高速脉冲输出指令和 PID 回路指令，可以用来方便地完成特定的复杂控制任务，这些指令都要使用一定数量的内部特殊功能存储器，还需要事先设定相应的控制参数、状态参数和变量值等。

项目六

PLC综合设计

设计一个 PLC 控制系统，首先必须充分了解控制对象的情况，诸如生产工艺、技术特性、工作环境以及控制要求等，据此设计出 PLC 控制系统，设计内容包括画出控制系统图、选择合适的 PLC 型号、确定 PLC 的输入器件和输出执行设备、确定接线方式、编写 PLC 控制程序、系统调试及编制技术文件等。在前面的项目中已经涉及了 PLC 综合设计的部分内容，本项目将在上述基础上，详细介绍 PLC 控制系统设计的基本步骤和方法。

【思政及职业素养目标】

- 培养学生勇于创新、甘于奉献的陀螺精神；
- 培养创新能力，激发学生的创造力。

任务一　电动运输车呼车控制

【知识、能力目标】

- 掌握 PLC 控制系统的设计步骤与方法；
- 掌握 PLC 设备的选型；
- 了解 PLC 设备的安装方法；
- 能按照 PLC 控制系统的设计步骤与方法，开发电动运输车呼车控制系统并仿真实施。

一、任务导入和分析

某电动运输车呼车 PLC 控制系统如图 6-1 所示。其中，电动运输车供 8 个加工点使用，对车的控制要求是：电动运输车呼车系统未通电时，车停在某个加工点（也称工位）。电动运输车呼车系统通电后，若无用车呼叫（也称呼车）时，则各工位的指示灯全亮，表示各工位均可以呼车。当工作人员按下某工位的呼车按钮进行呼车时，各工位的指示灯均灭，此时别的工位呼车无效。当呼车工位号大于停车工位号时，小车自动向高位行驶；当呼车工位号小于停车工位号时，小车自动向低位行驶；当小车到达呼车工位时自动停车。停车时间为 30s，供用车工位使用，此时，其他工位不能呼车。停车工位呼车时，小车不动。从安全角度出发，停电后再来电时，小车不能自行启动。

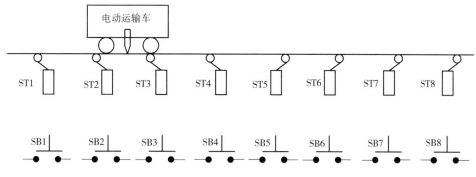

图 6-1 电动运输车呼车 PLC 控制系统

本任务有较多的输入信号需要接收，如呼车信号 8 个、限位开关 8 个、系统的启停按钮各一个，故选择 S7-200 CPU224 基本单元（14 输入/10 输出）1 台，以及 EM221 扩展单元（8 输入）1 台组成系统。

二、相关知识　PLC 控制系统的设计步骤

PLC 控制系统设计的基本原则是：最大限度地满足控制对象（生产设备或工业生产过程）的控制要求；确保控制系统的可靠性；力求控制系统简单经济、实用合理及维修方便；考虑生产发展、工艺改进等因素，在选择 PLC 机型时留有余量。PLC 控制系统设计的一般步骤如图 6-2 所示。

PLC系统设计的步骤与方法

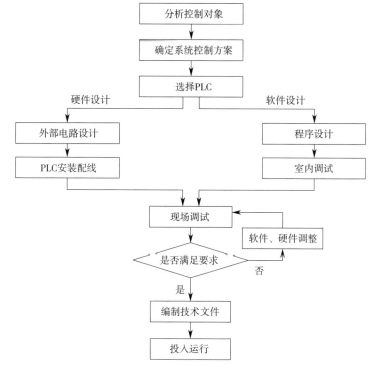

图 6-2　PLC 控制系统设计的一般步骤

1. 分析控制对象，确定控制方案

设计人员必须对控制对象的工艺流程特点和要求作深入了解、认真分析研究、明确控制任务，如需要完成的动作（动作顺序、动作条件、必需的保护和联锁等）、操作方式（手动、自动、连续、单周期、单步等），搞清楚哪些信号要送给 PLC，PLC 的输出又需要驱动哪些负载，估算 I/O 开关量的点数、I/O 模拟量的接口数量和精度要求，从而对 PLC 提出整体要求，绘制相应的控制流程图。

PLC 控制系统的设计应树立模块化的思想，对于极小规模的控制对象，可以用单模块单机系统设计来实现控制任务；对于大规模或位置分散的控制对象，应用框图的方式将被控制对象分解成若干相对独立的模块，采用多机联网的控制系统。

控制系统的设计必须充分考虑系统的安全性。控制系统应具有显示、报警、出错和故障的诊断处理，以及对紧急情况的处理等功能。

2. 选择 PLC

在选择 PLC 时主要考虑以下几个因素。

（1）功能范围

根据系统控制要求，选择所需 PLC 模块的种类和数量，使 PLC 功能与控制任务相适应。如对于开关量控制的应用系统，当对控制速度要求不高时，选用小型 PLC 就能满足要求；对于工艺复杂，控制要求较高的系统，如需要 PID 调节、快速控制、联网通信等功能的系统，就应选择中、大型 PLC。

（2）I/O 点数

选择 I/O 总点数，除了要满足当前控制系统的要求以外，还应考虑到将来的发展，一般会在估算的 I/O 总点数上再加上 20% 左右的余量。

（3）存储器容量

用户存储器容量的估算与许多因素有关，如 I/O 点数、运算处理量、控制要求、程序结构等。一般用下面公式估算：

① 开关量 I/O 点所需字节数＝I/O 总点数×8；
② 模拟量 I/O 点所需字节数＝通道数×100；
③ 定时器/计数器所需字节数＝定时器/计数器个数×2；
④ 通信接口所需字节数＝接口数量×300。

有时可在估算的基础上增加 20% 的余量。

3. 外部电路设计

PLC 控制系统的电气设计包括：选择用户输入设备（按钮、操作开关、限位开关、传感器等）、输出设备（继电器、接触器、信号灯等执行元件），以及由输出设备驱动的控制对象（电动机、电磁阀等），并列出元器件清单；绘制电气原理图、电柜布置图、接线图与互连图等。这方面的内容请读者参阅其他相关课程和 PLC 使用手册。

电气设计时特别要注意以下几点。

① PLC 输出接口的类型，是继电器输出，还是光电隔离输出。
② PLC 输出接口的驱动能力，一般继电器输出为 2A，光电隔离输出为 500mA。
③ 模拟量接口的类型和极性要求，一般有电流型输出（−29～20mA）和电压型输出（−10～10V）两种可选。

④ 采用多直流电源时的共地要求。

⑤ 输出端接不同负载类型时的保护电路。执行电气设备若为感性负载，需接保护电路，电源为直流可加续流二极管，电源为交流可加阻容吸收电路。

⑥ 若电网电压波动较大或附近有大的电磁干扰源，则应在电源与PLC间加设隔离变压器、稳压电源或电源滤波器。

⑦ 注意PLC的散热条件，当PLC的环境温度大于55℃时，要用风扇强制冷。

4. 程序设计

PLC软件设计的主要任务是根据控制要求将工艺流程图转换为梯形图，这是PLC应用的最关键的问题，PLC程序的编写是软件设计的具体表现。I/O信号在PLC接线端子上的地址分配，是进行PLC控制系统设计的基础。对软件设计来说，I/O地址分配以后才能进行编程；对控制柜及PLC的外围接线来说，也必须确定I/O地址后才能绘制电气接线图。因此在进行I/O地址分配时，应该将I/O点的名称、代码、地址用表格列写出来，同时还应将在程序设计时使用的软继电器（内部继电器、定时器、计数器等）列表，并且标明用途，以便于程序设计、调试和系统运行维护，以及检修时候查阅。

5. 调试

程序初调也称为模拟调试。将设计好的程序通过程序编辑工具，下载到PLC控制单元中。由外接信号源加入测试信号，通过各种状态指示灯了解程序运行的情况，观察输入/输出之间的变化关系，以及逻辑状态是否符合设计要求，并及时修改和调整程序，消除缺陷，直到满足设计的要求为止。

在室内初调合格后，将PLC与现场设备连接。在正式调试前，全面检查整个PLC控制系统，包括电源、接地线、设备连接线、I/O连线等。在保证整个硬件的连接正确无误的情况下即可送电。应该反复调试消除可能出现的各种问题。在调试过程中，也可以根据实际需求，对硬件做适当修改，以配合软件的调试。应保持足够长的运行时间，使问题充分暴露并加以纠正。试运行无问题后，可将程序固化在具有长久记忆功能的存储器中，并做备份（至少应该做2份）。

6. 编制技术文件，交付使用

现场调试成功并经过试运行后，整个系统的硬件及软件基本设计成功了，接下来就要全面整理技术文件，包括电路图、PLC控制程序、使用说明、帮助文件等，至此就可交付使用。

三、任务实施

1. 分配I/O地址，绘制PLC输入/输出接线图

电动运输车呼车控制系统的I/O地址分配见表6-1。

表6-1 电动运输车呼车控制系统I/O地址分配

输入		输出		内部编程元件
系统启动按钮	I1.0	电动机正转接触器KM1	Q0.0	定时器T37 位继电器M0.0,M0.1 变量存储器VB0,VB1
系统停止按钮	I1.1	电动机正转接触器KM2	Q0.1	
限位开关ST1~ST8	I0.0~I0.7	可呼车指示灯HL	Q0.2	
呼车按钮SB1~SB8	I2.0~I2.7			

将已选择的输入/输出设备和分配好的 I/O 地址一一对应连接，形成 PLC 的 I/O 接线图，如图 6-3 所示。

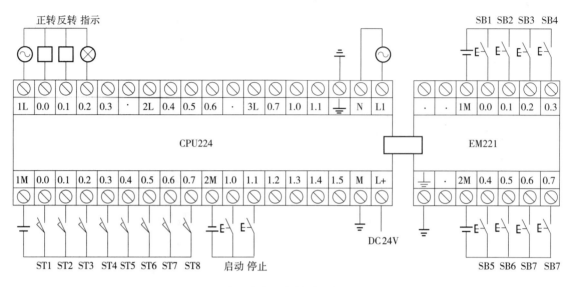

图 6-3　电动运输车呼车控制系统 I/O 接线图

2. 编制 PLC 程序

（1）电动运输车呼车控制系统的梯形图程序

电动运输车呼车控制系统的工作流程如图 6-4 所示。在编写程序时，除了小车的启动、停止在主程序中完成以外，其余控制在子程序 SBR_0 中完成。

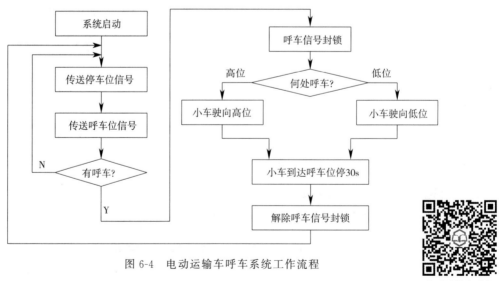

图 6-4　电动运输车呼车系统工作流程

电动运输车呼车控制软件仿真

电动运输车呼车控制系统的梯形图程序如图 6-5 所示。

（2）电动运输车呼车控制系统的语句表程序

电动运输车呼车控制系统的语句表程序如图 6-6 所示。

(3) 程序调试

在上位计算机上启动"V4.0 STEP 7"编程软件,将图 6-5 梯形图程序输入到计算机。

按照图 6-3 连接好线路,将梯形图程序下载到 PLC,根据控制要求加入不同的输入信号并运行程序,观察分析结果,直到运行情况与控制要求相符。

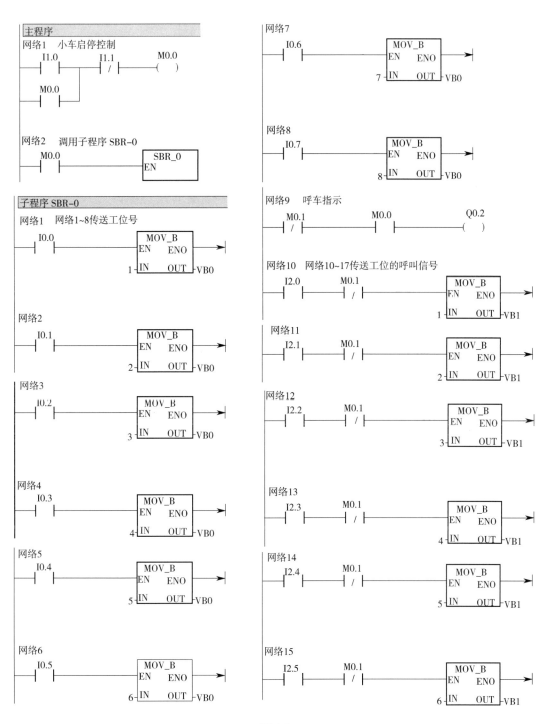

图 6-5

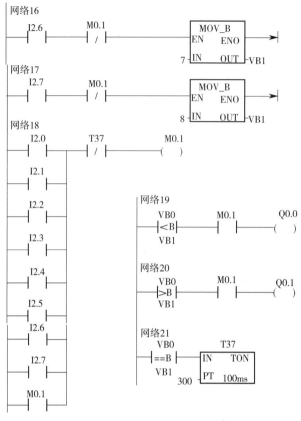

图 6-5　电动运输车呼车控制系统的梯形图程序

四、知识拓展　可编程控制器的安装

工业生产现场的环境条件一般是比较恶劣的，干扰源众多。例如，大功率用电设备的启动或者停止，引起电网电压的波动形成低频干扰；电焊机、电火花加工机床、电动机的电刷等会产生高频电火花干扰；各种动力电源线会通过电磁耦合产生工频干扰等。这些干扰都会影响可编程控制器的正常工作。

尽管可编程控制器是专门在生产现场使用的控制装置，在设计制造时已采取了很多措施，使它的环境适应力比较强，但是，为了确保整个系统稳定可靠，还是应当尽量使可编程控制器有良好的工作环境条件，并采取必要的抗干扰措施。

1. 可编程控制器的安装

可编程控制器虽然适用于大多数工业现场，但它对使用场合、环境温度等还是有一定要求的。改善可编程控制器的工作环境，可以有效地提高它的工作效率和使用寿命。在安装可编程控制器时，要避开下列场所：

① 环境温度超过 0~55℃ 的范围；

② 相对湿度超过 85% 或者存在露水凝聚（有温度突变或其他因素所引起的）；

③ 太阳光直接照射；

④ 有腐蚀和易燃的气体，例如氯化氢、硫化氢等；

```
主程序
网络1    小车启停控制
LD    I0.0
O     M0.0
AN    I1.1
=     M0.0

网络2    调用子程序SRB-0
LD    M0.0
CALL  SBR_0
```

```
子程序 SBR-0
网络1  1到8网络传送工位号
LD    I0.0
MOVB  1, VB0

网络2
LD    I0.1
MOVB  2, VB0

网络3
LD    I0.2
MOVB  3, VB0

网络4
LD    I0.3
MOVB  4, VB0

网络5
LD    I0.4
MOVB  5, VB0

网络6
LD    I0.5
MOVB  6, VB0

网络7
LD    I0.6
MOVB  7, VB0

网络8
LD    I0.7
MOVB  8, VB0

网络9    呼车指示
LDN   M0.1
=     Q0.2

网络10
LD    I2.0
AN    M0.1
MOVB  1, VB1

网络11
LD    I2.1
AN    M0.1
MOVB  2, VB1

网络12
LD    I2.2
AN    M0.1
MOVB  3, VB1

网络13
LD    I2.3
AN    M0.1
MOVB  4, VB1

网络14
LD    I2.4
AN    M0.1
MOVB  5, VB1

网络15
LD    I2.5
AN    M0.1
MOVB  6, VB1

网络16
LD    I2.6
AN    M0.1
MOVB  7, VB1

网络17
LD    I2.7
AN    M0.1
MOVB  8, VB1

网络18
LD    I2.0
O     I2.1
O     I2.2
O     I2.3
O     I2.4
O     I2.6
O     I2.7
O     M0.1
AN    T37
=     M0.1

网络19
LDB<  VB0, VB1
A     M0.1
=     Q0.0

网络20
LDB>  VB0, VB1
A     M0.1
=     Q0.1

网络21
LDB=  VB0, VB1
TON   T37, 300
```

图 6 6 电动运输车呼车控制系统的语句表程序

⑤ 有大量铁屑及灰尘；
⑥ 频繁或连续的振动，振动频率为 $10\sim55Hz$，振动幅度为 $0.5mm$（峰-峰）；
⑦ 超过 $10g$（重力加速度）的冲击。

小型可编程控制器外壳的四个角上均有安装孔，有两种安装方法：一种是用螺钉固定，不同的单元有不同的安装尺寸；另一种是 DIN（德国工业标准）轨道固定，DIN 轨道配套使用的安装夹板左右各一对，在轨道上先装好左右夹板，装上可编程控制器，然后拧紧螺钉。为了使控制系统工作可靠，通常把可编程控制器安装在有保护外壳的控制柜中，以防止灰尘、油污、水溅；为了保证可编程控制器在工作状态下，其温度保持在规定环境温度范围内，安装机器应有足够的通风空间，基本单元和扩展单元之间要有 30mm 以上间隔。如果周围环境超过 55℃，要安装电风扇强迫通风。

为了避免其他外围设备的电干扰，可编程控制器应尽可能远离高压电源线和高压设备，可编程控制器与高压设备和电源线之间应留出至少 200mm 的距离。

当可编程控制器垂直安装时，要严防导线头、铁粉、灰尘等脏物从通风窗掉入可编程控制器内部，脏物会损坏可编程控制器印制电路板，使其不能正常工作。

2. 接线

PLC 的供电电源为 50Hz、220V±10％交流市电。

S7-200 系列可编程控制器有直流 24V 输出接线端，该接线端可为输入传感器（如光电开关或接近开关）提供直流 24V 电源。

如果电源发生故障，中断时间少于 10ms，可编程控制器工作不受影响；若电源中断超过 10ms 或电源下降超过允许值，则可编程控制器停止工作，所有的输出点均同时断开。当电源恢复时，若 RUN 输入接通，则操作自动进行。

对于来自电源线的干扰，可编程控制器本身具有足够的抵制能力。如果电源干扰特别严重，可以安装一个变比为 1∶1 的隔离变压器，以减少设备与地之间的干扰。

3. 接地

良好的接地是保证可编程控制器可靠工作的重要条件，可以避免偶然发生的电压冲击危害。接地线与机器的接地端相接，基本单元接地，如果要用扩展单元，其接地点应与基本单元的接地点接在一起。

为了抑制附加在电源及输入端、输出端的干扰，应给可编程控制器接专用地线，接地点应与动力设备（如电动机）的接地点分开。若达不到这种要求，则也必须做到与其他设备公共接地，禁止与其他设备串联接地。接地点应尽可能靠近可编程控制器。

4. 直流+24V 接线端

使用无源触点的输入器件时，可编程控制器内部 24V 电源，通过输入器件向输入端提供每点 7mA 的电流。

可编程控制器上的 24V 接线端子，还可以向外部传感器（如接近开关或光电开关）提供电流。L+端子作传感器电源时，M 端子是直流 L+地端，即 0V 端。如果采用扩展单元，则应将基本单元和扩展单元的 24V 端连接起来。另外，任何外部电源都不能接到这个端子。

如果有过载现象发生，电压将自动下落，该点输入对可编程控制器不起作用。

每种型号的可编程控制器其输入点数量是有规定的。对每一个尚未使用的输入点，它不耗电，因此在这种情况下，24V 电源端子外供电流的能力可以增加。

S7-200 系列可编程控制器的空位端子，在任何情况下都不能使用。

5. 输入接线

可编程控制器一般接收行程开关、限位开关等输入的开关量信号。输入接线端子是可编程控制器与外部传感器负载转换信号的端口，输入接线一般指外部传感器与输入端口的接线。

输入器件可以是任何无源的触点或集电极开路的 NPN 管。输入器件接通时,输入端接通,输入线路闭合,同时输入指示的发光二极管亮。

输入端的一次电路与二次电路之间采用光电耦合隔离。二次电路带 R-C 滤波器,以防止由于输入触点抖动或从输入线路串入的电噪声引起可编程控制器的误动作。

若在输入触点电路串联二极管,在串联二极管上的电压应小于 4V。若使用带发光二极管的舌簧开关时,串联二极管的数目不能超过两只。

输入接线还应特别注意以下问题。

① 输入接线一般不要超过 30m,但如果环境干扰较小,电压降不大时,输入接线可适当长些。

② 输入、输出线不能用同一根电缆。输入、输出线要分开走。

③ 可编程控制器所能接收的脉冲信号的宽度应大于扫描周期的时间。

6. 输出接线

① 可编程控制器有继电器输出、晶闸管输出、晶体管输出三种形式。

② 输出端接线分为独立输出和公共输出。当可编程控制器的输出继电器或晶闸管动作时,同一号码的两个输出端接通。在不同组中可采用不同类型和电压等级的输出电压,但在同一组中的输出,只能用同一类型、同一电压等级的电源。

③ 由于可编程控制器的输出元件被封装在印制电路板上,并且连接至端子板,若将连接输出元件的负载短路,将烧毁印制电路板,因此应用熔丝保护输出元件。

④ 采用继电器输出时,承受的电感性负载大小,将影响继电器的工作寿命。

⑤ 可编程控制器的输出负载可能产生噪声干扰,因此要采取措施加以抑制。

此外,对于能给用户造成伤害的危险负载,除了在控制程序中加以考虑之外,应设计外部紧急停车电路,使得可编程控制器发生故障时,能将引起伤害的负载电源切断。

交流输出线和直流输出线不要用同一根电缆,输出线应尽量远离高压线和动力线,避免并行。

五、习题与训练

6.1.1 PLC 控制系统设计的基本原则是什么?

6.1.2 可编程控制器系统设计一般分为哪几步?

6.1.3 选择 PLC 机型时应考虑哪些内容?

6.1.4 用 PLC 控制喷水池花式喷水。喷水池共有 9 个喷水柱,水柱分布如图 6-7 所示。控制要求:1 号水柱喷水 10s;2、3、4、5 水柱再喷水 10s;最后,6、7、8、9 水柱喷水 10s。如此循环。

图 6-7 题 6.1.4 图

任务二 自动洗衣机的控制

【知识、能力目标】

- 掌握 PLC 控制系统中各类继电器的驱动方式；
- 了解 PLC 控制系统的故障诊断方法；
- 了解 PLC 控制系统的故障排除方法；
- 能按照 PLC 控制系统的设计步骤与方法，开发自动洗衣机的控制系统并仿真实施。

一、任务导入和分析

随着社会经济的发展和科学技术水平的提高，全自动化成为必然的发展趋势。全自动洗衣机的产生极大地方便了人们的生活。为了进一步提高全自动洗衣机的功能和性能，避免传统控制的一些弊端，提出了用 PLC 来控制全自动洗衣机这个课题。本任务要求采用西门子 S7-200 组成一个全自动洗衣机控制系统。

全自动洗衣机控制面板如图 6-8 所示，全自动洗衣机 PLC 控制系统控制要求如下。

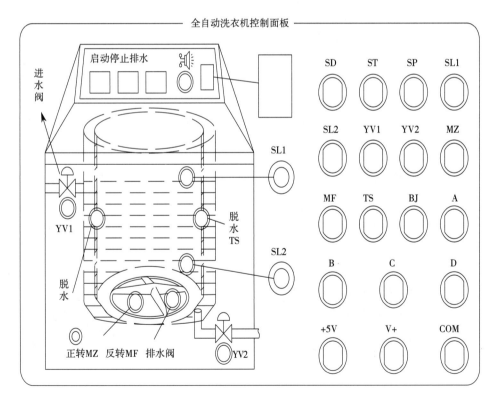

图 6-8 全自动洗衣机控制面板

① 按下启动按钮开始洗涤：进水阀打开后水面升高，首先低位液位开关 SL2 闭合，然

后高位液位开关 SL1 闭合，SL1 闭合后，关闭进水阀开始洗涤。洗涤时电动机正转 3s 再反转 3s，10 个循环后排水，排水阀打开后水面下降，首先液位开关 SL1 断开，然后 SL2 断开，SL2 断开 1s 后停止排水。洗涤结束。

② 漂洗：进水阀打开后水面升高，与洗涤时相同，水位至高限位开始漂洗，电动机正转 3s 再反转 3s，8 个循环后排水，进行 2 次漂洗。

③ 脱水：脱水 5s 后报警。

④ 报警：报警灯亮 4s。

整个洗衣过程结束。

另外，要求全自动洗衣机可以手动排水，按排水按钮可强制排水，并且用 LED 显示器显示洗涤和漂洗的次数。

本任务有 5 个输入信号、8 个输出信号，选择 S7-200 CPU224 基本单元实施控制。

二、相关知识　PLC 中各类继电器的驱动方式

在 PLC 中，软继电器分为输入继电器、输出继电器和内部继电器，它们的驱动方式有所不同。

1. 输入继电器的驱动

PLC 输入继电器是接收外部输入设备（如开关、按钮或传感器）信号的编程元件。输入继电器通过输入端子与输入设备相连，而且一个输入继电器线圈只能连接一个输入设备，但输入继电器的触点在编程时可以无限次地使用。值得注意的是，输入继电器线圈只能由外部输入信号驱动而不能通过程序控制，因此，在梯形图中只出现输入继电器的触点，而不出现输入继电器的线圈。

2. 输出继电器的驱动

PLC 输出继电器是向外部负载输出信号的编程元件。输出继电器的接通或断开由程序控制。PLC 在执行完用户程序后，将输出继电器的状态转存到输出锁存器中，并在每次扫描周期的结尾，通过 PLC 的输出模块，转成被控设备所能接收的信号，驱动外部负载。一个输出继电器对应一个外部输出端子。输出继电器的触点在程序中可以无限次地使用，但线圈一般只能用 1 次。

3. 内部继电器的驱动

PLC 内部继电器是专供内部编程使用的编程元件。内部继电器的种类很多，其线圈的驱动与输出继电器一样，由 PLC 内各软元件的触点来驱动。内部继电器与外部没有任何联系，不能直接接收输入设备信号，也不能直接驱动外部负载，但其触点在程序中可以无限次使用。内部继电器可分为通用继电器和专用继电器。通用继电器的线圈和触点在程序中均可使用，但线圈一般只能用 1 次；专用继电器用来存储系统工作时的一些特定状态信息，只能使用其触点，不能使用其线圈。

三、任务实施

1. 分配 I/O 地址，绘制 PLC 输入/输出接线图

全自动洗衣机控制任务的 I/O 地址分配见表 6-2。

表 6-2 全自动洗衣机控制任务的 I/O 地址分配

输入		输出		内部编程元件	
启动按钮 SD	I0.0	进水阀	Q0.0	定时器	T37~T42
停止按钮 ST	I0.1	排水阀	Q0.1	变量存储器	VB0
排水	I0.2	正转	Q0.2	位继电器	MB0 MB1
水位上限位	I0.3	反转	Q0.3		
水位下限位	I0.4	脱水	Q0.4		
		报警	Q0.5		
		显示编码 A	Q0.6		
		显示编码 B	Q0.7		

将已选择的输入/输出设备和分配好的 I/O 地址一一对应连接，形成 PLC 的 I/O 接线图，如图 6-9 所示。

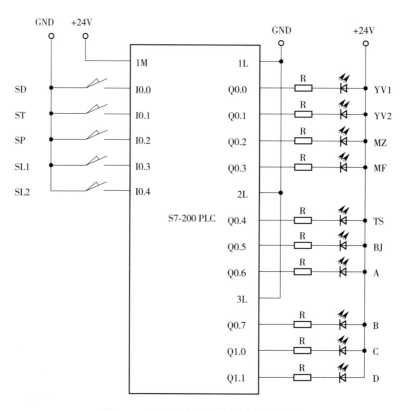

图 6-9 全自动洗衣机控制系统接线图

2. 编制 PLC 程序

（1）编制全自动洗衣机控制的梯形图程序

全自动洗衣机控制的流程图如图 6-10 所示，根据全自动洗衣机控制流程图绘制的梯形图程序如图 6-11 所示。

自动洗衣机的控制仿真(上)

项目六　PLC 综合设计

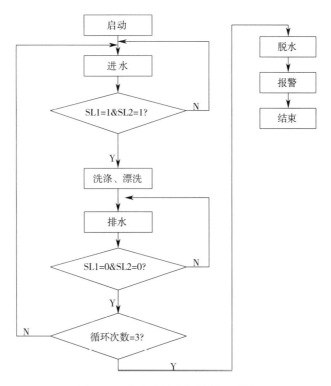

图 6-10　全自动洗衣机控制流程图

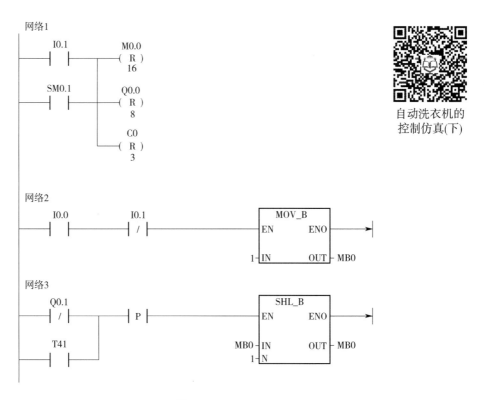

图 6-11

网络4

```
  M0.0        P        I0.3       Q0.0
──┤├────────┤ ├───────┤/├────────( S )
                                    1
  M0.1        P
──┤├────────┤ ├───
  M0.2        P
──┤├────────┤ ├───
```

网络5

```
  I0.3        P               Q0.2
──┤├────────┤ ├──────────────( S )
                               1
                              Q0.0
                             ─( R )─
                               1
```

网络6

```
  Q0.2              T37
──┤├────────────┤IN    TON├
              30─┤PT  100ms│
```

网络7

```
  T37         P               Q0.2
──┤├────────┤ ├──────────────( R )
                               1
                              Q0.3
                             ─( S )─
                               1
```

网络8

```
  Q0.3              T38
──┤├────────────┤IN    TON├
              30─┤PT  100ms│
```

网络9

```
  T38         P               Q0.2
──┤├────────┤ ├──────────────( S )
                               1
                              Q0.3
                             ─( R )─
                               1
```

网络10

```
  M0.0       Q0.3       N               C0
──┤├────────┤├────────┤ ├──────────────┤CU   CTU├
  M0.1                                 │        │
──┤├──────────┬────────────────────────┤R       │
  I0.2       │                         │        │
──┤├─────────┘                      10─┤PV      │
```

网络11

```
  C0         Q0.2
──┤├────────( R )
              2
             Q0.1
            ─( S )─
              1
```

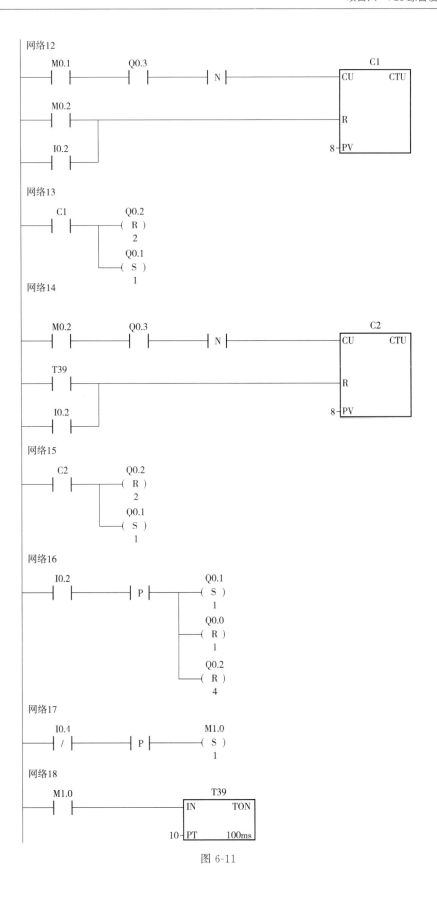

图 6-11

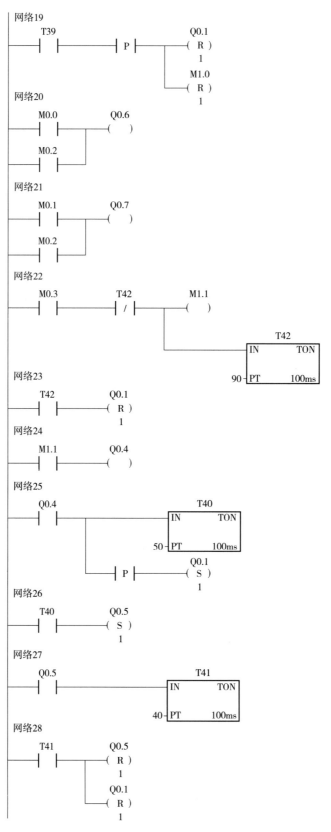

图 6-11 全自动洗衣机控制的梯形图程序

(2) 编写全自动洗衣机控制控制的语句表程序

与上面编制的梯形图相对应的语句表程序如图 6-12 所示。

网络 1		网络 10		网络 19	
LD	I0.1	LD	M0.0	LD	T39
O	SM0.1	A	Q0.3	EU	
R	M0.0,16	ED		R	Q0.1,1
R	Q0.0,8	LD	M0.1	R	M1.0,1
R	C0,3	O	I0.2		
		CTU	C0,10	网络 20	
网络 2				LD	M0.0
LD	I0.0	网络 11		O	M0.2
AN	I0.1	LD	C0	=	Q0.6
MOVB	1,MB0	R	Q0.2,2		
		S	Q0.1,1	网络 21	
网络 3				LD	M0.1
LDN	Q0.1	网络 12		O	M0.2
O	T41	LD	M0.1	=	Q0.7
EU		A	Q0.3		
SLB	MB0.1	ED		网络 22	
		LD	M0.2	LD	M0.3
网络 4		O	I0.2	AN	T42
LD	M0.0	CTU	C1,8	=	M1.1
EU				TON	T42,90
LD	M0.1	网络 13			
EU		LD	C1	网络 23	
OLD		R	Q0.2,2	LD	T42
LD	M0.2	S	Q0.1,1	R	Q0.1,1
EU					
OLD		网络 14		网络 24	
AN	I0.3	LD	M0.2	LD	M1.1
S	Q0.0,1	A	Q0.3	=	Q0.4
		ED			
网络 5		LD	T39	网络 25	
LD	I0.3	O	I0.2	LD	Q0.4
EU		CTU	C2,8	TON	T40,50
S	Q0.2,1			EU	
R	Q0.0,1	网络 15		S	Q0.1,1
		LD	C2		
网络 6		R	Q0.2,2	网络 26	
LD	Q0.2	S	Q0.1,1	LD	T40
TON	T37,30			S	Q0.5,1
		网络 16			
网络 7		LD	I0.2	网络 27	
LD	T37	EU		LD	Q0.5
EU		S	Q0.1,1	TON	T41,40
R	Q0.2,1	R	Q0.0,1		
S	Q0.3,1	S	Q0.2,4	网络 28	
				LD	T41
网络 8		网络 17		R	Q0.5,1
LD	Q0.3	LDN	I0.4	R	Q0.1,1
TON	T38,30	EU			
		S	M1.0,1		
网络 9					
LD	T38	网络 18			
EU		LD	M1.0		
S	Q0.2,1	TON	T39,10		
R	Q0.3,1				

图 6-12 全自动洗衣机控制的语句表程序

(3) 程序调试

在上位计算机上启动"V4.0 STEP 7"编程软件,将图 6-11 梯形图程序输入到计算机。

按照图 6-9 连接好线路，将梯形图程序下载到 PLC，根据控制要求加入输入信号并运行程序，观察灯管和流水灯的亮暗情况。如果运行结果与控制要求不符，则需要对控制程序或外部接线进行检查。

四、知识拓展 PLC 的故障诊断与排除

尽管 PLC 是一种高可靠性的计算机控制系统，但是在使用过程中，由于各种意想不到的原因，有时会发生故障。面对各种可能出现的故障，需要依据机电设备故障诊断与维修的一般原则、方法、步骤和技巧，认真分析、反复排查，及时进行维修并更换器件，以免通电后故障的再次发生。PLC 控制系统的常见故障，一方面可能来自于外部设备，如各种开关、传感器、执行机构和负载等；另一方面也可能来自于系统内部，如 CPU、存储器、系统总线、电源等。

1. 故障特性

对于一个 PLC 控制系统，由于系统内在工艺缺陷、设计错误，以及元器件质量等原因造成的早期故障率随时间而逐步下降。这个时期是从系统投入运行时开始的，其长短随系统的规模和设计而异，设计者的主要任务是尽早找出不可靠的原因，使系统稳定下来。大量的统计分析与实践经验已经证明：外部设备和内部系统的故障发生概率按图 6-13 分布。

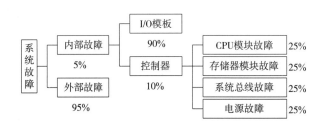

图 6-13 PLC 控制系统的故障分布

由图 6-13 可以看出，PLC 本身一般是很少发生故障的，控制系统故障主要发生在各种开关、传感器、执行机构等外部设备。因此，当系统发生故障时，先要想到哪些部件最容易损坏？故障现象与故障部位有哪些联系？什么样的环境会产生什么样的故障？由此初步判断故障的发生部位，可以大大节省故障诊断时间。

经过一段时间的运行及系统完善后，故障率就大体稳定下来。在这一时期故障是随机发生的，系统的故障率最低，而且系统稳定，所以这一时期是系统的最佳状态时期。

随着系统的某些零部件逐渐老化耗损，寿命衰竭，因而故障率日益上升。在实际使用中，如能事先更换元器件，就可以把故障曲线拉平坦一些，用这种办法可以延长系统的有效寿命。

为延长可编程控制器组成的控制系统的寿命，一方面在系统设计时要采取一定的措施；另一方面当耗损故障期开始之前，更换将要进入耗损故障期的元器件。为了做好这两个方面的工作，就要知道系统中哪些部分易于出现故障，以便采取相应措施，延长系统的有效寿命期。图 6-13 中的系统故障是指整个控制系统失效的总故障，外部故障指系统与实际过程相连的传感器、检测开关、执行机构和负载等部分的故障，内部故障指可编程控制器本身的故障。

由图 6-13 可知，在系统总故障中只有 10% 的故障发生在可编程控制器中，这说明了可编程控制器本身的可靠性远远高于外部设备的可靠性。在可编程控制器的 10% 故障中，90% 的故障发生在 I/O 模板中，只有 10% 的故障发生在控制器中。也就是说发生在可编程序控制器 CPU、存储器、系统总线和电源中的故障概率很小，系统的大部分故障都发生在 I/O 模板及信号元件和回路中。

根据上述分析，要提高系统的可靠性，在系统设计中就要注意外部设备的选择，在可编程序控制器中，必须提高对 I/O 模板的维修能力，缩短平均维修时间。

2. 故障分类

随着可编程控制器在工业生产过程中的广泛应用，其可靠性、稳定性显得更加突出，也使人们对整个系统要求越来越高。一方面人们希望由可编程控制器组成的控制系统尽量少出故障；另一方面希望系统一旦出现故障，能尽快诊断出故障部位并很快修复，使系统重新工作。由此，可见故障诊断的重要性。

设备故障可分为系统故障、外部设备故障、硬件故障和软件故障。

① 系统故障。影响系统运行的全局性故障。系统故障可分为固定性故障和偶然性故障。如果故障发生后，可重新启动使系统恢复正常，则可认为是偶然性故障。相反，若重新启动不能恢复而需要更换硬件或软件，系统才能恢复正常，则可认为是固定故障。这种故障一般是由系统设计不当或系统运行年限较长所致。

② 外部设备故障。与实际过程直接联系的各种开关、传感器、执行机构、负载等所发生的故障，直接影响系统的控制功能，这类故障一般是由设备本身的质量和寿命所致。

③ 硬件故障。主要指系统中的模板（特别是 I/O 模板）损坏而造成的故障。这类故障一般比较明显，且影响也是局部的，它们主要是由使用不当或使用时间较长、模板内元件老化所致。

④ 软件故障。软件本身所包含的错误所引起的，这主要是软件设计考虑不周，在执行中一旦故障条件满足就会引发。在实际工程应用中，由于软件工作复杂、工作量大，因此软件错误几乎难以避免，这就提出了软件的可靠性问题。

上述的故障分类并不全面，但对于可编程控制器组成的控制系统而言，绝大部分故障属于上述四类故障。根据这一故障分类，可以帮助分析故障发生的部位和产生的原因。

3. 故障诊断

（1）故障的宏观诊断

故障的宏观诊断就是根据经验、参照发生故障的环境和现象，来确定故障的部位和原因。由于这种诊断方法因可编程控制器产品不同而相异，所以也要根据具体的可编程控制器型号来进行宏观诊断。

对于可编程控制器组成的控制系统的故障诊断应按如下步骤进行。

① 是否为使用不当引起的故障，这类故障根据使用情况可初步判断出故障类型、发生部位。常见的使用不当包括供电电源故障、端子接线故障、模板安装故障和现场操作故障等。

② 如果不是使用故障，则可能是偶然性故障或系统运行时间较长所引发的故障。对于这类故障可按可编程控制器系统的故障分布，依次检查、判断故障。首先检查与实际过程相连的传感器、检测开关、执行机构和负载是否有故障；然后检查可编程控制器的 I/O 模板

是否有故障；最后检查可编程控制器的 CPU 是否有故障。按此方法如果已找到故障并排除，则不必再检查下去。

③ 在检查可编程控制器本身故障时，可参考可编程控制器 CPU 模板和电源模板上的指示灯。

采取上述步骤还检查不出故障部位和原因，则可能是系统设计错误，此时要重新检查系统设计，包括硬件设计和软件设计。

(2) 故障的自诊断

PLC 具有一定的自诊断能力，无论 PLC 自身故障，还是外部设备故障，绝大部分都可由 PLC 的面板故障指示灯来判断故障部位。

① 电源指示（POWER）。当 PLC 的工作电源接通并符合额定电压要求时，该灯亮；否则说明电源有故障。

② 运行指示（RUN）。当 PLC 处于运行状态时，该灯亮；否则说明 PLC 接线不正确或者 CPU 芯片、RAM 芯片有问题。

③ 锂电池电压指示。锂电池电压正常时，该灯一直不亮；否则说明锂电池的电压已经下降到额定值以下，提醒维修人员要在一周内更换锂电池。

④ 系统故障指示（CUP SF）。当 PLC 的硬件和软件都正常时，该灯不亮；当发生故障时，则该灯亮，说明可能发生下列错误。

a. 程序出错，如程序语法错误、程序线路错误、定时器或计数器的常数丢失或超值等。

b. 锂电池电压不足。

c. 由于噪声干扰或线间短路等引起的 PLC 内"求和"检查错误。

d. 由于外来浪涌电压瞬时加到 PLC 时，引起程序执行出错。

e. 程序执行时间太长，引起监视器动作。

⑤ 输入指示。有多少个输入端子，就有多少个输入指示灯。当 PLC 的输入端加上正常的输入时，输入指示灯应该亮；若正常输入而灯不亮或未加输入而灯亮，说明输入电路有故障。

⑥ 输出指示。有多少个输出端子就有多少个输出指示灯。按照控制程序，当某个输出继电器通电时，该继电器的输出指示灯就应该亮，若某输出继电器指示灯亮而该路负载不动作，或输出继电器线圈未得电而指示灯亮，说明输出电路有问题，可能是输出触点因过载、短路而烧坏。

PLC 的自诊断功能是它突出的优点。它给用户提供所发生故障的诊断信息，从而大大提高故障诊断的速度和准确性。

(3) 利用编程器诊断故障

编程器诊断主要是采用软件分析方法，来判断故障的部位和原因。一般的可编程控制器都具有极强的自诊断测试功能，在系统发生故障时，一定要充分利用这一功能。在进行自诊断测试时，都要使用诊断调试工具，也就是编程器。系统的自诊断测试功能包括下述内容。

① 一般的可编程控制器系统中都有状态字和控制字。状态字是显示系统各部分工作状态的，一般是一位对应一个设备；控制字则是由用户设定的控制操作的，一般是一位对应一种操作。状态字和控制字都要通过编程器来读写。

② 可编程控制器都具有块堆栈、中断堆栈和局部堆栈。块堆栈、中断堆栈和局部堆栈实际上是数据存储区，它们在系统自诊断软件作用下，自动生成并显示各部分状态。通过编

程器调用系统的块堆栈、中断堆栈和局部堆栈,加以分析就可以确定故障原因和部位。在 S7 系列 PLC 中,块堆栈是指 B 堆栈,它列出了在 CPU 从"RUN",切换到"STOP"前所调用的所有块和没有完全处理的块。中断堆栈是指 I 堆栈,它记录了中断发生点的数据,CPU 因为故障或操作模式改变将变到"STOP"。

③ 除上述诊断方法外,可编程控制器的编程器(或编程软件)还具有状态测试、输入信号状态显示、输出信号状态控制、各种程序比较、内存比较、系统参数修改等功能。通过这些功能可帮助迅速查找到故障原因。

在实际应用中,可利用可编程控制器本身所具有的各种功能,自行编制软件、采取一定措施、结合具体分析确定故障原因。另外,为了快速地区别是可编程控制器硬件故障还是应用软件故障。可以编制一个只有结束语句的应用程序装入 CPU 中,如果硬件完好,则可顺利地冷启动;如果冷启动失败,就是系统硬件有故障。

五、习题与训练

6.2.1 判断题。
(1) 设计 PLC 系统时 I/O 点数不需要留余量,刚好满足控制要求就行。(　　)
(2) 深入了解控制对象及控制要求是 PLC 控制系统设计的基础。(　　)
(3) PLC 编程软件不能模拟现场调试。(　　)
(4) PLC 控制程序下载时不能断电。(　　)
(5) PLC 硬件故障类型只有 I/O 类型的。(　　)
(6) 给 PLC 加入输入信号、输入模块指示灯不亮时,应检查是否输入电路开路。(　　)

6.2.2 用 PLC 构成四节传送带控制系统,如图 6-14 所示,系统由传动电动机 M1、M2、M3、M4 和故障设置开关 A、B、C、D 组成,完成物料的运送、故障停止等功能。具体控制要求如下。

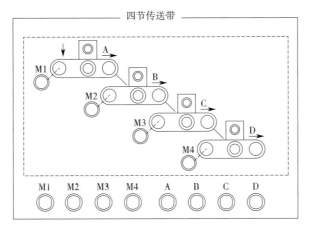

图 6-14 题 6.2.2 图

(1) 闭合"启动"开关,首先启动最末一条传送带(电动机 M4),每经过 1s 延时,依次启动一条传送带(电动机 M3、M2、M1)。
(2) 当某条传送带发生故障时,该传送带及其前面的传送带立即停止,而该传送带以后的待运完货物后方可停止。例如 M2 存在故障，则 M1、M2 立即停，经过 1s 延时后，M3 停，再过 1s，M4 停。

（3）排出故障，打开"启动"开关，系统重新启动。

（4）关闭"启动"开关，先停止最前一条传送带（电动机 M1），待料运送完毕后再依次停止 M2、M3 及 M4 电动机。

要求列出 I/O 地址分配表，编写梯形图程序并仿真实施。

6.2.3 某自动售货机控制系统面板如图 6-15 所示。控制要求如下。

（1）按下"M1""M2""M3"三个开关，模拟投入 1 元、2 元、3 元的货币，投入的货币可以累加起来，通过 Y 的数码管显示出当前投入的货币总数。

（2）售货机内的两种饮料有相对应价格，当投入的货币大于或等于其售价时，对应的汽水指示灯 C、咖啡指示灯 D 点亮，表示可以购买。

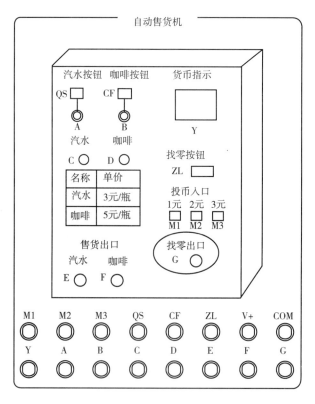

图 6-15 题 6.2.3 图

（3）当可以购买时，按下相应的"汽水按钮 QS"或"咖啡按钮 CF"，同时与之对应的汽水指示灯 A 或咖啡指示灯 B 点亮，表示已经购买了汽水或咖啡。出口处指示灯 E 或 F 点亮，表示饮料已经取走。

（4）在购买了汽水或咖啡后，Y 显示当前的余额，按下"找零按钮 ZL"后，Y 显示 00，表示已经清零。

设计该自动售货机控制系统：分配输入输出地址；画出 PLC 接线示意图；设计控制程序。

本项目小结

本项目以"电动运输车呼车控制、全自动洗衣机的控制"两个任务为载体,介绍了使用 PLC 组成控制系统时,应该遵守的设计基本原则、设计一般步骤及方法。

在实际工程应用中如何进行系统硬件设计,机型选择时应考虑哪些性能指标和怎样选择各种控制/信号模板,都是比较重要的问题。另外,在完成了系统硬件选型设计之后,还要进行系统供电和接地设计。

程序设计是系统设计的核心。合理的程序结构与 PLC 内存资源的合理分配使用,不仅将决定系统应用程序的编程质量,而且对编程周期以及程序调试都有很大影响。在系统设计时,对过程或设备的分解以及创建的各项功能说明书,是程序结构设计与数据结构设计的主要技术依据,还应重点掌握用功能流程图法设计程序。

项目七

三菱FX$_{2N}$系列PLC的基本应用

三菱公司是日本生产 PLC 的主要厂家之一，先后推出的小型、超小型 PLC 有 F、F1、F2、FX1、FX2、FX$_{2C}$、FX$_{2N}$、FX$_{3U}$ 等系列。目前主要分 FX$_{1S}$、FX$_{1N}$、FX$_{2N}$、FX$_{3U}$ 等系列。FX$_{2N}$ 系列 PLC 是三菱公司的典型产品。它采用整体式结构，按功能可分为基本单元、扩展单元、扩展模块和特殊功能模块单元等四种类型产品。本项目介绍三菱 FX 系列 PLC 的基本应用。

【思政及职业素养目标】

- 培养学生努力学习、刻苦钻研、善于思考的好习惯；
- 培养学生脚踏实地、乐于奉献的好品质；
- 激发学生科技报国的家国情怀和使命担当。

任务一 密码锁的控制

【知识、能力目标】

- 了解 FX 系列 PLC 型号名称含义；
- 掌握 FX$_{2N}$ 系列 PLC 的基本指令的功能及应用；
- 能安装 FX$_{2N}$ 系列 PLC 的编程软件；
- 能进行密码锁控制系统的电路连接、编程和调试。

一、任务导入和分析

有一密码锁，共有 8 个按键 SB1～SB8，其控制要求如下。

① 密码键 SB1、SB3、SB5。开锁条件为：SB1 按压 3 次，SB3 按压 2 次，SB5 按压 4 次，延时 5s 后密码锁自动打开。

② 不可按压键 SB2、SB4。如按压了此两个键，报警器就发出报警。

③ 启动键 SB6。按下 SB6 键才可以进行开锁作业。

④ 复位键 SB7。按下 SB7 键可以重新进行开锁作业。如果按错了键，就必须进行复位操作，所有计数器都被复位。

⑤ 停止键 SB8。按下 SB8 键，停止开锁作业。
⑥ 除启动键外，其他键不考虑按键顺序。

使用基本指令编写程序，可以完成本任务的控制要求。

二、相关知识　　FX_{2N} 系列 PLC 基本指令

1. FX 系列 PLC 型号

三菱 FX 系列 PLC 是小型 PLC 系列产品。FX 系列 PLC 序号、名称及含义如图 7-1 所示。

图 7-1　FX 系列 PLC 序号、名称及含义

① 子系列序号：1S、1N、2N、3U 等，如 FX_{2N}、FX_{3U}。
② 输入、输出的总点数：10～128 点。
③ 单元类型：
M——基本单元；
E——输入输出混合扩展单元及扩展模块；
EX——输入专用扩展模块；
EY——输出专用扩展模块。
④ 输出形式：
R——继电器输出；
T——晶体管输出；
S——晶闸管输出。
⑤ 电源的形式：
D—— DC 24V 电源，24V(DC) 输入；若无标记，则为 AC 电源或 24V 直流输入。

如 FX_{2N}-32MR 表示为 FX_{2N} 系列，I/O 总点数为 32 点，该模块为基本单元，采用继电器输出。又如 FX_{2N}-16EYR 表示该模块为 FX_{2N} 系列，有 16 个继电器输出的扩展模块。

2. FX_{2N} 系列 PLC 主要编程元件

FX_{2N} 系列 PLC 主要编程元件的编号范围与功能说明见表 7-1。

表 7-1　FX_{2N} 系列 PLC 主要编程元件

元件名称	代表字母	编号范围	功能说明
输入继电器	X	X0～X177 共 128 点	接收外部输入设备的信号
输出继电器	Y	Y0～Y177 共 128 点	输出程序执行结果并驱动外部设备
辅助继电器	M	M0～M8255	传递信号等，触点在程序内部使用
定时器	T	T0～T255	延时控制用，触点在程序内部使用

续表

元件名称	代表字母	编号范围	功能说明
计数器	C	C0～C255	累计脉冲等,触点在程序内部使用
状态寄存器	S	S0～S999	在顺控程序中使用,触点在程序内部使用
数据寄存器	D	D0～D8255	数据处理用的数值存储元件

(1) 输入/输出指令（LD、LDI、OUT）

LD、LDI、OUT 三条指令的功能、梯形图及语句表格式见表 7-2。

表 7-2　LD、LDI、OUT 指令的功能、梯形图及语句表格式

助记符(名称)	功能	梯形图格式	语句表格式
LD 取	常开触点与母线连接	─┤bit├─	LD bit
LDI 取反	常闭触点与母线连接	─┤bit/├─	LDI bit
OUT 输出	线圈驱动	─┤ ├─(bit)	OUT bit

LD、LDI 指令的目标元件是 X、Y、M、S、T、C，用于将触点接到母线上。此外，也可以与 ANB、ORB 指令配合用于分支起点。

OUT 是驱动线圈的输出指令，它的目标元件是 Y、M、S、T、C，对输入继电器不能使用。

OUT 指令的目标元件是定时器和计数器时，必须设置常数 K。

(2) 触点串联指令和并联指令（AND、ANI、OR、ORI）

AND、ANI 指令用于单个触点串联，OR、ORI 指令用于单个触点并联。触点串联指令 AND、ANI 和并联指令 OR、ORI 的功能、梯形图及语句表格式见表 7-3。

表 7-3　AND、ANI、OR、ORI 指令的功能、梯形图及语句表格式

助记符(名称)	功能	梯形图格式	语句表格式
AND 与	单个常开接点的串联	─┤├─┤bit├─	AND bit
ANI 与非	单个常闭接点的串联	─┤├─┤bit/├─	ANI bit
OR 或	单个常开接点的并联	─┤├─┬─ 　　└┤bit├┘	OR bit
ORI 或	单个常闭接点的并联	─┤├─┬─ 　　└┤bit/├┘	ORI bit

(3) 电路块串联指令和并联指令（ANB、ORB）

两条或两条以上支路并联形成的电路块称为"并联电路块"。并联电路块与前面电路串联连接时，使用 ANB 指令。电路块的起点用 LD、LDI 指令，并联电路结束后，使用 ANB 指令与前面电路串联。ANB 指令也简称与块指令，ANB 是无操作目标元件，是一个程序步指令。

两个或两个以上触点串联连接的电路叫"串联电路块"。串联电路块并联连接时，使用 ORB 指令。电路块开始用 LD、LDI 指令，并联结束用 ORB 指令。ORB 指令也为无目标元件指令，步长为一个程序步。ORB 有时也简称或块指令。

(4) 多重输出指令（MPS、MRD、MPP）

MPS 为入栈指令，MRD 为读栈指令，MPP 为出栈指令。

FX_{2N} 系列 PLC 中有 11 个存储运算中间结果的存储器，称之为栈存储器。栈存储器是一组能够存储和取出数据的暂存单元，其特点是"后进先出"，每次进行一次入栈操作，新值放入栈顶，栈底值丢失；每次进行一次出栈操作，栈顶值弹出，栈底值补充随机数。读栈 MRD 指令将栈顶数据读出，而栈内的数据不发生移动。

多重输出指令用于一个触点（或触点组），同时控制两个或两个以上线圈的编程，指令无操作数。

(5) 主控及主控复位指令（MC、MCR）

MC 为主控指令，用于公共串联触点的连接，MCR 叫主控复位指令，即 MC 的复位指令。在编程时，经常遇到多个线圈同时受到一个或一组触点控制。如果在每个线圈的控制电路中都串入同样的接点，将多占用存储单元，应用主控指令可以解决这一问题。使用主控指令的触点称为主控触点，它在梯形图中与一般的触点垂直。它们是与母线相连的常开触点，是控制一组电路的总开关。

MC 指令占 3 个程序步，MCR 指令占 2 个程序步，两条指令的操作目标元件是 Y、M，但不允许使用特殊辅助继电器 M。

(6) 置位与复位指令（SET、RST）

SET 为置位指令，使动作保持；RST 为复位指令，使操作保持复位。SET 指令的操作目标元件为 Y、M、S，而 RST 指令的操作元件为 Y、M、S、D、V、Z、T、C。这两条指令是 1～3 个程序步。用 RST 指令可以对定时器、计数器、数据寄存、变址寄存器的内容清零。

(7) 脉冲输出指令（PLS、PLF）

PLS 指令在输入信号上升沿产生脉冲输出，而 PLF 在输入信号下降沿产生脉冲输出，这两条指令都是个 2 程序步，它们的目标元件为 Y 和 M，但特殊辅助继电器不能作目标元件。使用 PLS 指令，元件 Y、M 仅在驱动输入接通后的一个扫描周期内动作（置 1）；使用 PLF 指令，元件 Y、M 仅在驱动输入断开后的一个扫描周期内动作。

(8) 空操作指令（NOP）

NOP 指令是一条无动作、无目标元件的 1 程序步指令。空操作指令使该步序进行空操作。用 NOP 指令替代已写入指令，可以改变电路。在程序中加入 NOP 指令，在改动或追加程序时可以减少步序号的改变。

(9) 程序结束指令（END）

END 是一条无目标元件的 1 程序步指令。PLC 反复进行输入处理、程序运算、输出处理，若在程序最后写入 END 指令，则 END 以后的程序就不再执行，直接进行输出处理。在程序调试过程中，按段插入 END 指令，可以按顺序方便地对各程序段动作的检查。采用 END 指令将程序划分为若干段，在确认处于前面电路块的动作正确无误之后，依次删去 END 指令。

（10）定时器

定时器可以对 PLC 内 1ms、10ms、100ms 的时钟脉冲进行加法计算，当定时器当前值等于或大于其预置值时输出触点动作，常开触点闭合，常闭触点断开。其编号见表 7-4。

表 7-4　定时器的分辨率和编号

定时器类型	分辨率/ms	最大定时值/s	定时器编号
普通定时器	100	327.67	T0~T199
	10	3276.7	T200~T245
积算定时器	1	32.767	T246~T249
	100	3276.7	T250~T255

（11）计数器

三菱 FX_{2N} 系列 PLC 提供的计数器类型见表 7-5。

表 7-5　计数器的类型和编号

计数器类型	16 位加计数器	32 位加/减计数器
通用型	C0~C99	C200~C219
掉电保持型	C100~C199	C220~C234
高速计数器		C235~C255

16 位加计数器对输入信号的脉冲进行加计数，当计数器的当前值等于或大于其预置值时输出触点动作，常开触点闭合，常闭触点断开。通过执行 RST 指令使计数器复位。

定时器和计数器的简单应用如图 7-2 所示。

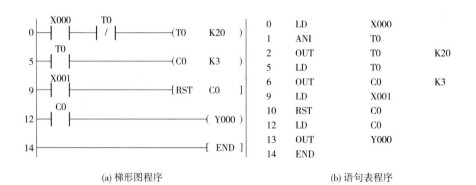

图 7-2　定时器和计数器的简单应用

当 X0 接通时，T0 开始计时。如果 X0 持续接通时间大于 6s，则每隔 2s，T0 触点动作,其常开触点闭合,为计数器 C0 输入脉冲,T0 常闭触点断开使其复位。经过 2×3s 即 6s,C0 触点动作,其常开触点闭合,使 Y0 接通。当断开 X0 并按下 C0 复位信号 X1,Y0 断开。

三、任务实施

1. 分配 I/O 地址,绘制 PLC 输入/输出接线图

密码锁控制任务的 I/O 地址分配见表 7-6。

表 7-6 密码锁控制任务的 I/O 地址分配

输入		输出		内部编程元件		
密码键 SB1、SB3、SB5	X0~X2	接通密码锁 KM	Y0	计数器	辅助继电器	定时器
不可压键 SB2、SB4	X3、X4	报警器 HA	Y1			
启动键 SB6	X5			C1、C2、C3、C4、C5	M0、M1	T0
复位键 SB7	X6					
停止键 SB8	X7					

将已选择的输入/输出设备和分配好的 I/O 地址一一对应连接,形成 PLC 的 I/O 接线图,如图 7-3 所示。

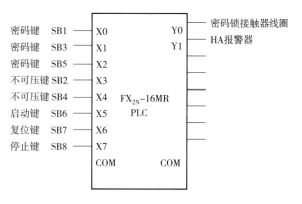

图 7-3 密码锁控制系统输入/输出接线图

2. 编制 PLC 程序

(1) 密码锁控制系统的梯形图程序

根据对密码锁控制系统要求绘制的梯形图程序如图 7-4 所示。

(2) 密码锁控制系统的语句表程序

与上面编制的梯形图相对应的语句表程序如图 7-5 所示。

(3) 程序调试

在上位计算机上启动"V4.0 STEP 7"编程软件,将图 7-4 梯形图程序输入到计算机。按照图 7-3 连接好线路,将梯形图程序下载到 PLC,根据控制要求输入信号并运行程序。如果运行结果与控制要求不符,则需要对控制程序或外部接线进行检查,直到符合要求。

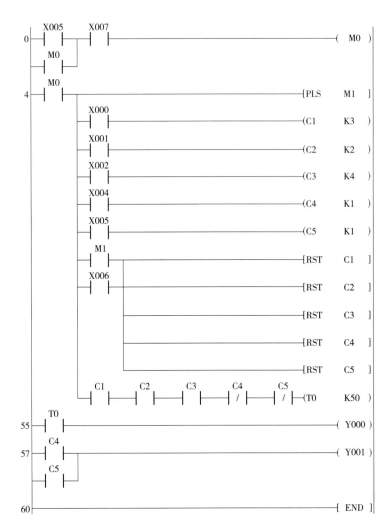

图 7-4 密码锁控制系统的梯形图程序

0	LD	X005		32	MRD		
1	OR	M0		33	LD	M1	
2	AND	X007		34	OR	X006	
3	OUT	M0		35	ANB		
4	LD	M0		36	RST	C1	
5	PLS	M1		38	RST	C2	
7	MPS			40	RST	C3	
8	AND	X000		42	RST	C4	
9	OUT	C1	K3	44	RST	C5	
12	MRD			46	MPP		
13	AND	X001		47	AND	C1	
14	OUT	C2	K2	48	AND	C2	
17	MRD			49	AND	C3	
18	AND	X002		50	ANI	C4	
19	OUT	C3	K4	51	ANI	C5	
22	MRD			52	OUT	T0	K50
23	AND	X004		55	LD	T0	
24	OUT	C4	K1	56	OUT	Y000	
27	MRD			57	LD	C4	
28	AND	X005		58	OR	C5	
29	OUT	C5	K1	59	OUT	Y001	
				60	END		

图 7-5 密码锁控制系统的语句表程序

四、知识拓展 FX$_{2N}$系列 PLC 基本指令汇总

FX$_{2N}$系列 PLC 如基本指令见表 7-7。

表 7-7 FX$_{2N}$系列 PLC 的基本指令

名称	助记符	目标元件	说明
取指令	LD	X、Y、M、S、T、C	常开接点逻辑运算起始
取反指令	LDI	X、Y、M、S、T、C	常闭接点逻辑运算起始
线圈驱动指令	OUT	Y、M、S、T、C	驱动线圈的输出
与指令	AND	X、Y、M、S、T、C	单个常开接点的串联
与非指令	ANI	X、Y、M、S、T、C	单个常闭接点的串联
或指令	OR	X、Y、M、S、T、C	单个常开接点的并联
或非指令	ORI	X、Y、M、S、T、C	单个常闭接点的并联
或块指令	ORB	无	串联电路块的并联连接
与块指令	ANB	无	并联电路块的串联连接
进栈指令	MPS	无	将运算中间结果存入栈存储器
读栈指令	MRD	无	读出栈存储器的最上级的数据
出栈指令	MPP	无	读栈顶数据且将该数据从栈中删除
主控指令	MC	Y、M	公共串联接点的连接
主控复位指令	MCR	Y、M	MC 的复位
置位指令	SET	Y、M、S	使动作保持
复位指令	RST	Y、M、S、D、V、Z、T、C	使操作保持复位
上升沿产生脉冲指令	PLS	Y、M	输入信号上升沿产生脉冲输出
下降沿产生脉冲指令	PLF	Y、M	输入信号下降沿产生脉冲输出
空操作指令	NOP	无	使步序作空操作
程序结束指令	END	无	程序结束

五、习题与训练

7.1.1 选择题。

(1) FX$_{2N}$-40MR 可编程控制器中 M 表示（　　）。
A. 基本单元　　B. 扩展单元　　C. 单元类型　　D. 输出类型

(2) FX$_{2N}$-20MR 可编程控制器中的 R 表示（　　）类型。
A. 继电器输出　B. 晶闸管输出　C. 晶体管输出　D. 单结晶体管输出

(3) FX$_{2N}$系列可编程控制器并联常闭点用（　　）指令。
A. LD　　　　B. LDI　　　　C. OR　　　　D. ORI

(4) FX$_{2N}$系列可编程控制器中电路块并联连接用（　　）指令。
A. AND　　　B. ANI　　　　C. ANB　　　D. ORB

7.1.2 判断题。

(1) PLC 编程时，主程序可以有多个。(　　)

(2) FX_{2N} 可编程控制器有 4 种输出类型。(　　)

(3) FX_{2N} 系列可编程控制器辅助继电器用 M 表示。(　　)

(4) PLC 不能应用于过程控制。(　　)

(5) 三菱 GX Developer 编程软件只能对 FX_{2N} 系列 PLC 进行编程。(　　)

(6) PLC 的控制程序是不能修改的。(　　)

(7) 可编程控制器的输出端可直接驱动大容量电磁铁、电磁阀、电动机等大负载。(　　)

(8) 可编程控制器的输入端可与机械系统上的触点开关、接近开关、传感器等直接连接。(　　)

(9) PLC 中的用户程序执行的结果能直接驱动输出设备。(　　)

7.1.3 简述 FX_{2N} 系列 PLC 的主要编程元件的作用。

7.1.4 写出图 7-6 所示梯形图的语句表程序。

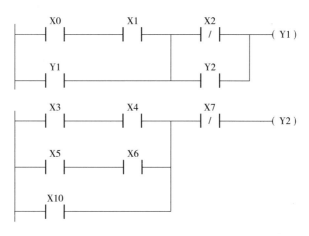

图 7-6　题 7.1.4 图

7.1.5 某机床的控制使用了两台电动机 M1 和 M2。要求 M1 启动后 M2 才能启动，任一台电动机过载时，两台电动机均停止；按下停止按钮时，两台电动机同时停止。画出主电路，并设计 PLC 控制程序。

学习笔记

任务二 天塔之光的控制

【知识、能力目标】

- 掌握 FX_{2N} 系列 PLC 的常用功能指令的格式及应用；
- 能进行天塔之光控制系统的电路连接、编程和调试。

一、任务导入和分析

在商业领域中，各种门面招牌、字幕广告、建筑物轮廓等都需要用装饰灯照明。某天塔之光的控制面板如图 7-7 所示，合上启动按钮后，装饰灯 L1 到 L7 按以下规律显示：L1→L1、L2→L1、L3→L1、L4→L1、L5→L1、L2、L4、→L1、L3、L5→L1→L2、L3、L4、L5→L6、L7→L1、L6→L1、L7→L1→L1、L2、L3、L4、L5→L1、L2、L3、L4、L5、L6、L7→L1、L2、L3、L4、L5、L6、L7→L1、…如此循环，周而复始。

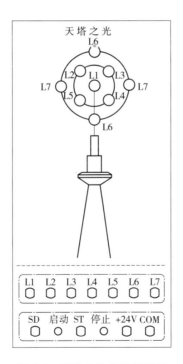

图 7-7 天塔之光的控制面板

二、相关知识 位左移和区间复位指令

1. 位左移 SFTL 指令

位左移 SFTL 指令的源操作数和目标操作数都是位元件。位左移 SFTL 指令的一般格式为：

SFTL　［S］　　［D］　　n1　　n2

功能指令也可以使用功能编号 FNC×××来表示，位左移 SFTL 指令用功能编号表示为

FNC35　［S］　　［D］　　n1　　n2

当执行条件满足时，源操作数［S］中的数据和目标操作数［D］中的数据向左移动 n2 位，共有 n1 位参与移动。例如，执行指令"SFTL　M100　M101　K19　K1"，是将 M100 中的数据移入 M101，M101 移入 M102，…，M118 移入 M119，M119 溢出，共有 19 位参与移动。

2. 区间复位 ZRST 指令

区间复位 ZRST 指令的一般格式为：

ZRST　［D1］　　［D2］　　或　　FNC40　［D1］　　［D2］

当执行条件满足时，区间复位 ZRST 指令，将 D1 到 D2 指定的元件号范围内的同类元件成批复位。目标操作数可以是 T、C、D 字元件，或 Y、M、S 位元件；D1 的元件号小于 D2 的元件号。例如，执行指令"ZRST　M101　M120"，是将位元件 M101 到 M120 成批复位。

移位指令的简单应用如图 7-8 所示，位左移指令控制程序对应的循环左移真值表的输出见表 7-8。

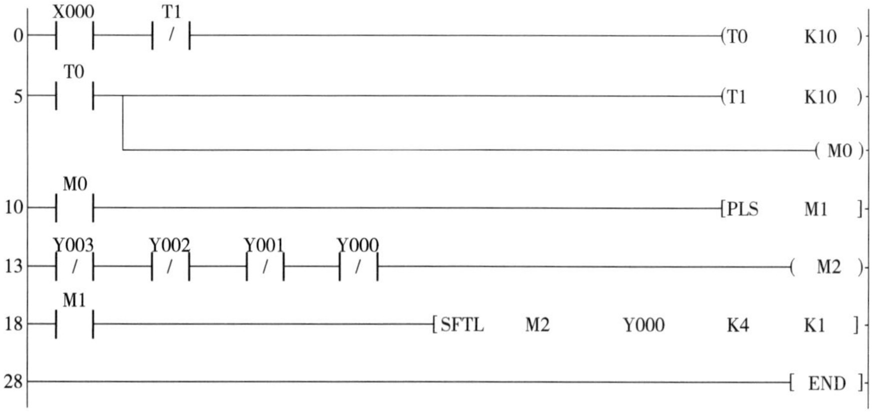

(a) 梯形图程序

0	LD	X000			
1	ANI	T1			
2	OUT	T0	K10		
5	LD	T0			
6	OUT	T1	K10		
9	OUT	M0			
10	LD	M0			
11	PLS	M1			
13	LDI	Y003			
14	ANI	Y002			
15	ANI	Y001			
16	ANI	Y000			
17	OUT	M2			
18	LD	M1			
19	SFTL	M2	Y000	K4	K1
28	END				

(b) 语句表程序

图 7-8　位左移指令的简单应用

表 7-8 真值表的输出

脉冲	Y3	Y2	Y1	Y0
0	0	0	0	0
1	0	0	0	1
2	0	0	1	0
3	0	1	0	0
4	1	0	0	0

三、任务实施

1. 分配 I/O 地址，绘制 PLC 输入/输出接线图

本控制任务的 I/O 地址分配见表 7-9。

表 7-9 天塔之光控制任务的 I/O 地址分配

输入		输出		内部编程元件	
启动按钮 SD	X0	装饰灯 L1~L7	Y1~Y7	定时器	T0,T1,T2
停止按钮 ST	X1			辅助继电器	M0,M2,M10,M100~M120

将已选择的输入/输出设备和分配好的 I/O 地址一一对应连接，形成 PLC 的 I/O 接线图，如图 7-9 所示。

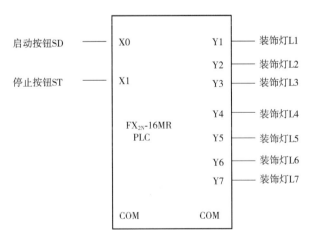

图 7-9 天塔之光控制输入/输出接线图

2. 编制 PLC 程序

（1）天塔之光控制的梯形图程序

根据天塔之光控制要求绘制的梯形图程序如图 7-10 所示。

```
  0  ──┤X000├──┤/X001├──┤/M0├──────────────────────────(T0  K20)
  6  ──┤T0├──────────────────────────────────────────────(M0)
  8  ──┤X000├──┬──────────────────────────────────────(T1  K30)
              └──┤/T1├─────────────────────────────────(M10)
 14  ──┤M10├──┬──────────────────────────────────────(M100)
        M2   ─┘
 17  ──┤M119├─┬──────────────────────────────────────(T2  K20)
              └──┤/T2├─────────────────────────────────(M2)
 23  ──┤M0├────────────────────[SFTL  M100  M101  K19  K1]
 33  ──┤M101├─────────────────────────────────────────(Y001)
        M102
        M103
        M104
        M105
        M106
        M107
        M108
        M111
        M112
        M113
 48  ──┤M102├─────────────────────────────────────────(Y002)
        M106
        M109
        M114
        M115
        M117
```

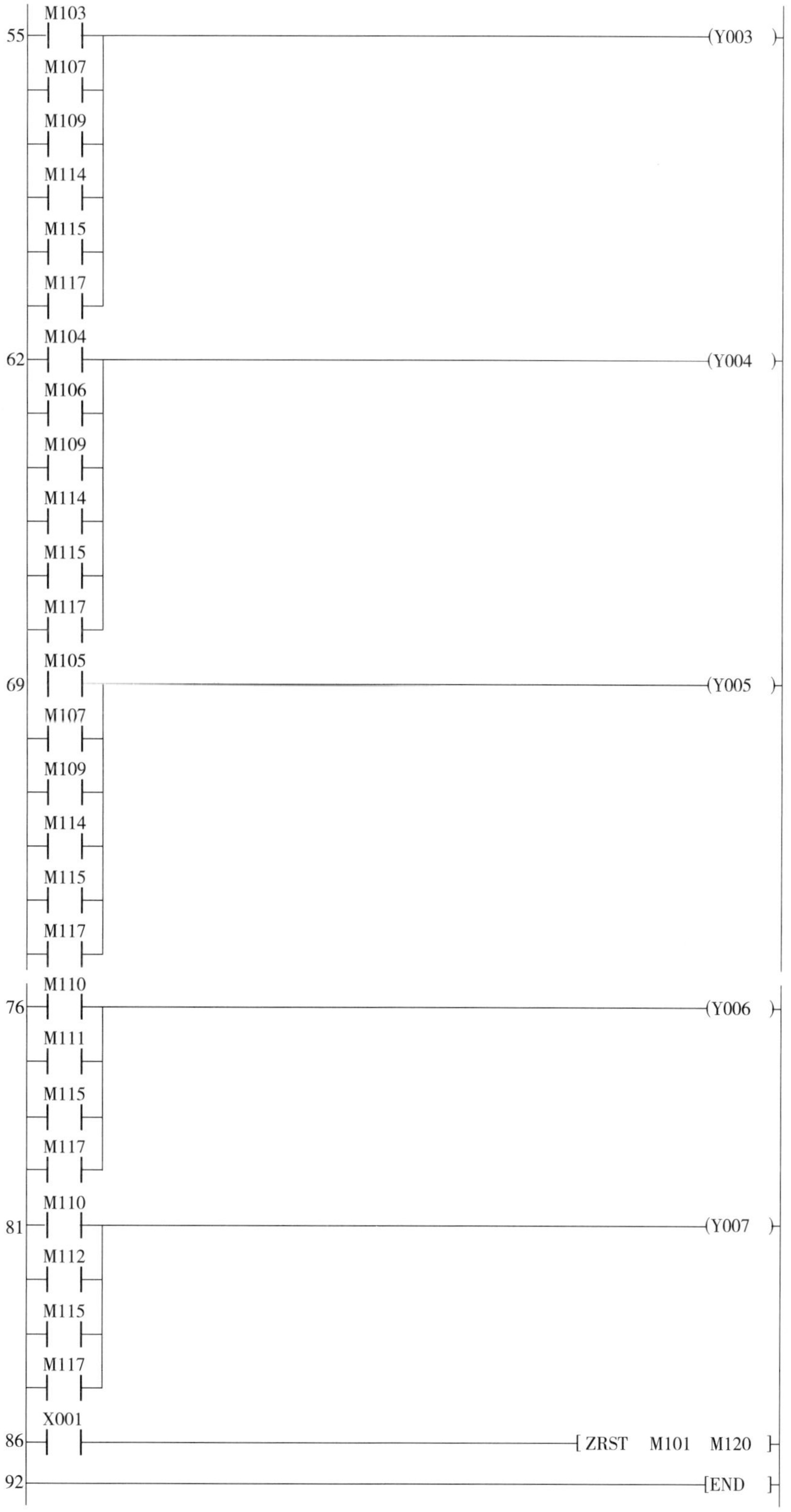

```
    M103
55 ──┤├──────────────────────────────(Y003)
    M107
   ──┤├──
    M109
   ──┤├──
    M114
   ──┤├──
    M115
   ──┤├──
    M117
   ──┤├──

    M104
62 ──┤├──────────────────────────────(Y004)
    M106
   ──┤├──
    M109
   ──┤├──
    M114
   ──┤├──
    M115
   ──┤├──
    M117
   ──┤├──

    M105
69 ──┤├──────────────────────────────(Y005)
    M107
   ──┤├──
    M109
   ──┤├──
    M114
   ──┤├──
    M115
   ──┤├──
    M117
   ──┤├──

    M110
76 ──┤├──────────────────────────────(Y006)
    M111
   ──┤├──
    M115
   ──┤├──
    M117
   ──┤├──

    M110
81 ──┤├──────────────────────────────(Y007)
    M112
   ──┤├──
    M115
   ──┤├──
    M117
   ──┤├──

    X001
86 ──┤├────────────────────[ ZRST  M101  M120 ]
92 ────────────────────────────────────[ END ]
```

图 7-10 天塔之光控制的梯形图程序

(2) 天塔之光控制的语句表程序

与上面编制的梯形图相对应的语句表程序见表 7-10。

表 7-10 天塔之光控制的语句表程序

LD X0	LD M101	OR M115	OR M109
ANI X1	OR M102	ORM 117	OR M114
ANI M0	OR M103	OUT Y2	OR M115
OUT T0 K20	OR M104	LD M103	OR M117
LD T0	OR M105	OR M107	OUT Y5
OUT M0	OR M106	OR M109	LD M110
LD X0	OR M107	OR M114	OR M111
OUT T1 K30	OR M108	OR M115	OR M115
ANI T1	OR M113	OR M117	OR M117
OUT M10	OR M111	OUT Y3	OUT Y6
LD M10	OR M112	LD M104	LD M110
OR M2	OR M114	OR M106	OR M112
OUT M100	OR M115	OR M109	OR M115
LD M119	OR M117	OR M114	OR M117
OUT T2 K20	OUT Y1	OR M115	OUT Y7
ANI T2	LD M102	OR M117	LD X1
OUT M2	OR M106	OUT Y4	ZRST M101 M120
LD M0	OR M109	LD M105	END
SFTL M100 M101 K19 K1	OR M114	OR M107	

(3) 程序调试

在上位计算机上启动"V4.0 STEP 7"编程软件,将图 7-10 梯形图程序输入到计算机。

按照图 7-9 连接好线路,将梯形图程序下载到 PLC,拨上启动信号并运行程序,观察各灯的点亮情况,如果运行结果与控制要求不符,则需要对控制程序或外部接线进行检查,直到符合要求。

四、知识拓展 FX$_{2N}$系列 PLC 的功能指令

1. FX$_{2N}$系列 PLC 的功能指令使用说明

FX$_{2N}$系列 PLC 的功能指令,用于数据的传送、运算、变换及程序控制等方面,具有 128 种 298 条指令,它由功能编号 FNC00~FNC246 指定,各指令有表示其内容的助记符符号,使用时写指令功能编号或写指令助记符符号均可。功能指令在多数情况下,将功能编号与操作数组合在一起使用。功能指令的操作数包括源操作数 S、目的操作数 D,以及辅助操作数 m、n,操作数有 16 位和 32 位。

功能指令的操作数可用软元件:处理 ON/OFF 信息的软元件(如 X、Y、M、S 等)叫位软元件,而 T、C、D 等软元件叫字软元件。对于位软件,通过组合使用也可以处理数据,

此时以位数 Kn 和起始的软元件号的组合来表示，位数 Kn 以 4 位为单位。16 位数据 Kn 的范围为 K1～K4，32 位数据 Kn 的范围为 K1～K8。如 K2M0 是指 M0～M7。

FX_{2N} 系列 PLC 的数据寄存器 D 为 16 位，在处理 32 位数据时，使用一对数据寄存器的组合。定时器 T 和计数器 C 的当前值寄存器，可作为一般寄存器处理，但是，C200～C255 的 1 点是 32 位计数器，可直接处理 32 位数，不能作为 16 位指令的操作数使用。

功能指令的指令形态与执行形式：根据处理数值的位数，功能指令可分为 16 位指令和 32 位指令。对于 32 位应用指令，其助记符在 16 位指令助记符前面添加符号 D。

根据指令的执行形式，功能指令可分为连续执行型与脉冲执行型。脉冲执行型指令的助记符，在连续执行型应用指令后面添加符号 P 来表示。其指令只在驱动条件从 OFF→ON 变化时执行一次，其他时刻不执行。连续执行型应用指令在各扫描周期都执行的指令，操作数的内容每个扫描周期都变化。

2. FX_{2N} 系列 PLC 的功能指令

FX_{2N} 系列 PLC 的功能指令实际上是许多功能不同的子程序，它分为程序流程、传送与比较、算术逻辑运算、循环移位、数据处理、高速处理、方便指令、外围 I/O 处理、外围设备 SER、浮点数、定位、时钟运算、触点比较等若干类，现将部分功能指令汇总于表 7-11。

表 7-11　FX_{2N} 系列 PLC 的功能指令

分类	指令编号	助记符	操作数	功能
程序流控制	FNC00	CJ	D:P0～P127，P63 是 END 所在步,不需标注	条件跳转
	FNC01	CALL	D:P0～P62，P64～P127	子程序调用
	FNC02	SRET	无	子程序返回
	FNC03	IRET	无	中断返回
	FNC04	EI	无	允许中断
	FNC05	DI	无	禁止中断
	FNC06	FEND	无	主程序结束
	FNC07	WDT	无	监控程序执行
	FNC08	FOR	S:K,H,K_NX,K_NY,K_NM,K_NS,T,C,D,V,Z	循环开始
	FNC09	NEXT	无	循环结束
数据传送和比较	FNC10	CMP	S1,S2:K,H,K_NX,K_NY,K_NM,K_NS,T,C,D,V,Z D:Y,M,S	比较
	FNC11	ZCP	S1,S2:K,H,K_NX,K_NY,K_NM,K_NS,T,C,D,V,Z D:Y,M,S	区间比较
	FNC12	MOV	S:K,H,K_NX,K_NY,K_NM,K_NS,T,C,D,V,Z D:K_NY,K_NM,K_NS,T,C,D,V,Z	传送
	FNC13	SMOV	S:K_NX,K_NY,K_NM,K_NS,T,C,D,V,Z m1,m2:K,H=1～4 D:K_NY,K_NM,K_NS,T,C,D,V,Z n :K,H=1～4	BCD 码移位传送

续表

分类	指令编号	助记符	操作数	功能
数据传送和比较	FNC14	CML	S:K,H,K_NX,K_NY,K_NM,K_NS,T,C,D,V,Z D:K_NY,K_NM,K_NS,T,C,D,V,Z	取反传送
	FNC15	BMOV	S:K,H,K_NX,K_NY,K_NM,K_NS,T,C,D D:K_NY,K_NM,K_NS,T,C,D n:K,H $\leq$ 512	数据块传送
	FNC16	FMOV	S:K,H,K_NX,K_NY,K_NM,K_NS,T,C,D,V,Z D:K_NY,K_NM,K_NS,T,C,D n:K,H $\leq$ 512	多点传送
	FNC17	XCH	S:K_NY,K_NM,K_NS,T,C,D,V,Z D:K_NY,K_NM,K_NS,T,C,D,V,Z	BCD码交换
	FNC18	BCD	S:K_NX,K_NY,K_NM,K_NS,T,C,D,V,Z D:K_NY,K_NM,K_NS,T,C,D,V,Z	二-十进制转换
	FNC19	BIN	S:K_NX,K_NY,K_NM,K_NS,T,C,D,V,Z D:K_NY,K_NM,K_NS,T,C,D,V,Z	十-二进制转换
四则运算和逻辑运算	FNC20	ADD	S1,S2:K,H,K_NX,K_NY,K_NM,K_NS,T,C,D,V,Z D:K_NY,K_NM,K_NS,T,C,D,V,Z	BIN加法
	FNC21	SUB	S1,S2:K,H,K_NX,K_NY,K_NM,K_NS,T,C,D,V,Z D:K_NY,K_NM,K_NS,T,C,D,V,Z	BIN减法
	FNC22	MUL	S1,S2:K,H,K_NX,K_NY,K_NM,K_NS,T,C,D,V,Z D:K_NY,K_NM,K_NS,T,C,D,V,Z(限16位)	BIN乘法
	FNC23	DIV	S1,S2:K,H,K_NX,K_NY,K_NM,K_NS,T,C,D,V,Z D:K_NY,K_NM,K_NS,T,C,D,V,Z(限16位)	BIN除法
	FNC24	INC	D:K_NY,K_NM,K_NS,T,C,D,V,Z	BIN加1
	FNC25	DEC	D:K_NY,K_NM,K_NS,T,C,D,V,Z	BIN减1
	FNC26	WAND	S1,S2:K,H,K_NX,K_NY,K_NM,K_NS,T,C,D,V,Z D:K_NY,K_NM,K_NS,T,C,D,V,Z	字逻辑与
	FNC27	WOR	S1,S2:K,H,K_NX,K_NY,K_NM,K_NS,T,C,D,V,Z D:K_NY,K_NM,K_NS,T,C,D,V,Z	字逻辑或
	FNC28	WXOR	S1,S2:K,H,K_NX,K_NY,K_NM,K_NS,T,C,D,V,Z D:K_NY,K_NM,K_NS,T,C,D,V,Z	字逻辑异或
	FNC29	NEG	D:K_NY,K_NM,K_NS,C,D,V,Z	求二进制补码
循环和移位	FNC30	ROR	D:K_NY,K_NM,K_NS,T,C,D,V,Z n:K,H $\leq$ 16(32)	右循环
	FNC31	ROL	D:K_NY,K_NM,K_NS,T,C,D,V,Z(K_N为K4或K8) n:K,H $\leq$ 16(32)	左循环
	FNC32	RCR	D:K_NY,K_NM,K_NS,T,C,D,V,Z(K_N为K4或K8) n:K,H $\leq$ 16(32)	带进位右循环

续表

分类	指令编号	助记符	操作数	功能
循环和移位	FNC33	RCL	D:K_NY,K_NM,K_NS,T,C,D,V,Z n:K,H ≤=16(32)	带进位左循环
	FNC34	SFTR	S:X,Y,M,S D:Y,M,S n1,n2:K,H n2<=n1<=1024	位右移
	FNC35	SFTL	S:X,Y,M,S D:Y,M,S n1,n2:K,H n2<=n1<=1024	位左移
	FNC36	WSFR	S:K_NX,K_NY,K_NM,K_NS,T,C,D D:K_NY,K_NM,K_NS,T,C,D n1,n2:K,H n2<=n1<=512	字右移
	FNC37	WSFL	S:K_NX,K_NY,K_NM,K_NS,T,C,D D:K_NY,K_NM,K_NS,T,C,D n1,n2:K,H n2<=n1<=512	字左移
	FNC38	SFWR	S:K,H,K_NX,K_NY,K_NM,K_NS,T,C,D,V,Z D:K_NY,K_NM,K_NS,T,C,D n1,n2:K,H n2<=n1<=512	FIFO 写入
	FNC39	SFRD	S:K_NX,K_NY,K_NM,K_NS,T,C,D D:K_NY,K_NM,K_NS,T,C,D n1,n2:K,H n2<=n1<=512	FIFO 读出
数据处理	FNC40	ZRST	D1,D2:Y,M,S,T,C,D D1<=D2	区间复位
	FNC41	DECO	S:K,H,X,Y,M,S,T,C,D,V,Z D:Y,M,S,T,C,D n:K,H n=1～8	解码
	FNC42	ENCO	S:X,Y,M,S,T,C,D,V,Z D:T,C,D,V,Z n:K,H n=1～8	编码
	FNC43	SUM	S:K,H,K_NX,K_NY,K_NM,K_NS,T,C,D,V,Z D:K_NY,K_NM,K_NS,T,C,D,V,Z	求置 ON 位总数
	FNC44	BON	S:K,H,K_NX,K_NY,K_NM,K_NS,T,C,D,V,Z D:Y,M,S n:K,H n=0～15(32 位指令时 n=0～31)	ON 位判别
	FNC45	MEAN	S:K_NX,K_NY,K_NM,K_NS,T,C,D D:K_NY,K_NM,K_NS,T,C,D,V,Z n:K,H n=1～64	平均值
	FNC46	ANS	S:T0～T199 D:S900～S999 n:K,H n=1～32767 单位 100ms	信号报警器置位
	FNC47	ANR	无	信号报警器复位
	FNC48	SQR	S:K,H,D D:D	BIN 开方
	FNC49	FLT	S:D D:D	BIN 整数向 BIN 浮点数转换

续表

分类	指令编号	助记符	操作数	功能
高速处理	FNC50	REF	D:X,Y　　n:K,H　n为8的倍数	输入输出刷新
	FNC51	REFF	n:K,H　　n=0～60ms	滤波器调整
	FNC52	MTR	S:X　　D1:Y　D2:Y,M,S n:K,H　n=2～8	矩阵输入
	FNC53	HSCS	S1:K,H,K_NX,K_NY,K_NM,K_NS,T,C,D,V,Z S2:C235～C255 D:Y,M,S	高速计数器比较置位
	FNC54	HSCR	S1:K,H,K_NX,K_NY,K_NM,K_NS,T,C,D,V,Z S2:C235～C255 D:Y,M,S,C235～C255	高速计数器比较复位
	FNC55	HSZ	S1:K,H,K_NX,K_NY,K_NM,K_NS,T,C,D,V,Z S2:C235～C255 D:Y,M,S　使用3个连续元件	高速计数器区间比较
	FNC56	SPD	S1:X0～X5 S2:K,H,K_NX,K_NY,K_NM,K_NS,T,C,D,V,Z D:T,C,D,V,Z　使用3个连续元件	速度检测
	FNC57	PLSY	S1,S2:K,H,K_NX,K_NY,K_NM,K_NS,T,C,D,V,Z D:Y	脉冲输出
	FNC58	PWM	S1,S2:K,H,K_NX,K_NY,K_NM,K_NS,T,C,D,V,Z D:Y　其中S1<=S2	脉宽调制
方便指令	FNC60	IST	S:X,Y,M 使用8个连续元件 D1,D2:S20～S899	初始化状态
	FNC61	SER	S1:K_NX,K_NY,K_NM,K_NS,T,C,D,V,Z S2:K,H,K_NX,K_NY,K_NM,K_NS,T,C,D,V,Z D:K_NY,K_NM,K_NS,T,C,D　使用5个连续元件 n:K,H,D　n=1～256(32位指令 n=1～128)	数据查找
	FNC62	ABSD	S1:K_NX,K_NY,K_NM,K_NS(8个一组),T,C,D,V,Z S2:,C 使用两个连续的计数器 D:Y,M,S n个连续元件 n:K,H　n<=64	绝对值式凸轮控制
	FNC63	INCD	S1:K_NX,K_NY,K_NM,K_NS(8个一组),T,C,D,V,Z S2:,C 使用两个连续的计数器 D:Y,M,S n个连续元件 n:K,H　n<=64	增量式凸轮控制
	FNC64	TTMR	D:D　使用两个连续单元 n:K,H　n=0～2	示教定时器
	FNC65	STMR	S:T0～T199　单位100ms n:K,H　n=1～32767 D:Y,M,S 使用4个连续元件	特殊定时器
	FNC66	ALT	D:Y,M,S	交替输出
	FNC67	RAMP	S1,S2,D:D　使用两个连续元件 n:K,H　n=1～32767	斜坡信号输出

续表

分类	指令编号	助记符	操作数	功能
外围 I/O 设备	FNC70	TKY	S:X,Y,M,S 使用 10 个连续元件 D1:K$_N$Y,K$_N$M,K$_N$S,T,C,D D2:Y,M,S 使用 11 个连续元件	十进制数输入
	FNC71	HKY	S:X 使用 4 个连续元件 D1:Y 使用 4 个连续元件 D2:T,C,D,V,Z D:Y,M,S 使用 8 个连续元件	十六进制输入
	FNC72	DSW	S:X n=2 为 8 个元件,否则为 4 个元件 D1:Y 使用 4 个连续元件 D2:T,C,D,V,Z n=2 为两个元件,否则为 1 个 n:K,H n=1 或 2	n 组 4 位 BCD 数字开关输入
	FNC73	SEGD	S:K,H,K$_N$X,K$_N$Y,K$_N$M,K$_N$S,T,C,D,V,Z 使用低 4 位 D:K$_N$Y,K$_N$M,K$_N$S,T,C,D,V,Z 高 8 位不变	7 段译码
	FNC74	SEGL	S:K,H,K$_N$X,K$_N$Y,K$_N$M,K$_N$S,T,C,D,V,Z D:Y,n=0~3 用 8 个输出,n=4~7 用 12 个 n:K,H n=0~3,1 组 n=4~7,2 组	带锁存的 7 段显示
	FNC75	ARWS	S:X,Y,M,S 使用 4 个连续元件 D1:T,C,D,V,Z 十进制数据格式 D2:Y 使用 8 个连续元件 n:K,H n=0~3	方向开关
	FNC76	ASC	S:由计算机输入的 8 个字母数字 D2:T,C,D 使用 4 个连续元件	ASCII 码转换
	FNC77	PR	S:T,C,D,8 字节模式(M8027=OFF)使用 4 个连续元件,16 字节模式(M8027=ON)使用 8 个 D:Y 使用 10 个连续元件	ASCII 码打印输出
	FNC78	FROM	m1:K,H m1=0~7 m2:K,H m2=0~32767 D:K$_N$Y,K$_N$M,K$_N$S,T,C,D,V,Z n:K,H n=1~32	从特殊功能模块读出
	FNC79	TO	m1:K,H m1=0~7 m2:K,H m2=0~32767 S:K,H,K$_N$X,K$_N$Y,K$_N$M,K$_N$S,T,C,D,V,Z n:K,H n=1~32	向特殊功能模块写入
外围设备 SER	FNC80	RS	S:D m:K,H,D m=0~4096 D:D n:K,H,D m=0~4096,m+n≤8000	串行数据传送
	FNC81	PRUN	S:K$_N$X,K$_N$M, D:K$_N$Y,K$_N$M,	并行运行
	FNC82	ASCI	S:K,H,K$_N$X,K$_N$Y,K$_N$M,K$_N$S,T,C,D,V,Z D:K$_N$Y,K$_N$M,K$_N$S,T,C,D n:K,H n=1~256	HEX 向 ASCII 码转换
	FNC83	HEX	S:K,H,K$_N$X,K$_N$Y,K$_N$M,K$_N$S,T,C,D D:K$_N$Y,K$_N$M,K$_N$S,T,C,D n:K,H n=1~256	ASCII 码向 HEX 转换
	FNC84	CCD	S:K$_N$X,K$_N$Y,K$_N$M,K$_N$S,T,C,D D:K$_N$Y,K$_N$M,K$_N$S,T,C,D n:K,H,D n=1~256	校验码
	FNC85	VRRD	S:K,H 变量号为 0~7,对应 FX-8AV 的 8 个输入变量号 D:K$_N$Y,K$_N$M,K$_N$S,T,C,D,V,Z	电位器读出
	FNC86	VRSC	S:K,H 变量号为 0~7,对应 FX-8AV 的 8 个输入变量号 D:K$_N$Y,K$_N$M,K$_N$S,T,C,D,V,Z	电位器刻度
	FNC88	PID	S1,S2:各用一个数据寄存器 D S3:用 25 个连续数据寄存器 D D:用一个独立的数据寄存器 D	PID 回路运算

续表

分类	指令编号	助记符	操作数	功能
浮点数运算	FNC110	ECMP	S1,S2:K,H,D D:Y,M,S 使用3个连续元件	二进制浮点数比较
	FNC111	EZCP	S1,S2,S:K,H,D S1<=S2 D:Y,M,S 使用3个连续元件	二进制浮点数区间比较
	FNC118	EBCD	S:D D:D	二进制浮点数转十进制浮点数
	FNC119	EBIN	S:D D:D	十进制浮点数转二进制浮点数
	FNC120	EADD	S1,S2:K,H,D D:D	二进制浮点数加法
	FNC121	ESUB	S1,S2:K,H,D D:D	二进制浮点数减法
	FNC122	EMUL	S1,S2:K,H,D D:D	二进制浮点数乘法
	FN123	EDIV	S1,S2:K,H,D D:D	二进制浮点数除法
	FNC127	ESQR	S1,S2:K,H,D 正数有效 D:D	二进制浮点数开方
	FNC129	INT	S:D 0<=角度<=2π D:D	二进制浮点数转二进制整数
	FNC130	SIN	S:D 0<=角度<=2π D:D	二进制浮点数正弦函数
	FNC131	COS	S:D 0<=角度<=2π D:D	二进制浮点数余弦函数
	FNC132	TAN	S:D 0<=角度<=2π D:D	二进制浮点数正切函数
时间运算	FNC160	TCMP	S1,S2,S3:K,H,K$_N$X,K$_N$Y,K$_N$M,K$_N$S,T,C,D,V,Z S:T,C,D D:Y,M,S 使用3个连续元件	时钟数据比较
	FNC161	TZCP	S1,S2,S:T,C,D S1<=S2 3个连续元件 D:Y,M,S 使用3个连续元件	时钟数据区间比较
	FNC162	TADD	S1,S2,D:T,C,D	时钟数据加法
	FNC163	TSUM	S1,S2,D:T,C,D	时钟数据减法
	FNC166	TRD	D:T,C,D 7个连续元件	时钟数据读出
	FNC167	TWR	S:T,C,D 7个连续元件	时钟数据写入
触点比较	FNC224	LD=	S1,S2:可以取所有的数据类型	运算开始(S1)=(S2)时导通
	FNC225	LD>	S1,S2:可以取所有的数据类型	运算开始(S1)>(S2)时导通
	FNC226	LD<	S1,S2:可以取所有的数据类型	运算开始(S1)<(S2)时导通
	FNC228	LD<>	S1,S2:可以取所有的数据类型	运算开始(S1)<>(S2)时导通
	FNC229	LD<=	S1,S2:可以取所有的数据类型	运算开始(S1)<=(S2)时导通
	FNC230	LD>=	S1,S2:可以取所有的数据类型	运算开始(S1)>=(S2)时导通
	FNC232	AND=	S1,S2:可以取所有的数据类型	串联连接(S1)=(S2)时导通
	FNC233	AND>	S1,S2:可以取所有的数据类型	串联连接(S1)>(S2)时导通
	FNC234	AND<	S1,S2:可以取所有的数据类型	串联连接(S1)<(S2)时导通
	FNC236	AND<>	S1,S2:可以取所有的数据类型	串联连接(S1)<>(S2)时导通
	FNC237	AND<=	S1,S2:可以取所有的数据类型	串联连接(S1)<=(S2)时导通
	FNC238	AND>=	S1,S2:可以取所有的数据类型	串联连接(S1)>=(S2)时导通
	FNC240	OR=	S1,S2:可以取所有的数据类型	并联连接(S1)=(S2)时导通
	FNC241	OR>	S1,S2:可以取所有的数据类型	并联连接(S1)>(S2)时导通
	FNC242	OR<	S1,S2:可以取所有的数据类型	并联连接(S1)<(S2)时导通
	FNC244	OR<>	S1,S2:可以取所有的数据类型	并联连接(S1)<>(S2)时导通
	FNC245	OR<=	S1,S2:可以取所有的数据类型	并联连接(S1)<=(S2)时导通
	FNC246	OR>=	S1,S2:可以取所有的数据类型	并联连接(S1)>=(S2)时导通

五、习题与训练

7.2.1 判断题。

(1) FX$_{2N}$系列PLC的功能指令操作数可用软元件,处理ON/OFF信息的软元件(如X、Y、M、S等)叫位软元件。(　　)

(2) FX$_{2N}$系列PLC的位软元件,不能通过组合使用来处理字节、字数据。(　　)

(3) K2Y0是指Y0和Y1。(　　)

(4) K2M0是指M0～M7。(　　)

(5) 对于32位功能指令,其助记符在16位指令助记符前面添加符号D。(　　)

(6) 脉冲执行型指令的助记符在连续执行型功能指令后面添加符号P来表示。其指令只在驱动条件从OFF→ON变化时执行一次,其他时刻不执行。(　　)

7.2.2 设计彩灯的交替点亮控制程序。要求灯组L1～L8隔灯显示,每1s变换一次,反复循环。用一个开关实现启停控制,设计PLC控制程序。

7.2.3 设计喷水池PLC控制程序。喷水池由7个水柱组成,中间为1个高水柱,周围一周为6个低水柱。控制要求:按启动按钮喷水池实现如下花式喷水,高水柱喷3s停止1s,低水柱喷2s停止1s,所有水柱喷1s停止1s,重复上述过程。按下停止按钮,系统停止工作。

学习笔记

任务三 组合机床动力头运动控制

【知识、能力目标】

- 掌握 FX_{2N} 系列 PLC 的步进梯形指令的功能及应用；
- 能进行组合机床动力头运动控制系统的电路连接、编程和调试。

一、任务导入和分析

组合机床通常能自动完成工件的加工，自动化程度高，生产效率高。一般其工作流程为顺序控制，所以可用 PLC 技术实现控制。组合机床动力头运动控制系统如图 7-11 所示。虚线表示快速，实线为慢速。

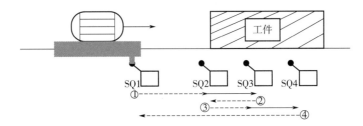

图 7-11 组合机床动力头运动控制系统

在图 7-11 所示的组合机床动力头运动控制系统中，电磁阀 YV1 控制主轴运动方向，YV1 得电主轴前进，失电主轴后退；电磁阀 YV2 控制主轴的速度，YV2 得电主轴快速运动，失电主轴慢速运动。控制要求是：从原位（行程开关 SQ1 为 ON）开始工作，按下启动按钮 SB1，机床动力头先快进，直至 SQ2 处（SQ2 为 ON）转为慢进，加工到一定深度至 SQ3 处（SQ3 为 ON）转为快退至 SQ2 处（目的是排屑），再次快进，快进至 SQ3 处转为慢速前进，加工到尺寸 SQ4 处（SQ4 为 ON）转为快退至原位停止，完成一个工作周期。

本任务可使用单一流程的顺序控制结构来实施。

二、相关知识 步进梯形指令

步进梯形指令是专为顺序控制而设计的，它包括 STL 和 RET 两条指令，其功能、梯形图及语句表格式见表 7-12。

表 7-12 STL 和 RET 指令的功能、梯形图及语句表格式

助记符（名称）	功能	梯形图格式	语句表格式
STL 步进梯形	步进梯形图开始	─┤Si├──────(Y1)─ 　　STL 　　　　├─┤X1├─[SET S2]	STL Si
RET 返回	步进梯形图结束	──────[RET]──	RET

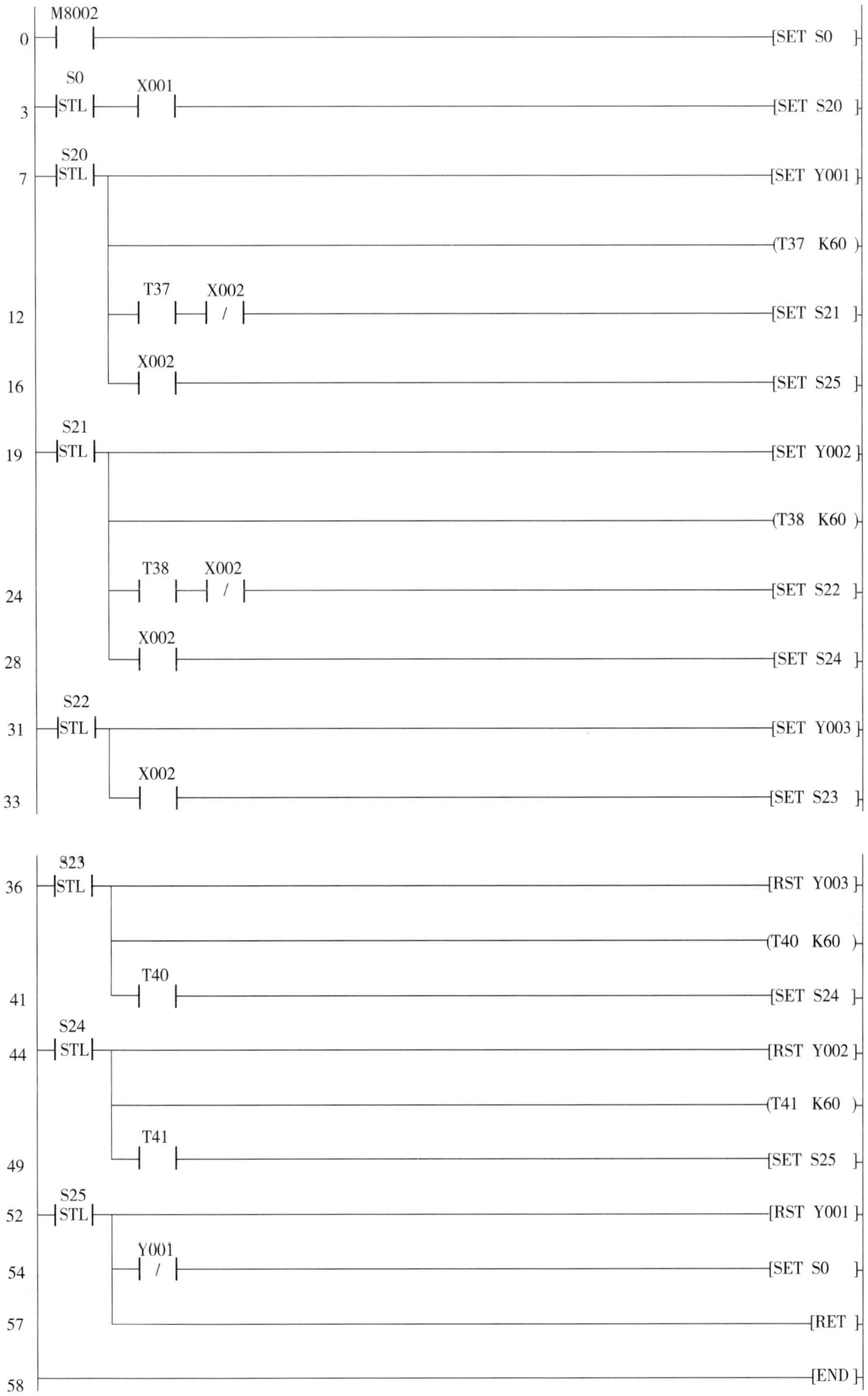

```
 0  ─┤M8002├──────────────────────────────────[SET S0]

 3  ─┤S0 STL├─┤X001├──────────────────────────[SET S20]

 7  ─┤S20 STL├─┬──────────────────────────────[SET Y001]
              ├──────────────────────────────(T37 K60)
12            ├─┤T37├─┤/X002├────────────────[SET S21]
16            └─┤X002├──────────────────────[SET S25]

19  ─┤S21 STL├─┬──────────────────────────────[SET Y002]
              ├──────────────────────────────(T38 K60)
24            ├─┤T38├─┤/X002├────────────────[SET S22]
28            └─┤X002├──────────────────────[SET S24]

31  ─┤S22 STL├─┬──────────────────────────────[SET Y003]
33            └─┤X002├──────────────────────[SET S23]

36  ─┤S23 STL├─┬──────────────────────────────[RST Y003]
              ├──────────────────────────────(T40 K60)
41            └─┤T40├──────────────────────[SET S24]

44  ─┤S24 STL├─┬──────────────────────────────[RST Y002]
              ├──────────────────────────────(T41 K60)
49            └─┤T41├──────────────────────[SET S25]

52  ─┤S25 STL├─┬──────────────────────────────[RST Y001]
54            └─┤/Y001├────────────────────[SET S0]

57  ───────────────────────────────────────────[RET]

58  ───────────────────────────────────────────[END]
```

(a) 梯形图

图 7-12

1	SET	S0		31	STL	S22	
3	STL	S0		32	SET	Y003	
4	LD	X001		33	LD	X002	
5	SET	S20		34	SET	S23	
7	STL	S20		36	STL	S23	
8	SET	Y001		37	RST	Y003	
9	OUT	T37	K60	38	OUT	T40	K60
12	LD	T37		41	LD	T40	
13	ANI	X002		42	SET	S24	
14	SET	S21		44	STL	S24	
16	LD	X002		45	RST	Y002	
17	SET	S25		46	OUT	T41	K60
19	STL	S21		49	LD	T41	
20	SET	Y002		50	SET	S25	
21	OUT	T38	K60	52	STL	S25	
24	LD	T38		53	RST	Y001	
25	ANI	X002		54	LDI	Y001	
26	SET	S22		55	SET	S0	
28	LD	X002		57	RET		
29	SET	S24		58	END		

(b) 语句表

图 7-12 步进梯形指令的简单应用

步进梯形指令仅对状态器 S 有效。对于用作一般辅助继电器的状态器 S，则不能采用 STL 指令，而只能采用基本指令。在 STL 指令后，只能采用 SET 和 RST 指令，作为状态器 S 的置位或复位输出。

每个状态提供了三个功能：驱动处理、转移条件及相继状态。如在状态 Si，驱动接通输出 Y1，当转移条件 X1 接通后，工作状态从 Si 转移到相继状态 S2，状态 Si 自动复位。

状态 S 具有触点的功能（驱动输出线圈或相继的状态），以及线圈的功能（在转移条件下被驱动）。图 7-12 是步进梯形指令的简单应用，即三条皮带运输机顺序控制的程序。每间隔 6s 顺序启动一台电动机，停止时的顺序则相反。

三、任务实施

1. 分配 I/O 地址，绘制 PLC 输入/输出接线图

本控制任务的 I/O 地址分配如表 7-13 所示。

表 7-13 组合机床动力头运动控制系统 I/O 地址分配

输入		输出		内部编程元件	
启动按钮 SB1	X0	电磁阀 YV1	Y1	状态继电器	S20～S25
行程开关 SQ1	X1	电磁阀 YV2	Y2		
行程开关 SQ2	X2				
行程开关 SQ3	X3				
行程开关 SQ4	X4				

将已选择的输入/输出设备和分配好的 I/O 地址一一对应连接,形成 PLC 的 I/O 接线图,如图 7-13 所示。

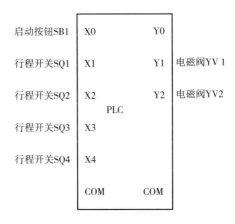

图 7-13　组合机床动力头运动控制系统输入/输出接线图

2. 编制 PLC 程序

(1) 组合机床动力头运动控制系统的梯形图程序

组合机床动力头运动控制系统的顺序流程图如图 7-14 所示。除初始状态外工作过程分为六个顺序工作状态,依次用状态继电器 S20～S25 表示。

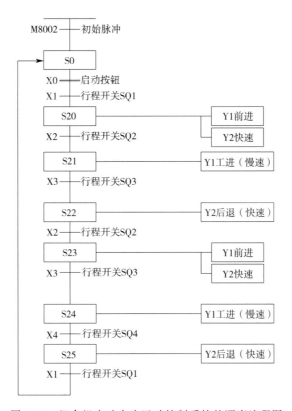

图 7-14　组合机床动力头运动控制系统的顺序流程图

组合机床动力头运动控制系统的梯形图和语句表程序如图 7-15 及图 7-16 所示。

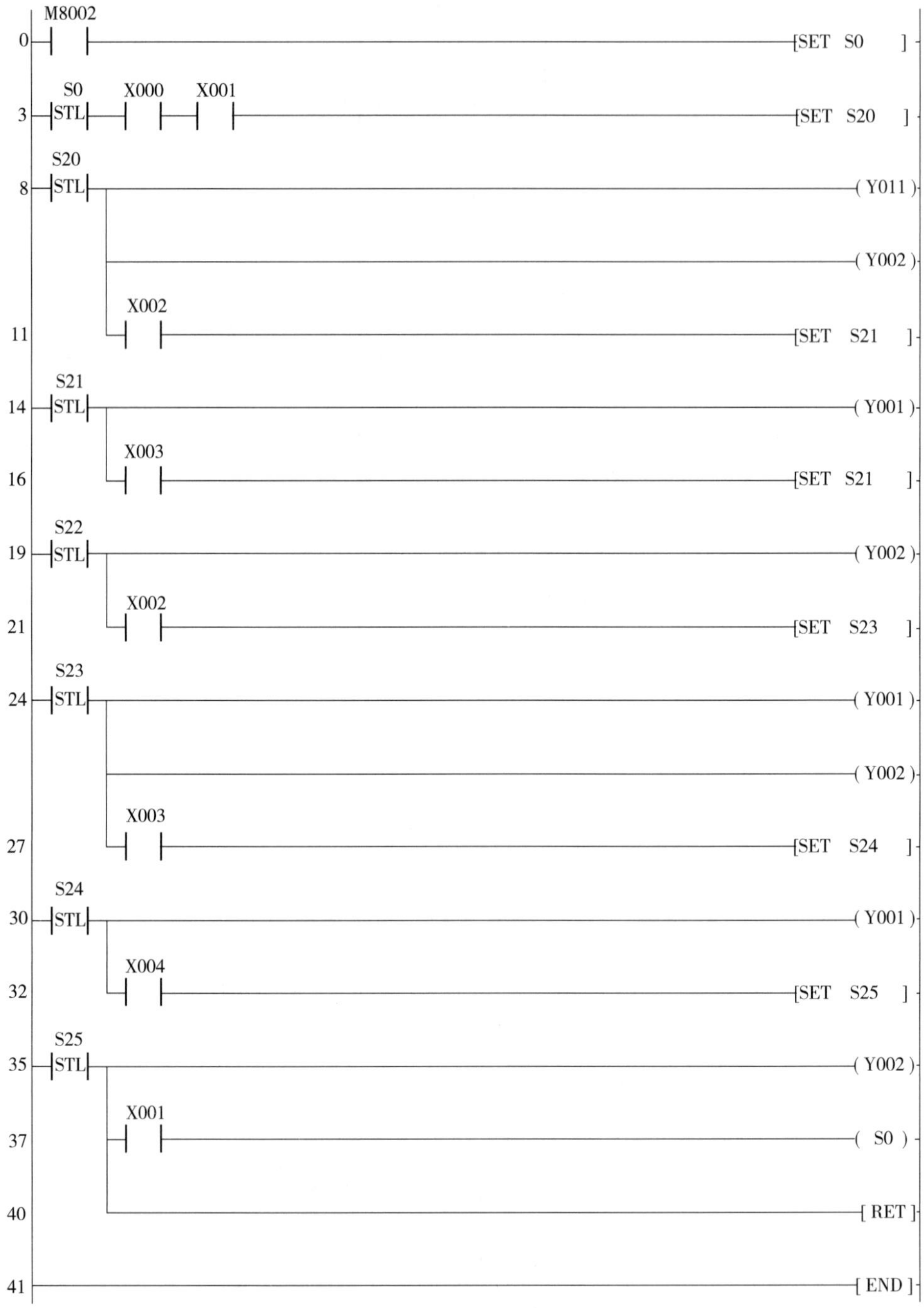

```
 0  ──┤M8002├──────────────────────────────────[SET  S0 ]

 3  ──┤S0├──┤X000├──┤X001├──────────────────────[SET  S20]
       STL

 8  ──┤S20├─────────────────────────────────────( Y011 )
       STL
       ├──────────────────────────────────────( Y002 )
11     ├──┤X002├─────────────────────────────[SET  S21]

14  ──┤S21├─────────────────────────────────────( Y001 )
       STL
16     ├──┤X003├─────────────────────────────[SET  S21]

19  ──┤S22├─────────────────────────────────────( Y002 )
       STL
21     ├──┤X002├─────────────────────────────[SET  S23]

24  ──┤S23├─────────────────────────────────────( Y001 )
       STL
       ├──────────────────────────────────────( Y002 )
27     ├──┤X003├─────────────────────────────[SET  S24]

30  ──┤S24├─────────────────────────────────────( Y001 )
       STL
32     ├──┤X004├─────────────────────────────[SET  S25]

35  ──┤S25├─────────────────────────────────────( Y002 )
       STL
37     ├──┤X001├───────────────────────────────( S0 )

40  ──────────────────────────────────────────[ RET ]

41  ──────────────────────────────────────────[ END ]
```

图 7-15　组合机床动力头运动控制系统的梯形图程序

(2) 组合机床动力头运动控制系统的语句表程序

0	LD	M8002		21	LD	X002
1	SET	S0		22	SET	S23
3	STL	S0		24	STL	S23
4	LD	X000		25	OUT	Y001
5	AND	X001		26	OUT	Y002
6	SET	S20		27	LD	X003
8	STL	S20		28	SET	S24
9	OUT	Y011		30	STL	S24
10	OUT	Y002		31	OUT	Y001
11	LD	X002		32	LD	X004
12	SET	S21		33	SET	S25
14	STL	S21		35	STL	S25
15	OUT	Y001		36	OUT	Y002
16	LD	X003		37	LD	X001
17	SET	S21		38	OUT	S0
19	STL	S22		40	RET	
20	OUT	Y002		41	END	

图 7-16 组合机床动力头运动控制系统的语句表程序

(3) 程序调试

在上位计算机上启动"V4.0 STEP 7"编程软件，将图 7-15 梯形图程序输入到计算机。按照图 7-13 连接好线路，将梯形图程序下载到 PLC，根据控制要求分别加入输入信号并运行程序，观察结果，直到运行情况与控制要求相符。

四、知识拓展　步进梯形指令应用注意事项

① 状态器编号不能重复使用。

② STL 触点断开时，与其相连的回路不动作，一个扫描周期后不再执行 STL 指令。

③ 状态转移过程中，在一个扫描周期内两种状态同时接通，在相应的程序上应设置互锁。

④ 定时器线圈与输出线圈一样，也可在不同状态间对同一定时器软元件编程，但是在相邻状态不要对同一定时器编程。

⑤ STL 指令后的母线，一旦写入 LD 或 LDI 指令后，对于不需要触点的指令，必须采用 MPS、MRD、MPP 指令编程，或者改变回路的驱动顺序。

⑥ 在中断程序与子程序内不能采用 STL 指令。

⑦ STL 指令内不禁止使用跳转指令，但由于动作复杂，建议不要使用。

五、习题与训练

7.3.1　判断题。

(1) 使用 STL 和 RET 两条指令，可以很方便地编制顺序控制梯形图和语句表。（　　）

(2) STL 触点断开时，CPU 不执行与其相连的回路。（　　）

(3) 在中断程序与子程序内都可以采用 STL 指令。（　　）

(4) STL 触点驱动的电路具有三个功能：驱动负载、指定转移条件、转移目标。（　　）

7.3.2　设计 PLC 自动运料小车控制程序。自动运料小车的运行控制如图 7-17 所示，控制要求：

（1）电动机正转时小车前进，反转后退。初始时小车停于左端，左限位开关 SQ1 压合。

（2）按下开始按钮，小车开始装料，5s 后结束装料，小车前进至右端，压合右限位开关 SQ2，小车开始卸料。

（3）5s 后卸料结束，小车前进至左端，压合左限位开关 SQ1，小车又开始装料，如此循环。

（4）设置预停按钮。小车在工作中按下预停按钮，小车则完成一个循环时停于初始位。

（5）具有短路、过载保护。

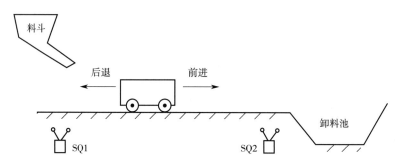

图 7-17　题 7.3.2 图

学习笔记

本项目小结

本项目以"密码锁控制系统模拟、天塔之光控制、组合机床动力头运动控制系统"三个任务为载体，介绍了三菱 FX_{2N} 系列 PLC 的基本应用。

FX_{2N} 系列 PLC 的主要编程元件有输入继电器 X、输出继电器 Y、辅助继电器 M、定时器 T、计数器 C、数据寄存器 D、状态寄存器 S、高速计数器等，它们都是相互独立的编程元件，不可混淆或随意变动。在编程时，要注意这些元件的类别、编号和使用范围。

三菱 FX_{2N} 系列 PLC 的基本指令是最常用的指令类型，应该多加练习，重点掌握。对于应用较多的功能指令也要了解其使用方法。

附　　录

附录 A　STEP 7-Micro/WIN 编程软件

STEP 7-Micro/WIN 是西门子公司专为 S7-200 系列 PLC 设计开发的编程软件。它是基于 Windows 的应用软件，其功能强大，主要为用户开发控制程序使用，同时也可实时监控用户程序的执行状态。它是西门子 S7-200 用户不可缺少的开发工具。附录 A 主要介绍 STEP 7-Micro/WIN V4.0 编程软件的安装、基本功能、使用方法。

A.1　编程软件安装

A.1.1　硬件连接

利用一根 PC/PPI 电缆可建立个人计算机与 PLC 之间的通信，这是一种单主站通信方式。把 PC/PPI 电缆的 PC 端与计算机的 RS-232 通信口（COM1 或 COM2）连接，把 PC/PPI 电缆的 PPI 端与 PLC 的 RS-485 通信口连接即可，如图 A-1 所示。

S7–200 SMART
软件简介

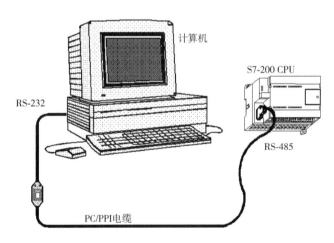

图 A-1　PLC 与计算机间的连接示意图

A.1.2　软件安装

首先安装英文版本的 STEP 7-Micro/WIN 编程软件，安装步骤如下。

① 关闭所有的应用软件，双击 STEP 7 的安装程序 Setup.exe，则系统自动进入安装向导。
② 在弹出的语言选择对话框中选择"英语"，然后点击"下一步"。
③ 选择安装路径，并点击"下一步"。
④ 按照安装向导的提示完成软件的安装。

在安装过程中，会提示用户设置 PG/PC 接口（PG/PC Interface）。PG/PC 接口是 PG/

PC 和 PLC 之间进行通信连接的接口。安装完成后，通过 SIMATIC 程序组或控制面板中的 Set PG/PC Interface，随时可以更改 PG/PC 接口的设置。在安装过程中可以点击"Cancel"忽略这一步骤。

可以将编程软件改为汉化界面。点击英文版本的 STEP 7-Micro/WIN 编程软件中的 tools→options，打开 options 对话框，点击左边的 general，在右边的 language 栏选中 Chinese，然后点击 OK，关闭 V4.0 STEP 7-Micro/WIN，再重新启动该软件即可。

A.1.3 建立 S7-200 CPU 的通信

首先利用 PC/PPI 电缆将计算机和 PLC 连接起来，如图 A-1 所示，然后进行参数设置，便可实现计算机和 PLC 之间的通信。

① 使用 PC/PPI 连接，安装 STEP 7-Micro/WIN 时，可以接受在"设置 PG/PC 接口"对话框中提供的默认通信协议。否则，从"设置 PG/PC 接口"对话框为个人计算机选择另一个通信协议，并

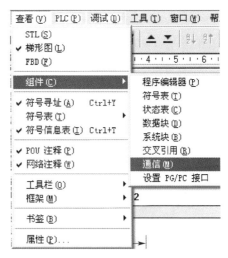

图 A-2 打开"通信"窗口示意图

核实参数（站址、波特率等）。在 STEP 7-Micro/WIN 中，点击浏览条中的"通信"图标，或从菜单选择"查看"→"组件"→"通信"，如图 A-2 所示。

② 从"通信"对话框的右侧窗格，单击显示"双击刷新"的蓝色文字，如图 A-3 所示。

图 A-3 "双击刷新"窗口示意图

③ 如果成功地在网络上的个人计算机与设备之间建立了通信，会显示一个设备列表（包括模型类型和站址）。

④ STEP 7-Micro/WIN 在某一时间仅与一个 PLC 通信，会在 PLC 周围显示一个红色方框，说明该 PLC 目前正在与 STEP 7-Micro/WIN 通信，可以双击另一个 PLC，更改为与另一个 PLC 通信。

A.2 编程软件的窗口组件

A.2.1 编程软件的主界面

STEP 7-Micro/WIN 编程软件主界面如图 A-4 所示。界面一般可以分成以下几个区：标题栏、菜单条（包含 8 个主菜单项）、工具条（快捷按钮）、引导条（快捷操作窗口）、指

令树（快捷操作窗口）、输出窗口、状态条和用户窗口（可同时或分别打开 5 个用户窗口）。

除菜单条外，用户可以根据需要通过查看菜单和窗口菜单，决定其他窗口的取舍和样式的设置。

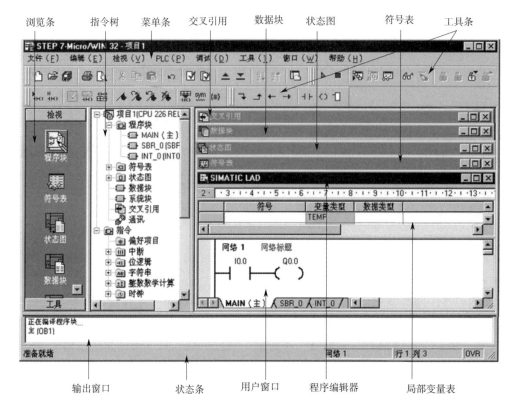

图 A-4　STEP 7-Micro/WIN 编程软件主界面

A.2.2　编程软件的主菜单

在菜单条中共有 8 个主菜单选项，包括：文件、编辑、查看、PLC、调试、工具、窗口、帮助。各主菜单项的功能如下。

(1) 文件（File）

文件菜单项可完成如：新建（New）、打开（Open）、关闭（Close）、保存（Save）、另存（Save As）、导入（Import）、导出（Export）、上载（Upload）、下载（Download）、页面设置（Page Setup）、打印（Print）、预览、最近使用文件、退出等操作。

(2) 编辑（Edit）

编辑菜单提供编辑程序的各种工具，包括：撤销（Undo）、剪切（Cut）、复制（Copy）、粘贴（Paste）、全选（Select All）、插入（Insert）、删除（Delete）、查找（Find）、替换（Replace）、转至（Go To）等项目。

(3) 查看（View）

查看菜单项可以设置编程软件的开发环境，如打开和关闭其他辅助窗口（如引导窗口、指令树窗口、工具条按钮区），执行引导条窗口的所有操作项目，选择不同的程序编程器（LAD、STL 或 FBD），设置 3 种程序编程器的风格（如字体、指令盒的大小等）。

(4) PLC

PLC 菜单用于与 PLC 联机时的操作。如用软件改变 PLC 的运行方式（运行、停止），对用户程序进行编译，清除 PLC 程序、电源启动重置、查看 PLC 的信息、时钟、存储卡的操作、程序比较、PLC 类型选择等操作。其中对用户程序进行编译可以离线进行。

① 联机方式（在线方式）：有编程软件的计算机与 PLC 连接，两者之间可以直接通信。

② 离线方式：有编程软件的计算机与 PLC 断开连接。此时可进行编程、编译。

联机方式和离线方式的主要区别是：联机方式可直接针对连接 PLC 进行操作，如上载、下载用户程序等；离线方式不直接与 PLC 联系，所有的程序和参数都暂时存放在磁盘上，等联机后再下载到 PLC 中。

(5) 调试（Debug）

调试菜单用于联机时的动态调试，有单次扫描（First Scan）、多次扫描（Multiple Scans）、程序状态（Program Status）、触发暂停（Trigger Pause）、用程序状态模拟运行条件（读取、强制、取消强制和全部取消强制）等功能。

调试时可以指定 PLC 对程序执行有限次数扫描（从 1 次扫描到 65535 次扫描）。通过选择 PLC 运行的扫描次数，可以在程序改变过程变量时对其进行监控。第一次扫描时，SM0.1 数值为 1（打开）。

(6) 工具（Tools）

工具菜单项可以调用复杂指令（如 PID 指令、NETR/NETW 指令和 HSC 指令），使复杂指令编程时的工作简化。

工具菜单提供文本显示器 TD200 设置向导，可以改变用户界面风格（如设置按钮及按钮样式、添加菜单项）。

工具菜单的定制子菜单，可以更改 STEP 7-Micro/WIN 工具条的外观或内容，以及在"工具"菜单中增加常用工具。

(7) 窗口（Windows）

窗口菜单项的功能是打开一个或多个窗口，并进行窗口间的切换，可以设置窗口的排放方式（如水平、垂直或层叠）。

(8) 帮助（Help）

帮助菜单可以提供 S7-200 的指令系统及编程软件的所有信息，并提供在线帮助、网上查询、访问等功能，而且在软件操作过程中，可随时按 F1 键来显示在线帮助。

A.2.3 编程软件的工具条

(1) 标准工具条

如图 A-5(a) 所示。各快捷按钮从左到右分别为：新建项目、打开现有项目、保存当前项目、打印、打印预览、剪切选项并复制至剪贴板、将选项复制至剪贴板、在光标位置粘贴剪贴板内容、撤销最后一个条目、编译程序块或数据块（任意一个现用窗口）、全部编译（程序块、数据块和系统块）、将项目从 PLC 上载至 STEP 7-Micro/WIN、从 STEP 7-Micro/WIN 下载至 PLC、符号表名称列按照 A～Z 从小至大排序、符号表名称列按照 Z～A 从大至小排序、选项（配置程序编辑器窗口）。

(2) 调试工具条

如图 A-5(b) 所示。各快捷按钮从左到右分别为：将 PLC 设为运行模式、将 PLC 设为停止模式、在程序状态打开/关闭之间切换、在触发暂停打开/停止之间切换（只用于语句表）、在图状态打开/关闭之间切换 、状态图表单次读取、状态图表全部写入 、强制 PLC 数据 、取消强制 PLC 数据 、状态图表全部取消强制 、状态图表全部读取强制数值。

(3) 公用工具条

如图 A-5(c) 所示。公用工具条各快捷按钮从左到右分别为：插入网络、删除网络、POU 注解、网络注解、切换符号信息表、切换书签、下一个书签、前一个书签、清除全部书签、在项目中应用所有的符号、建立表格未定义符号以及常量说明符等，具体用法可见说明书。

(4) LAD 指令工具条

如图 A-5(d) 所示。工具条中的编程按钮有 7 个，下行线、上行线、左行线和右行线按钮用于输入连接线，形成复杂的梯形图；触点、线圈和指令盒按钮用于输入编程元件。

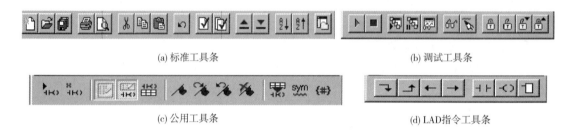

(a) 标准工具条　　　　　　　　　　(b) 调试工具条

(c) 公用工具条　　　　　　　　　　(d) LAD指令工具条

图 A-5　编程软件的工具条

A.2.4　编程软件的浏览条

浏览条（Navigation Bar）为编程提供按钮控制，可以实现窗口的快速切换，即对编程工具执行直接按钮存取，包括程序块（Program Block）、符号表（Symbol Table）、状态表（Status Chart）、数据块（Data Block）、系统块（System Block）、交叉引用（Cross Reference）、和通信（Communication），如图 A-6 所示。可用"查看"菜单中的"引导条"选项来选择是否打开引导条。单击上述任意按钮，则主窗口切换成此按钮对应的窗口。

(1) 程序块

由可执行的程序代码和注释组成。程序代码由主程序（OB1）、可选的子程序（SBR0）和中断程序（INT0）组成。

(2) 符号表

符号表是程序员用符号编址的一种工具表。用来建立自定义符号与直接地址间的对应关系，并可附加注释，使得用户可以使用具有实际意义的符号作为编程元件，增加程序的可读性。例如，系统的停止按钮的输入地址是 I0.0，则可以在符号表中将 I0.0 的地址定义为 stop，这样梯形图所有地址为 I0.0 的编程元件都由 stop 代替。符号表的建立步骤如下：

① 单击浏览条中的符号表按钮，出现一个空的符号表；
② 在符号表中输入相关信息，如图 A-7 所示；
③ 通过"查看"下"符号表"中的"将符号应用于项目"，即可使用符号表了；
④ 再次回到程序显示时，可看到有些地址被定义的符号所取代。

图 A-6　浏览条

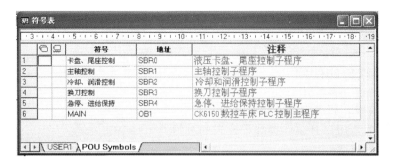

图 A-7 符号表

(3) 状态表

当程序下载至 PLC 之后,可以建立一个或多个状态表,在联机调试时,打开状态表,可监视各变量的值和状态。状态表并不下载到可编程控制器,只是监视用户程序运行的一种工具,建立状态表的步骤如下:

① 单击浏览条上的状态表按钮或通过"查看"菜单→"组件"→"状态表",打开空状态表;

② 在状态表中的地址栏写入变量地址,在数据格式栏中标明变量的类型。

(4) 数据块

该窗口可以对变量寄存器 V 进行初始数据的赋值或修改,并加注必要的注释说明。

(5) 系统块

系统块主要用于系统组态。系统组态主要包括设置数字量或模拟量输入滤波、设置脉冲捕捉、配置输出表、定义存储器保持范围、设置密码和通信参数等。

(6) 交叉引用

交叉引用表列出在程序中使用的各操作数所在的 POU、网络或行位置,以及每次使用各操作数的语句表指令,使得 PLC 资源的使用情况一目了然。

(7) 通信

用来建立计算机与 PLC 之间的通信连接,以及通信参数的设置和修改。用菜单命令"工具"→"选项",选择"浏览条"标签,可在浏览条中编辑字体。浏览条中的所有操作都可用"指令树(Instruction Tree)"视窗完成,或通过"查看(View)"→"组件"菜单来完成。

A.2.5 编程软件的其他组件

(1) 指令树

指令树以树形结构提供编程时用到的所有命令和 PLC 指令的快捷操作,可分为项目分支和指令分支。可以用查看(View)菜单的"指令树"选项来决定其是否打开。

(2) 输出窗口

该窗口用来显示程序编译的结果信息。如各程序块的信息、编译结果有无错误,以及错误代码和位置等。

(3) 状态条

状态条也称任务栏,用来显示软件执行情况,编辑程序时显示光标所在的网络号、行号和列号,运行程序时显示运行的状态、通信波特率、远程地址等信息。

（4）程序编辑器（用户窗口）

可以用梯形图、语句表或功能表图程序编辑器编写和修改用户程序。

A.3 编程软件的使用

A.3.1 编程模式和编辑器的选择

编写程序之前，用户必须选择编程模式和编辑器。

（1）选择编程模式

在 S7-200 系列 PLC 支持的指令集有 SIMATIC 和 IEC 1131-3 两种。SIMATIC 是专为 S7-200PLC 设计的，专用性强，可以使用 LAD、STL、FBD 三种编辑器。本教材主要用 SIMATIC 编程模式。

选择方法：使用菜单命令"工具"→"选项"→"常规"标签→"编程模式"→选 SIMATIC。

（2）选择编辑器

程序编辑器有 LAD、STL、FBD 三种，常用 LAD 和 STL。

选择方法：可用菜单命令"查看"→ LAD 或 STL。

A.3.2 编程元素及项目组件

S7-200 的三种程序组织单位（POU）指主程序、子程序和中断程序。STEP 7-Micro/WIN 为每个控制程序在程序编辑器窗口提供分开的制表符，主程序总是第一个制表符，后面是子程序或中断程序。

一个项目（Project）包括的基本组件有程序块、数据块、系统块、符号表、状态图表、交叉引用表。程序块、数据块、系统块必须下载到 PLC，而符号表、状态图表、交叉引用表不下载到 PLC。

程序块由可执行代码和注释组成，可执行代码由一个主程序和可选子程序或中断程序组成。程序代码被编译并下载到 PLC，程序注释被忽略。

A.3.3 程序文件的操作

程序文件的来源有三个：新建一个程序文件、打开已有的程序文件和从 PLC 上载程序文件。

（1）建立项目

① 创建新项目　用"新建"命令可以新建一个项目。在新建程序文件的初始设置中，文件以"项目1"命名，在指令树中可见一个"项目1"，包括程序块、符号表、状态图、数据块、系统块、交叉索引、通信等，其中程序块包含一个主程序（OB1）、一个可选的子程序（SBR0）和一个中断服务程序（INT0）。用户可以根据实际编程的需要修改程序文件的初始设置。

② 打开已有的项目文件　可用"打开"命令打开已有的项目文件，在"打开文件"对话框中，选择项目的路径及名称，单击"确定"，打开现有项目。

③ 上载程序文件　在与 PLC 建立通信的情况下，可以将存储在 PLC 中的程序和数据传送给计算机。可用"文件（File）"菜单中的"上载（Upload）"命令，或单击工具条中的"上载（Upload）"按钮来完成文件的上载。

(2) 编辑程序文件

打开项目后就可以进行编程，利用 STEP 7-Micro/WIN 编程软件进行程序的编辑和修改，一般采用梯形图编辑器，下面将介绍梯形图编辑器的一些基本编辑操作。语句表和功能表图编辑器的操作可类似进行。

① 输入指令　梯形图的元素主要有接点、线圈和指令盒，梯形图的每个网络必须从触点开始，以线圈或指令盒结束。

a. 进入梯形图编辑器："查看" → 单击"梯形图（L）"。

b. 在梯形图编辑器中输入指令。输入指令可以通过指令树、工具条按钮、快捷键等方法。在指令树中选择需要的指令，拖放到需要位置。将光标放在需要的位置，在指令树中双击需要的指令。将光标放到需要的位置，单击工具栏指令按钮，打开一个通用指令窗口，选择需要的指令。

当编程元件图形出现在指定位置后，再点击编程元件符号的"???"，输入操作数。红色字样显示语法出错，当把不合法的地址或符号改变为合法值时，红色消失。若数值下面出现红色的波浪线，表示输入的操作数超出范围或与指令的类型不匹配。

② 上下线的操作　将光标移到要合并的触点处，单击上行线或下行线按钮。

③ 输入程序注释　LAD 编辑器有项目组件（POU）注释、网络标题、网络注释等，可根据需要输入有关注释。切换注释用"查看"下的相关命令。

④ 程序的编辑

a. 剪切、复制、粘贴或删除多个网络。通过用 Shift 键＋鼠标单击，可以选择多个相邻的网络，进行剪切、复制、粘贴或删除等操作。

b. 编辑单元格、指令、地址和网络。用光标选中需要进行编辑的单元，单击右键，弹出快捷菜单，可以进行插入或删除行、列、垂直线或水平线的操作。删除垂直线时把方框放在垂直线左边单元上，删除时选"行"，或按"DEL"键。进行插入编辑时，先将方框移至欲插入的位置，然后选"列"。

⑤ 程序的编译　程序经过编译后，方可下载到 PLC。使用"编译（Compile）"命令，可编译当前被激活的窗口中的程序块或数据块；使用"全部编译（Compile All）"命令，可编译全部项目元件（程序块、数据块和系统块）；使用"全部编译"，与哪一个窗口是活动窗口无关。

编译结束后，输出窗口将显示编译结果。

A.4　程序的调试与监控

在运行 STEP 7-Micro/WIN 的编程设备和 PLC 之间建立通信，然后向 PLC 下载程序，便可在软件环境下调试，并监控程序的情况。

A.4.1　选择工作方式

PLC 有运行和停止两种工作方式。在不同的工作方式下，PLC 进行调试的操作方法不同。

单击工具栏中的"运行"按钮或"停止"按钮，可以进入相应的工作方式。

(1) STOP 工作方式

在 STOP（停止）工作方式中，可以创建和编辑程序，PLC 处于半空闲状态：停止用户程序执行；执行输入更新；用户中断条件被禁用。PLC 操作系统继续监控 PLC，将状态数据传递给 STEP 7-Micro/WIN，并执行所有的"强制"或"取消强制"命令。

（2）运行工作方式

当 PLC 位于 RUN（运行）工作方式时，不能使用"单次扫描"或"多次扫描"功能，可以在状态图表中写入和强制数值，或使用 LAD 或 FBD 程序编辑器强制数值，其方法与在 STOP（停止）工作方式中强制数值相同。还可以执行收集 PLC 数据值的连续更新及编辑程序等。

A.4.2 程序状态显示

当程序下载至 PLC 后，可以用"程序状态"功能操作和测试程序网络。

（1）启动程序状态

① 在程序编辑器窗口，显示希望测试的程序部分和网络。

② PLC 置于 RUN 工作方式。

③ 启动程序状态监控：单击"程序状态打开/关闭"按钮或用菜单命令"调试"→"程序状态"，在梯形图中显示出各元件的状态。在进入"程序状态"的梯形图中，用彩色块表示位操作数的线圈得电或触点闭合状态。如：┤■├表示触点闭合状态，─(■)表示位操作数的线圈得电。

用菜单命令"工具"→"选项"打开的窗口中，可选择设置梯形图中功能块的大小、显示的方式和彩色块的颜色等。

运行中的梯形图内的各元件的状态，将随程序执行过程连续更新变换。

（2）用程序状态模拟进程条件

强制操作是指对状态图中的变量进行强制性地赋值。S7-200 允许对所有的 I/O 位，以及模拟量 I/O（AI/AQ）强制赋值，还可强制改变最多 16 个 V 或 M 的数据，其变量类型可以是字节、字或双字。通过在程序状态中从程序编辑器向操作数写入或强制更新数值的方法，可以模拟进程条件。

A.4.3 状态表显示

可以建立一个或多个状态表，用来监管和调试程序操作。

（1）状态表启动和关闭

选择菜单命令"调试"→"状态表监控"或使用工具条按钮"状态表监控"，可以启动状态表；再操作一次，即可关闭状态表。

（2）单次读取与连续图状态

状态表被关闭时（未启动），可以使用菜单命令"调试"→"单次读取"或使用工具条按钮"单次读取"，将启用状态表。

单次读取可以从 PLC 收集当前的数据，在表中当前值显示出来，且在执行用户程序时并不对其更新。

状态图被启动后，使用"图状态"功能，将连续收集状态表信息。

（3）写入与强制数值

① 全部写入：对状态表内的新数值改动完成后，可利用"全部写入"功能，将所有改动传送至可编程控制器。

② 强制：在状态表的地址列中选中一个操作数，在新数值列中写入模拟实际条件的数值，然后单击工具条中的"强制"按钮。一旦使用"强制"功能，每次扫描都会将"强制数值"应用于该地址，直至对该地址"取消强制"。

A.4.4 选择扫描次数

可以指定 PLC 对程序执行有限次数扫描（从 1 次扫描到 65535 次扫描），通过指定 PLC 运行的扫描次数，可以监控程序过程变量的改变。

(1) 首次扫描

"首次扫描"使 PLC 从 STOP 转变成 RUN，执行首次扫描，然后再转回 STOP，因此与第一次相关的状态信息不会消失。

将 PLC 置于 STOP（停止）模式，选用菜单"调试"→"首次扫描"即可。

(2) 多次扫描

① PLC 必须位于 STOP（停止）模式。

② 选用菜单"调试"→"多次扫描"，将出现"执行扫描"对话框。

③ 输入所需的扫描次数数值，单击"确定"即可。

A.4.5 项目管理

(1) 打印程序文件

单击"文件（File）"菜单中的"打印（Print）"选项，在如图 A-8 所示的对话框中，可以选择打印的内容，如程序编辑器、符号表、状态表、数据块、系统块等，还可以选择范围，如全部、主程序、子程序以及中断程序。

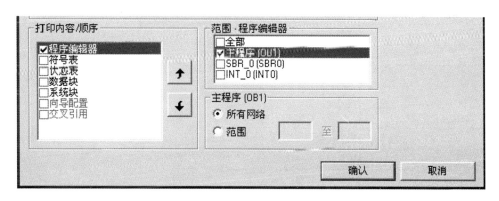

图 A-8 打印对话框

(2) 导入文件

从 STEP 7-Micro/WIN 之外导入程序，可使用"导入"命令导入 ASCII 文本文件。"导入"命令不允许导入数据块。打开新的或现有项目，才能使用"文件"→"导入"命令。

(3) 导出文件

将程序导出到 STEP 7-Micro/WIN 之外的编辑器，可以使用"导出"命令创建 ASCII 文本文件。默认文件扩展名为".awl"，可以指定任何文件名称。程序只有成功通过编译才能执行"导出"操作。"导出"命令不允许导出数据块。打开一个新项目或旧项目，才能使用"导出"功能。

附录 B S7-200 的 SIMATIC 指令集简表

表 B-1 S7-200 的 SIMATIC 指令集简表

布尔指令			
LD	N	装载（开始的常开触点），N 为合法的编程元件	
LDI	N	立即装载	
LDN	N	取反后装载（开始的常闭触点）	
LDNI	N	取反后立即装载	
A	N	与（串联单个常开触点）	
AI	N	立即与	
AN	N	取反后与（串联单个常开触点）	
ANI	N	取反后立即与	
O	N	或（并联单个常开触点）	
OI	N	立即或	
ON	N	取反后或（并联单个常开触点）	
ONI	N	取反后立即与	
LDBx	N1,N2	装载字节比较结果（N1xN2）	
ABx	N1,N2	与字节比较结果（N1xN2）	
OBx	N1,N2	或字节比较结果（N1xN2）	
LDWx	N1,N2	装载字比较结果（N1xN2）	
AWx	N1,N2	与字节比较结果（N1xN2）	
OWx	N1,N2	或字比较结果（N1xN2）	N1 及 N2 为合法的数据，其中 x 为 <、<=、=、>=、>、<> 之一
LDDx	N1,N2	装载双字比较结果（N1xN2）	
ADx	N1,N2	与双字比较结果（N1xN2）	
ODx	N1,N2	或双字比较结果（N1xN2）	
LDRx	N1,N2	装载实数比较结果（N1xN2）	
ARx	N1,N2	与实数比较结果（N1xN2）	
ORx	N1,N2	或实数比较结果（N1xN2）	
NOT		栈顶值取反	
EU		上升沿检测	
ED		下降沿检测	
=	N	赋值（线圈）	
=I	Q	立即赋值	
S	S_BIT,N	置位一个区域	
R	S_BIT,N	复位一个区域	
SI	S_BIT,N	立即置位一个区域	
RI	S_BIT,N	立即复位一个区域	

续表

		传送、移位、循环和填充指令
MOVB	IN,OUT	字节传送
MOVW	IN,OUT	字传送
MOVD	IN,OUT	双字传送
MOVR	IN,OUT	实数传送
BIR	IN,OUT	立即读取物理输入字节
BIW	IN,OUT	立即写物理输出字节
BMB	IN,OUT,N	字节块传送
BMW	IN,OUT,N	字块传送
BMD	IN,OUT,N	双字块传送
SWAP	IN	字中的高、低字节交换
SHRB	DATA,S_BIT,N	移位寄存器
SRB	OUT,N	字节右移 N 位
SRW	OUT,N	字右移 N 位
SRD	OUT,N	双字右移 N 位
SLB	OUT,N	字节左移 N 位
SLW	OUT,N	字左移 N 位
SLD	OUT,N	双字左移 N 位
RRB	OUT,N	字节右移 N 位
RRW	OUT,N	字右移 N 位
RRD	OUT,N	双字右移 N 位
RLB	OUT,N	字节左移 N 位
RLW	OUT,N	字左移 N 位
RLD	OUT,N	双字左移 N 位
FILL	IN,OUT,N	用指定的元素填充存储器空间
		逻辑操作
ALD		电路块串联
OLD		电路块并联
LPS		入栈
LRD		读栈
LPP		出栈
LDS		装载堆栈
AENO		对 ENO 进行与操作
ANDB	IN1,OUT	字节逻辑与
ANDW	IN1,OUT	字逻辑与
ANDD	IN1,OUT	双字逻辑与
ORB	IN1,OUT	字节逻辑或
ORW	IN1,OUT	字逻辑或
ORD	IN1,OUT	双字逻辑或
XORB	IN1,OUT	字节逻辑异或
XORW	IN1,OUT	字逻辑异或
XORD	IN1,OUT	双字逻辑异或

续表

		逻辑操作	
INVB	OUT		字节取反（1的补码）
INVW	OUT		字取反
INVD	OUT		双字取反

		表、查找和转换指令	
ATT	TABLE,DATA		把数据加到表中
LIFO	TABLE,DATA		从表中取数据，后入先出
FIFO	TABLE,DATA		从表中取数据，先入先出
FND=	TBL,PATRN,INDX		
FND<>	TBL,PATRN,INDX		在表中查找符合比较条件的数据
FND<	TBL,PATRN,INDX		
FND>	TBL,PATRN,INDX		
BCDI	OUT		BCD码转换成整数
IBCD	OUT		整数转换成BCD码
BTI	IN,OUT		字节转换成整数
IBT	IN,OUT		整数转换成字节
ITD	IN,OUT		整数转换成双整数
TDI	IN,OUT		双整数转换成整数
DTR	IN,OUT		双整数转换成实数
TRUNC	IN,OUT		实数四舍五入为双整数
ROUND	IN,OUT		实数截位取整为双整数
ATH	IN,OUT,LEN		ASCII码→十六进制数
HTA	IN,OUT,LEN		十六进制数→ASCII码
ITA	IN,OUT,FMT		整数→ASCII码
DTA	IN,OUT,FMT		双整数→ASCII码
RTA	IN,OUT,FMT		实数→ASCII码
DECO	IN,OUT		译码
ENCO	IN,OUT		编码
SEG	IN,OUT		7段译码

		中断指令	
CRETI			从中断程序有条件返回
ENI			允许中断
DISI			禁止中断
ATCH	INT,EVENT		给事件分配中断程序
DTCH	EVENT		解除中断事件

		通信指令	
XMT	TABLE,PORT		自由端口发送
RCV	TABLE,PORT		自由端口接收
NETR	TABLE,PORT		网络读
NETW	TABLE,PORT		网络写
GPA	ADDR,PORT		获取端口地址
SPA	ADDR,PORT		设置端口地址

续表

		高速计数器指令	
HDEF	HSC,MODE	定义高速计数器模式	
HSC	N	激活高速计数器	
PLS	X	脉冲输出	
		数学运算、加1、减1指令	
+I	IN1,OUT	整数,双整数或实数法	
+D	IN1,OUT	IN1+OUT=OUT	
+R	IN1,OUT		
-I	IN1,OUT	整数,双整数或实数法	
-D	IN1,OUT	OUT-IN1=OUT	
-R	IN1,OUT		
MUL	IN1,OUT	整数乘整数得双整数	
*R	IN1,OUT	实数、整数或双整数乘法	
*I	IN1,OUT	IN1×OUT=OUT	
*D	IN1,OUT		
DIV	IN1,OUT	整数除整数得双整数	
/R	IN1,OUT	实数、整数或双整数除法	
/I	IN1,OUT	OUT/IN1=OUT	
/D	IN1,OUT		
SQRT	IN,OUT	平方根	
LN	IN,OUT	自然对数	
LXP	IN,OUT	自然指数	
SIN	IN,OUT	正弦	
COS	IN,OUT	余弦	
TAN	IN,OUT	正切	
INCB	OUT	字节加1	
INCW	OUT	字加1	
INCD	OUT	双字加1	
DECB	OUT	字节减1	
DECW	OUT	字减1	
DECD	OUT	双字减1	
PID	Table,Loop	PID回路	
		定时器和计数器指令	
TON	Txxx,PT	通电延时定时器	
TOF	Txxx,PT	断电延时定时器	
TONR	Txxx,PT	保持型通延时定时器	
CTU	Txxx,PV	加计数器	
CTD	Txxx,PV	减计数器	
CTUD	Txxx,PV	加/减计数器	
		实时时钟指令	
TODR	T	读实时时钟	
TODW	T	写实时时钟	

续表

		程序控制指令		
END			程序的条件结束	
STOP			切换到 STOP 模式	
WDR			看门狗复位(300ms)	
JMP	N		跳到指定的标号	
LBL	N		定义一个跳转的标号	
CALL	N(N1,…)		调用子程序,可以有 16 个可选参数	
CRET			从子程序条件返回	
FOR	INDX,INIT,FINAL		For/Next 循环	
NEXT				
LSCR	N		顺控继电器段的启动	
SCRT	N		顺控继电器段的转换	
SCRE			顺控继电器段的结束	
		通信指令		
NETR	TBL,	PORT	网络读	
NETW	TBL,	PORT	网络写	
XMT	TBL,	PORT	发送	
RCV	TBL,	PORT	接收	
GPA	ADDR,	PORT	读取口地址	
SPA	ADDR,	PORT	设置口地址	
		TBL 的定义		
VB10	D	A	E O	错误码
VB11	远程站点地址			
VB12	指向远程站点的数据区指针(I,Q,M,V)			
VB13				
VB14				
VB15				
VB16	数据长度(1~16B)			
VB17	数据字节 0			
VB18	数据字节 1			
VB32	数据字节 15			

附录 C S7-200 的出错代码

使用"PLC"菜单中的"信息(Information)"命令,可以查看程序的错误信息。S7-200 的出错主要有以下三种。

C.1 S7-200 致命性错误代码

致命性错误会导致 CPU 无法执行某个功能或所有功能,停止执行用户程序。当出现致命性错误时，PLC 自动进入 STOP 方式，点亮"系统错误"和"STOP"指示灯，关闭输出。消除致命性错误后，必须重新启动 CPU。

在 CPU 上可以读到的致命性错误代码及其描述见表 C-1。

表 C-1　致命性错误代码及描述

代码	错误描述	代码	错误描述
0000	无致命错误	000B	存储器卡上用户程序检查错误
0001	用户程序编译错误	000C	存储器卡配置参数检查错误
0002	编译后的梯形图检查错误	000D	存储器卡强制数据检查错误
0003	扫描看门狗超时错误	000E	存储器卡默认输出表值检查错误
0004	内部 EEROM 错误	000F	存储器卡用户数据、DB1 检查错误
0005	内部 EEPROM 用户程序检查错误	0010	内部软件错误
0006	内部 EEPROM 配置参数检查错误	0011	比较触点间接寻址错误
0007	内部 EEPROM 强制数据检查错误	0012	比较触点非法值错误
0008	内部 EEPROM 默认输出表值检查错误	0013	存储器卡空或 COU 不识别该卡
0009	内部 EEPROM 用户数据、DB1 检查错误	0014	比较接口范围错误
000A	存储器卡失灵		

C.2　程序运行错误代码

在程序正常运行中，可能会产生非致命性错误（如寻址错误），此时 CPU 产生的非致命性错误代码及描述见表 C-2。

表 C-2　程序运行错误代码及描述

代码	错　误　描　述
0000	无错误
0001	执行 HDEF 前，HSC 禁止
0002	输入中断分配冲突并分配给 HSC
0003	到 HSC 的输入分配冲突，已分配输入中断
0004	在中断程序中企图执行 ENI、DISI 或 HDEF 指令
0005	第一个 HSC/PLS 未执行完前，又企图执行同编号的第二个 HSC/PLS（中断程序中的 HSC 同主程序中的 HSC/PLS 冲突）
0006	间接寻址错误
0007	TODW（写实时时钟）或 TODR（读实时时钟）数据错误
0008	用户子程序嵌套层数超过规定
0009	在程序执行 XMT 或 RCV 时，通信口 0 又执行另一条 SMT/RCV 指令
000A	HSC 执行时，又企图用 HDEF 指令再定义该 HSC
000B	在通信口 1 上同时执行 XMT/RCV 指令
000C	时钟存储卡不存在

续表

代码	错误描述
000D	重新定义已经使用的脉冲输出
000E	PTO 个数为 0
0091	范围错误(带地址信息):检查操作数范围
0092	某条指令的计数域错误(带计数信息):检查最大计数范围
0094	范围错误(带地址信息):写无效存储器
009A	用户中断程序试图转换成自由口模式
009B	非法指令(字符串操作中起始位置指定为 0)

C.3 编译规则错误代码

当下载一个程序时,CPU 在对程序的编译过程中,如果发现有违反编译规则,则 CPU 会停止下载程序,并生成一个非致命性编译规则错误代码。编译规则错误代码及描述见表 C-3。

表 C-3 编译规则错误代码及描述

代码	错误描述
0080	程序太大无法编译,必须缩短程序
0081	堆栈溢出:必须把一个网络分成多个网络
0082	非法指令:检查指令助记符
0083	无 MEND 或主程序中有不允许的指令:加条 MEND 或删去不正确的指令
0084	保留
0085	无 FOR 指令:加上 FOR 指令或删除 NEXT 指令
0086	无 NEXT 指令:加上 NEXT 指令或删除 FOR 指令
0087	无标号(LBL、INT、SBR):加上合适标号
0088	无 RET 或子程序中有不允许的指令:加条 RET 或删去不正确的指令
0089	无 RETI 或中断程序中有不允许的指令:加条 RETI 或删去不正确的指令
008A	保留
008B	从/向一个 SCR 段的非法跳转
008C	标号重复(LBL、INT、SBR):重新命名标号
008D	非法标号(LBL、INT、SBR):确保标号数在允许范围内
0090	非法参数:确认指令所允许的参数
0091	范围错误(带地址信息):检查操作数范围
0092	指令计数域错误(带计数信息):确认最大计数范围
0093	FOR/NEXT 嵌套层数超出范围
0095	无 LSCR 指令(装载 SCR)

续表

代码	错误描述
0096	无 SCRE 指令（SCR 结束）或 SCRE 前面有不允许的指令
0097	用户程序包含非数字编码和数字编码的 EV/ED 指令
0098	在运行模式进行非法编辑（试图编辑非数字编码的 EV/ED 指令）
0099	隐含网络段太多（HIDE 指令）
009B	非法指针（字符串操作中起始位置定义为 0）
009C	超出指令最大长度

附录 D GX-Developer 软件使用入门

GX Developer 是三菱通用性较强的编程软件，它能够完成 Q 系列、QnA 系列、A 系列、FX 系列 PLC 梯形图、指令表、SFC 等的编辑。该编程软件能够将编辑的程序转换成 GPPQ、GPPA 格式的文档，当选择 FX 系列时，还能将程序存储为 FXGP（DOS）、FXGP（WIN）格式的文档，以实现与 FX-GP/WIN-G 软件的文件互换。该编程软件能够将 Excel、Word 等软件编辑的文字性文字、数据，通过复制、粘贴等简单操作导入程序中，使软件的使用、程序的编辑更加便捷。

D.1 编程软件安装

在 GX Developer 软件包中有 3 个文件夹，它们分别为 Melsec、My Installations、SW8D5C-GPPW-C。GX Developer 软件安装步骤如下：

① 首先安装通用环境，进入 SW8D5C-GPPW-C\EnvMEL，点击"SETUP.EXE"安装；

② 再进入 SW8D5C-GPPW-C，点击"SETUP.EXE"安装主程序；

③ 随意填写输入个人信息的对话框中的内容；

④ 输入 GX Developer 软件序列号：570-986818410 或 998-598638072；

⑤ 接着出现选项"结构化文本（ST）语言编程功能"，建议勾选；

⑥ 注意"监视专用"处不能打钩，否则软件只能监视，再次出现的两个选项可以勾选；

⑦ 最后点击"下一个"即可成功安装。

D.2 编程软件简介

D.2.1 编程软件的主界面

GX Developer 的主界面如图 D-1 所示。界面一般可以分成以下几个区：标题栏、菜单条、多种工具条、工程参数列表、状态栏、用户操作编辑区等。

D.2.2 GX Developer 的使用

GX Developer 的基本使用方法与一般基于 Windows 操作系统的软件类似，在这里只介绍一些用户常用的对 PLC 操作的用法。

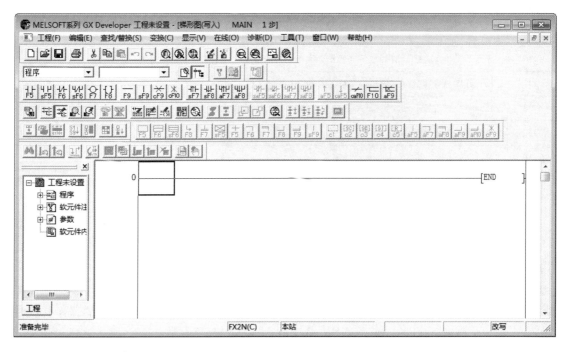

图 D-1　GX Developer 编程软件主界面

（1）工程菜单

在软件菜单里的工程菜单下，选择改变 PLC 类型，即可根据要求改变 PLC 类型。工程菜单如图 D-2 所示。

图 D-2　工程菜单

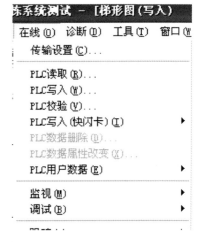

图 D-3　在线菜单

① 在读取其他格式的文件选项下，可以将 FXGP_WIN-C 编写的程序转化成 GX 工程。
② 在写入其他格式的文件选项下，可以将用本软件在编写的程序工程转化为 FX 工程。

（2）在线菜单

在线菜单如图 D-3 所示。

① 在传输设置中，可以改变计算机与 PLC 通信的参数，传输设置对话框如图 D-4、图 D-5 所示。

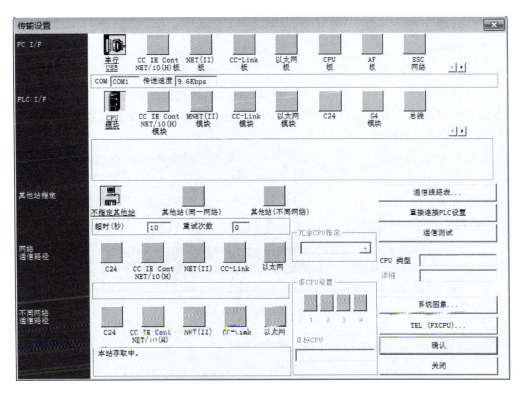

图 D-4 "传输设置"对话框

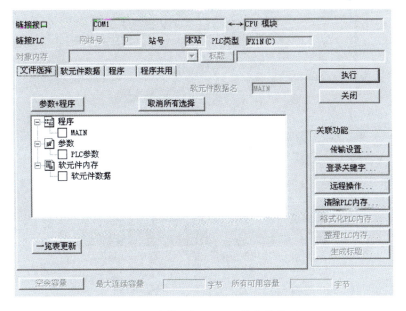

图 D-5 计算机与 PLC 通信参数设置

② 选择 PLC 读取、PLC 写入、PLC 校验，可以对 PLC 进行程序上传、下载、比较操作。
③ 选择不同的数据可对不同的文件进行操作。
④ 选择监视选项（按 F3）可以对 PLC 状态进行实时监视。
⑤ 选择调试选项可以完成对 PLC 的软元件测试、强制输入输出和程序执行模式变化等操作。

D.3 创建工程

创建新工程的步骤如下。
① 点击"工程"菜单。
② 选择 创建新工程（N）菜单命令，或按 Ctrl＋N 快捷键组合。
③ 在"PLC 系列"下选择相应的 PLC 系列，在"PLC 类型"下选择相应的 PLC 类型，点击"确定"新建一个程序。
④ 在程序编辑器中输入指令，或者点击适当的工具条按钮，或使用适当的功能键（F5＝触点、F7＝线圈、F8＝方框）插入一个类属指令。
⑤ 输入地址。输入一条指令时，弹出"梯形图输入"对话框，在左侧可选择输入元件类型，在右侧填写输入地址。完成后点击"确定"，如图 D-6 所示。

图 D-6　梯形图输入对话框

如输入错误，则弹出提示，如图 D-7 所示。

图 D-7　输入错误提示对话框

点击"确定"重新输入地址。
⑥ 程序转换。用工具条按钮 进行转换，或选用菜单"变换"——"变换"进行转换，如图 D-8 所示，还可以用快捷键 F4 进行转换。

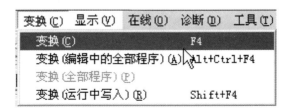

图 D-8　程序转换对话框

程序刚编辑完成后，对应的程序段为灰色底面，转换后变成白色底面。

⑦ 工程保存。使用工具条上的"工程保存"按钮保存程序，或从"工程"菜单选择"保存工程"和"另存工程为"选项保存程序。

D.4 通信设置

通信设置步骤如下。

① 点击菜单"在线"——→"传输设置"，弹出设置对话框，如图 D-4 所示。

② 双击"串口"图标，弹出"串口详细设置"对话框，如图 D-9 所示。

③ 在"COM 端口"中选择 SC-09 电缆连接的串口号。在"传送速度"中选择 9.6Kbps。完成后点击"确定"键保存设置。

④ 在"传输设置"中点击"通信测试"，连接正确时弹出提示通信正常，否则将弹出如图 D-10 所示的对话框。

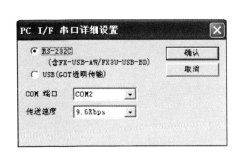

图 D-9　"串口详细设置"对话框

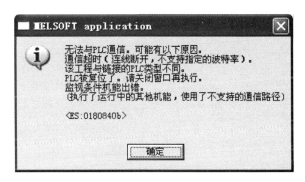

图 D-10　通信连接异常提示对话框

⑤ 程序下载。完成通信设置后进行程序下载，使用"在线"菜单下的"PLC 写入"指令进行程序下载。

⑥ 程序监视。当在运行 GX-Developer 的编程设备和 PLC 之间成功地建立通信，并向 PLC 下载程序后，就可以利用程序监视诊断功能。可点击工具栏按钮"监视模式"进行程序运行监视。

参 考 文 献

［1］ 史宜巧，侍寿永. PLC 应用技术（西门子）［M］. 北京：高等教育出版社，2016.
［2］ 李宁. 电气控制与 PLC 应用技术［M］. 北京：北京理工大学出版社，2014.
［3］ 祝红芳. 可编程控制器应用技术［M］. 北京：人民邮电出版社，2010.
［4］ 何献忠. 可编程控制器应用技术［M］. 北京：清华大学出版社，2007.
［5］ 晁阳. 可编程序控制器原理应用与实例解析［M］. 北京：清华大学出版社，2007.
［6］ 黄中玉. PLC 应用技术［M］. 北京：人民邮电出版社，2009.
［7］ 漆汉宏. PLC 电气控制技术［M］. 北京：机械工业出版社，2008.
［8］ 孙德胜，李伟. PLC 操作实训［M］. 北京：机械工业出版社，2008.
［9］ 张伟林. 电气控制与 PLC 技术综合应用技术［M］. 北京：人民邮电出版社，2015.